如何系统思考

第2版

邱昭良◎著

THE PRAXIS OF SYSTEMS THINKING

A LEADERSHIP PRIMER FOR LEVERAGING SYSTEMS WISDOMS

(2ND EDITION)

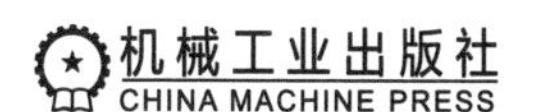

图书在版编目（CIP）数据

如何系统思考 / 邱昭良著．—2 版．—北京：机械工业出版社，2020.6（2024.6 重印）

ISBN 978-7-111-65640-1

I. 如… II. 邱… III. 思维方法 – 通俗读物 IV. B804-49

中国版本图书馆 CIP 数据核字（2020）第 085432 号

如何系统思考 第 2 版

出版发行：机械工业出版社（北京市西城区百万庄大街 22 号 邮政编码：100037）
责任编辑：孟宪勐
责任校对：殷 虹
印 刷：北京联兴盛业印刷股份有限公司
版 次：2024 年 6 月第 2 版第 14 次印刷
开 本：147mm×210mm 1/32
印 张：14
书 号：ISBN 978-7-111-65640-1
定 价：79.00 元

客服电话：（010）88361066 68326294

目 录

第二篇 方法与工具 49

赞　誉

当今时代，所有领导者都需要在其决策中运用系统思考的智慧，不管是自己的日常工作，还是协调跨部门合作以及应对全球化难题。有了系统思考的智慧，我们可以更好地理解所处的系统，洞悉其构成要素及相互关联和依赖关系，从而使我们的决策更好地服务于组织的发展。

邱昭良博士既是技艺精湛的培训师和咨询顾问，又是经验丰富的实践者，在本书中，他为我们提供了有价值的工具和案例研究来展示系统思考的实践和运用，使得任何想学习领导力和发展自己领导才能的人都可以更好地发展这项关键能力。

一旦人们开始钻研和实践系统领导力，他们会自然而然地形成有意识的“良知监督”（conscious oversight）——一项自觉地呵护和培育人与系统和谐共处、着眼于长远影响的修炼。这项修炼要求人们具备将当前系统视为一些更大的系统嵌套体的一部分的能力，以及对一些可能会对未来产生重大影响的问题深思熟虑、做出决策的能力。

因此，《如何系统思考》是一本重要的系统领导力宝典，它有助于提升各级领导者在不确定和变革时期引领复杂系统的能力。读者不仅可以从中领略邱博士对系统思维之精通与深刻思考，也可以开展自己"系统智慧"的学习与实践。

——夏洛特·M. 罗伯茨（Charlotte M. Roberts）博士、
Blue Fire Partners, Inc. 总裁、《第五项修炼·实践篇》
《变革之舞》《清醒的董事会：良知治理的艺术》合著者

在当今时代的全球化经济环境中，企业越发需要具备系统思考的技能。在这种情况下，邱昭良博士的这部新著《如何系统思考》(第2版）恰逢其时、弥足珍贵，是各级管理者学习、应用系统思考的完美指南，不仅能够帮助人们理解什么是系统思考，如何应用系统思考，还提供了简明扼要且深刻、睿智的系统智慧整合方案，以及大量实用的工具和学习指南。通过认真阅读本书，各级管理者可以持续不断地推动组织的学习与创新、改善绩效，并领略真正的人本主义精神，提升追求真理、幸福和德行的领导力。

基于本书，我们可以将组织学习、知识管理和社会创新理论进行整合，帮助各级领导者找到后疫情时代全球可持续发展和商业创新的新路径，在中国迈向未来生态文明的愿景指引下，更好地利用中国的社会和文化资本，创造一个更加和平和可持续发展的世界。

——马克·麦克尔罗伊（Mark W. McElroy）博士、
可持续性组织中心创始人、《新知识管理》作者

自1985年在南昌大学开设"系统动力学"课程以来，30多年来，我一直为系统动力学的教学和科研而奋斗，更看重系统动力学和系统思考在公共政策、企业管理等各个领域的应用。因此，我非常高兴邱昭良博士的专著《如何系统思考》(第2版)出版，他既有长期企业实践经验，又一直专注于组织学习和系统思考的研究与应用，希望他的这部著作更好地帮助企业管理者和职场人士掌握系统思考技能，使他们因系统思考而受益。是为推荐。

——贾仁安　中国系统工程学会系统动力学专业委员会
副主任委员，南昌大学管理科学与工程博士生导师、
系统工程研究所所长

在长期对企业成长的研究中，我发现，中小企业经营者自身的素质在很大程度上决定着企业的竞争力状况。其中，具备系统

思考能力的经营者，能够更好地抓住机会、把握方向，并善于统筹兼顾、高效解决问题，从而有助于提升企业绩效、推动企业成长。因此，昭良博士的新著《如何系统思考》对于创新、创业和企业成长具有重要意义。我诚挚地推荐每一位企业家和创业者阅读本书，相信你会受益良多。

——张玉利　南开大学商学院教授、博士生导师

系统思考的本质是突破以个体、部门利益为中心的思考困境，对于形成相互尊重、相互启发的量子型组织十分重要，也是形成组织创新力的关键。因此，对于企业家来说，学会系统思考至关重要，这有利于打造一个共享愿景、激发集体智慧的学习型组织，已经是各类组织必须完成的“修炼”。邱博士的佳作提供了系统思考从理念到行动的卓越指南。

——陈劲　教育部长江学者特聘教授、清华大学经济管理学院教授，《清华管理评论》执行主编

邱昭良博士的《如何系统思考》再版了，可喜可贺！这不只是该书的升级版，更是升华版！邱博士在再版新书中，进一步展现了他深度思考、潜心钻研、持续求索的精神！在极度动荡、模糊、复杂和不确定的世界里，人的思考力将成为最重要、最稀缺的资源。任何提升人类思考力的努力都值得高度赞赏！毫无疑问，

思考力是微妙而复杂、难以驾驭的。虽然人人都能思考，但很少有人能够对自己的思考进行思考，更别提进行思维模式的转变，进行深入、全面、动态的系统思考了。邱昭良博士的《如何系统思考》一书，体现了他对思维问题的长期思考和研究，反映了他的深入实践和探索，不仅为我们提供了系统思考的理论内涵和行动框架，而且包括丰富的案例和大量实用工具，有助于我们学以致用。对于任何一个希望提升自己思维能力的人来说，这都是一本难得的好书！

——陈玮　北京大学汇丰商学院管理实践教授

在长期对企业家成长的研究和培育工作中，我特别关注企业家学习和创新能力的提升。在当今时代，各类组织都面临着长期不确定性的挑战。因此，彼得·圣吉所称的建设学习型组织的“第五项修炼”——系统思考技能，显得愈加重要。它是各类组织领导者应对复杂性挑战、开创新局的关键。相信这本书对于提升领导者的系统思考能力会大有裨益。

——李兰　中国企业家调查系统秘书长

创业20多年，我深切认识到企业是一个复杂的动态系统，需要企业家具备系统思考的智慧。系统思考能力是可以通过不断学习和实践提高的。邱昭良博士的《如何系统思考》（第2版）很有价值，有实战指导意义。在本书中，邱博士提供了一个训练系统思考智慧的“思考的魔方®”框架，从思考的角度、深度、广度三个维度，结合一些实用方法与工具，让我们学会如何系统思考，应对无所不在的复杂性挑战，引领企业不断适应环境的快速变化，茁壮成长！

——俞敏洪 新东方教育科技集团创始人

创业就意味着你要整合各方面资源、找到驱动企业成长的关键要素，同时每天要面对新的挑战、解决新的问题。作为应对复杂性挑战的利器，系统思考将是企业家的必备核心技能。邱昭良博士研究与实践系统思考20余年，有丰富的企业实务经验，我相信他的新著《如何系统思考》将使很多创业者受益。

——盛希泰 洪泰基金创始人、洪泰集团董事长

当今世界面对百年未有之大变局，唯一不变的就是“变化”，企业和个体都没有退路。要想应对无所不在的不确定性的挑战，战略选择上不能失误，执行上必须高效，其前提则是整个组织具备系统思考的能力——只有这样，才能在纷繁复杂的关系中，识别出大趋势，找到主要矛盾和矛盾的主要方面，并看到相互之间的动态反馈。邱昭良博士的《如何系统思考》（第2版）一书，以“思考的魔方®”为框架，从深入思考、动态思考、全面思考三个

方面，整合了系统思考的常用工具和方法，可以帮助企业员工快速了解并逐步培养整体思考的能力，对企业创新、战略决策与执行、高效解决业务问题，都会起到强有力的支撑作用，是提升组织系统思考能力、决胜未来的必备读物。

——邓学勤　正中投资集团董事长、总裁

最早接触系统思考是十多年前读彼得·圣吉的《第五项修炼》，可惜那时没有能力读得太明白，后来读了邱昭良博士的《如何系统思考》，他写得深入浅出，而且有步骤和方法、辅助式工具可借鉴，让我对系统思考有了进一步认识。同时，我公司长期聘请邱博士为高管讲授“系统思考”课程，对提升公司高管系统思考能力有很大帮助。邱博士是国内将系统思考运用在企业经营和管理的第一人，他不仅翻译和著有多部系统思考专著，还有丰富的企业内训和咨询经验。相信他的《如何系统思考》（第 2 版）一定会给对系统思考感兴趣的读者带来惊喜。

——沈东军　莱绅通灵珠宝股份有限公司董事长

我从 20 世纪 90 年代开始在企业管理中应用“五项修炼”，取得了显著成效，深切地感受到系统思考作为企业家的必备核心技能，对于企业的可持续成长和睿智决策，威力巨大！邱昭良博士研究和实践、推广系统思考 20 余年，既有深厚的理论功底和学术造诣，又有丰富的企业管理实务经验，他的最新力作《如何系统思考》以生动形象的“思考的魔方®”“思考的罗盘®”等独创工具作为支架，配合大量对企业战略与管理应用案例的剖析，深入浅出、实用性强，让我们可以循序渐进地提升自己的思维技能，堪称厚积薄发、化繁为简的好书，是我们在巨变时代应对复杂性挑战的利器！

——张金栋　中国建材股份有限公司副总裁

在当今信息爆炸的时代，我们的认知能力和思考方法的重要性远远超过信息本身。邱博士是我多年的好友，在20多年的时间里，他笔耕不辍，引进、开发了大量的组织学习与思维方法论，从经典译著《系统思考》《系统之美》到最新的大作《如何系统思考》，对于每一位希望通过系统思考的方法论来提升自己认知能力的朋友，都非常有价值。为此，我隆重推荐！

——王玥　连界资本董事长、由新书店创始人

从2014年开始，我们一直和邱昭良博士合作，在公司推广“第五项修炼”课程，致力于组织学习能力的建立和提高。在推广过程中，我们体会到系统思维的重要性，同时也意识到实践系统思维的挑战和困难。基于自身深厚的学术造诣，结合20多年的教学、培训以及咨询经验，邱博士对在企业中实践、落实系统思维

的框架、工具和方法加以总结、提炼，呈现给大家一本非常实用的指南——《如何系统思考》。此次修订，除了丰富原有的内容之外，邱博士还加入了大量来自培训与咨询项目的问题、案例及建议，大家阅读时一定会身临其境。当今时代，我们所处的环境越来越动荡、模糊、复杂和不确定，系统思维有可能是最佳的分析问题与解决问题的利器。因此，我真诚地推荐邱博士的大作——《如何系统思考》(第2版)。

——王卫杰　南德（TÜV SÜD）北亚区高级人力资源副总裁

爱因斯坦说过，我们不能用问题产生时的思维方式来解决问题，而是需要更高层次的思维方式。这种更高层次的思维方式和《如何系统思考》（第2版）所讨论的系统思维实践体系息息相关。通过阅读这本书，我感受到系统思维的博大精深和邱博士论述过程中的大道至简。邱博士以专业、科普的笔触，深入浅出地列举了谷歌、Facebook、LinkedIn等世界级创新公司大量生动而及时的案例，系统思维的方法、步骤等跃然纸上。这本书的写作本身就是系统思维的精彩运用。感谢邱博士的博学与智慧，他将系统思维这项21世纪人才的关键技能阐释得淋漓尽致。

——甘波　博士、新加坡福流领导力研究与实践创始人系统思考是植根于近代系统动力学、历经半个多世纪所生成的创新性思维范式，其中隐含了中国经典哲学中的实践智慧。因此，我认为它能实现传统与现代之间的辉映，促进东西方智慧融合与共鸣，创造人类和平、永续发展的美好远景。在当今全球日益复杂多变的政治、经济、科技、军事及多元文化的格局下，我们愈发需要掌握系统思考能力，方能洞悉诡异变幻背后隐藏的结构，透视变化的规律和演进的趋势，预见并创启澄现未来，实践浑序的量子智慧与仆人型领导力、睿智决策，顺应并驾驭无所不在的复杂性挑战！

余忠诚、良善、渊博的好友邱昭良博士所著的《如何系统思考》是创新领导力的基石，亦是优秀决策者培养团队系统思考核心能力必备的“葵花宝典”。此书为打造卓越领导团队提供了易懂及实用的创新方法，如“思考的魔方®”“思考的罗盘®”等，堪称学习并实践系统思考的导航系统，对个人与团队、家庭与学校、企业与社会组织，甚至全球及区域发展都具有重要的意义与价值！

——孟庆俊　美国生成创造领导力研究中心及国际青年成就中国发展中心（JAICI）创始人

推荐序一[1]

当今世界面临很多复杂的系统性问题，从全球化、跨文化冲突、恐怖主义到全球变暖等，其背后的根源很大程度上在于我们社会占主导地位的思维方式——事实上，自工业革命以来，我们人类与自然的割裂越来越大，并越发将世界视为机器，采用一种还原论的思维模式，把一个组织拆解成具有若干功能的实体，并试图撇开其他部分、实现某个局部的最优化。这就像我们每个人，为了健康，只是孤立地处理某个器官的问题，完全不顾它和整个身体其他部分之间的相互联系。还原论的思维模式在一定程度上带来了生产力的提升，但也产生了很多严重的"后遗症"——我们失去了把握整体、看到相互联系的能力，把公司视为一台赚钱的机器，而不是

[1] 此推荐序由邱昭良、孟庆俊翻译为中文，倪韵岚审核。

人的生命共同体，构成组织的各个部分之间各自为政，同时也割裂了组织与其所在的更大的社会以及生态系统之间的关联，在追求局部最优的同时，损害了这些更大的系统整体的福祉。这不仅会损害整个公司的利益，也给社会造成了一系列严重的系统性问题，诸如环境污染、气候变化、对地球自然资源的过度开采等。

为了获得长期可持续发展，创造人类共同体更美好的未来，我们需要一种全新的思维方式——系统思考。在过去40多年时间里，我和许多志同道合者，通过出版一系列专著，包括《第五项修炼：学习型组织的艺术与实务》《第五项修炼·实践篇》《变革之舞》《学习型学校》《第五项修炼·心灵篇》《必要的革命》等，大力倡导并解释、推广这种新型的思维方法。我之所以把系统思考称为“第五项修炼”，是因为它不是孤立的，而是与推动人类发展的其他四项修炼紧密相连的，包括激发创造力和个人觉察能力的“自我超越”与“改善心智模式”、提升集体智慧的“团队学习”以及凝聚共同热望的“共同愿景”。只有将这五项修炼整合起来，成为一个条理清晰、一致的理论和实践体系，才能推动组织的转型。系统思考可以帮助我们理解学习型组织的最精妙之处，即个人看待自己和世界的新方式。学习型组织的核心是“心灵的转变”，是每个人心智的根本转变，从将自己看成与世界相互分立，转变为与世界相互联系；从把问题看成是由其他人或“外部”因素造成的，转变为认清自己的行动如何导致了我们所面对的问题。

这是一场深度学习之旅，不仅涉及我们的思维，也关乎我们的心灵。只有实现了这些思维模式和生存状态的转变，我们才能持续不断地创造出自己想要，同时也符合系统中其他人和所有生命整体福祉的未来。

从这种意义上说，系统思考是打造学习型组织最核心的一项修炼。它不仅是每位企业家、管理者都需要历练的一种新技能，也是组织系统成员之间有效沟通的“新语言”，是我们发现自己和世界的“新眼睛”。

过去20多年来，我与世界各地的许多研究者和实践者，就五项修炼与学习型组织的建设，有大量深入的互动。其中，中国的实践社群非常活跃，令人深感振奋。我们也一起认识到，系统思考与中国传统思维方法是非常和谐一致的，它们关注人的发展，注重继往开来，很好地实现了创造新世界与保留过去传统的平衡。“第五项修炼”的观念、原则以及管理体系，也得到了中国各界的广泛接受，包括企业、教育、公共管理等各类机构，均进行了大量的实践，也取得了一些令人欣喜的成就。

但是，我们也看到，就像中国古代谚语所讲：知易行难，虽然人们很容易理解并接受每一项修炼的基本知识，但真正掌握这些新技能，并将其整合起来付诸实践，并不容易。系统思考，尤其如此。这就是为什么对于企业各级管理者来说，在日常的业务工作与决策中，应用系统思考仍是非常迫切而重要的挑战。特别是过去30多年间，中国经历了天翻地覆的变化，对中国乃至全球都产生了深刻的影响。要想应对这些复杂性挑战，越发需要系统思考的修炼。

今天，是中国未来发展的新转折点。我们的核心任务在于，把传统中国文化中的系统世界观，以及经由个人发展推动组织、社会以及自然系统福祉改善的整体观，转变为在真实的组织环境中的实践。在这方面，邱博士的工作非常重要。尽管人们对于《第五项修炼》等书中提到的组织学习与系统思考的诸多观念，可能已经不陌生了，但在理论与实践之间，仍然存在着巨大的差距。我相信本书有助于填补这一差距。

我初次结识邱博士是在2003年，当时他师从全国人大常委会原副委员长成思危教授攻读博士学位。成教授本人是著名的系统思考研究者。我在拜会成教授时，成教授邀请我担任邱博士博士论文的审阅人，我欣然应允。其后，我们通过邮件保持联系，也在中国、维也纳等地数次见面。邱博士的研究方向是网络组织学习机制，基于多年的研究，他在组织学习领域有着深厚的理论功底，他的博士论文包含许多创新性的观点。更重要的是，邱博士一直致力于学习型组织在中国的实践与推广。他在联想、万达等一些优秀企业有长期的工作经验，对中国企业的总体情况也非常了解，并为华为、中国航天等数百家企业提供过咨询与培训。因此，我很高兴邱博士的新著《如何系统思考》出版。该书整合了邱博士对系统思考20余年的研究与教学经验，包含着全球系统思考实践者社群多年的实践积累，对于任何想要学习系统思考方法、提升系统思考技能的人来说，本书都将提供强有力的支撑。

我一直相信，未来真正出色的企业，会营造一种精神和机制，使得全体员工可以全心投入并持续学习，不断提升组织学习的敏捷度，从而使组织长盛不衰、可持续发展，并更好地服务于社会。在当今历史时刻，系统思考对于我们人类开创未来的新局，乃至在无边界的地球村中，促进人类与自然及所有生命系统的和谐相处，比以往任何时刻，都更加重要。对于正在崛起的中国和中国企业，尤其如此。

彼得·圣吉

麻省理工学院斯隆管理学院资深教授、J-WEL学者

国际组织学习协会创始主席

系统变革学院[一]联合创始人

《第五项修炼》《变革之舞》《第五项修炼·心灵篇》

以及《必要的革命》等畅销书作者

[一] 系统变革学院由管理学大师彼得·圣吉和一群致力于组织与社会变革的资深变革专家创建，以培养面向未来的系统领导者为使命，赋能产业创新、孵化社会创新、推动系统变革。学院平台整合了100多项变革技术，汇聚了来自全球的一流专家导师的支持。系统变革学院中国中心将立足高质量发展的新时代，建立一个创变者的学习社群和资源生态，赋能中国伙伴在商业、教育领域、政府干部队伍、公益事业、行动学习研究以及中西文化交流各方面创造性发挥领导力，使中国成为系统变革的全球领导者。

推荐序二

邱昭良博士又写了新书，他希望我给他写一篇推荐序，于是我有幸拿到了《如何系统思考》的试读版先睹为快。

系统思考是非常重要的事情。人生在世，我们面临的就是思考问题和解决问题，而思考问题是解决问题的前提，如果思考不清楚，就无法做出正确的决策，更谈不上解决问题了，而思考问题是有方法的，系统思考就是非常科学和有效的方法。

在书中，昭良博士详细地介绍了什么是系统思考，以及如何做到系统思考。在我看来，简单讲系统思考就是站在山顶找出路，站在山顶的最高处，才可能找到出山的路，如果站在半山腰或者山脚下，纵然是天才也很难找到走出大山的路，因为你的视线完全受阻……

系统思考有三个要点。第一，要有全局观，要清楚全局的最终目标以及自己在全局中所处的位置，以此作为自己思考的第一个原点。第二，要透过现象看本质，不要被任何表面的现象所误导，要有一双慧眼透过现象看本质，以实质重于形式之心思考，基于本质作为自己思考的第二个原点。第三，要动态思考，要知道，任何事情都不是孤立的，所有的事情之间都是相关的，一个事情的变化会影响到另外的事情，而这种变化反过来又会影响到自己本身，这是思考的第三个原点。

柳传志先生早年在联想讲过一个拧螺丝的故事：给汽车上轮胎，一般来讲有五个螺丝要拧，这时候非常需要技巧，首先要选择一个螺丝轻轻地拧上作为固定，然后再把其他四个螺丝依次轻轻地拧上，最后再开始紧螺丝。紧螺丝时也一样，不能把一个螺丝紧到底，而是必须逐个把每个螺丝紧一些，再逐个把每个螺丝紧一些，直到最终全部拧到位。如果直接把一个螺丝紧到底，很可能其他螺丝就拧不上了。

我认为这就是系统思考，系统思考的基础是常识和逻辑，不合逻辑必有问题，超越常识就是骗局。在着眼于全局、着眼于本质以及着眼于动态的基础上，基于常识和逻辑进行思考，最后拿出方案，这就是系统思考。

掌握了这样一种思考方式，我们在工作和生活中就可以做出正确的思考和决策，获得我们想要的结果。

“如何系统思考”这个问题，要把它延展成一本书来阐释，是难度很高的一件事情，可喜的是，邱昭良博士做到了，但更重要的是，读者要有能力，把书读薄，在厚厚的一本书中，提炼出、理解出系统思考的核心，并且掌握和践行，这就是读书的目的。

是为推荐。

孙陶然

拉卡拉创始人、董事长

北京市工商联副主席

《创业 36 条军规》作者

推荐序三

破解人类思考的心智密码

很高兴得悉我的挚友邱昭良博士的新著《如何系统思考》（第2版）即将出版。在本书第1版把系统思考的核心思维方法讲透了的基础上，本次修订堪称精益求精、更上层楼。这足以证明，邱博士20余年专注于组织学习与系统思考领域的研究与实践、持续精进，是当之无愧的“大家”。回想起40年前，我在念系统工程博士时，我的第一门主修课的核心观念就是，我们生命中的一切都是一系列时间和空间的排列组合。因此，我们的思考也应该有时间和空间的因素在里面。在时间上，要有长期性；在空间上，要有全面性。所以，当我看到邱博士提出的**思考的魔方**®，从广度、深度和角度三个维度，精辟地阐述了系统思考的精髓时，我非常欣喜，且心有戚戚焉：就思考的**广度**而言，意即我们的思考在空间上，要有全面性；而思考的**深度**，就是需要更加深入、细致地分析问题，把握关键；从**角度**来看，指的就是我们的思考在时间上，要有长期性，要看到系统行为的动态性。做到了这三点，就可以成为一个符合系统思考精髓的决策者。我觉得这是学会系统思考的“密钥”。

纵观全书，我认为这本书有如下两重特色。

第一，本土化。

据我所知，邱博士在硕士和博士两段研究经历的专业方向均是组织学习（学习型组织），博士论文曾得到管理学大师、“第五项修炼”提出者彼得·圣吉的指导，可以说他“吃透了”国外学习型组织领域中最重要的理论、最佳实践。更为难得的是，邱博士作为孔孟故里的青年才俊，20余年来一直从事组织学习与系统思考、知识管理的实践、培训与咨询，他熟悉中国本土的文化、特色，知道“怎么吃”才能更好地让企业“消化吸收”，变成强身健体的“营养”。所以，本书凝聚了大量邱博士提炼的中国本土企业实践之经验，原汁原味，完全适合中国读者，为读者奉献了一道“地道中国胃”的营养大餐，堪称中国版“系统思考”之“葵花宝典”。

多年来我一直主张，在中国学习现代管理学，要从**清清楚楚的模模糊糊**学到**模模糊糊的清清楚楚**。因为在管理中，有些事情本质上就是模糊的。如果一定要用清清楚楚的手法去解析，这样，即使方法、路径看起来都是清清楚楚的，但实际上，最终的结果却是“模模糊糊”的。这就是**清清楚楚的模模糊糊**。相反，要有效应对本质上模糊的问题，就只能用模模糊糊的手法、理论、角度和方式去处理，只有这样才能得到清清楚楚的结果。这就是“模模糊糊的清清楚楚”。这是更高明的智慧。

同样，在系统思考里面，本身就不全是“1+1=2”的“清清楚楚的科学”。中国人要学习、应用系统思考，只有真正考虑到了中国人的思维习惯、文化、哲学与历史智慧，处理好清楚与模糊的边界，既不照搬西方的东西，又不纯粹闭门造车，才能得到真正的智慧。因此，邱博士在本书中所讲的一段话，我非常认同：没有复杂的简单，是莽撞；没有简单的复杂，是迂腐。我们既不能不经过上述三个维度的**复杂**思考，莽撞地“拍脑袋”决策，也不能陷入一大堆看似复杂的分析之中，难以自拔。我认为，这是深入浅出的行动智慧。

第二，独创性。

正如邱博士所说，现在商业环境日益复杂、多变、不确定与模糊，无论是个人还是企业，都需要提升自己的学习敏捷度，快速创新及应变。但是，对于如何学习，如何思考，如何应对复杂性与不确定性的挑战，很多人摸不着头脑、无从下手，各类专家也是“授之以鱼”，而不是“授之以渔”。在本书中，邱博士高屋建瓴且深入浅出，率先提出的“思考的魔方®”和“思考的罗盘®”

非常精彩，堪称富有远见卓识的创举。“思考的魔方®”不仅说明了我们应该从三个维度上重塑我们的思维模式，做到全面思考、动态思考和深入思考，这完全符合系统思考的精髓，而且破解了系统思考的“心智密码”，通过三个维度上一些实用的**支架式**辅助工具的导入，让我们可以循序渐进、有章可循地历练我们的思维，逐渐掌握系统思考的技能。邱博士发明的“思考的罗盘®”集成了全面思考、动态思考和深入思考，从应用的角度讲，其价值丝毫不亚于系统思考专业领域的因果回路图、系统基模等工具，而且更加适合实战、易于操作，实践证明威力巨大。据我所知，这些创新是全球领先的，具有独创性，而且体现了理论与实践的完美融合，确实堪称创举。

北宋文学家苏轼在《题西林壁》一诗中云：“横看成岭侧成峰，远近高低各不同。不识庐山真面目，只缘身在此山中。”对于复杂系统而言，人们观察事物的立足点、立场不同，就会得到不同的结论。很多决策者没有系统思考的智慧，就会“当局者迷”，“只见树木，不见森林”。只有摆脱了局限于本位思考的束缚，坐上直升机，置身于“庐山”之外，从整体上观察，且从各个角度去深入地分析、整合，才能真正看清“庐山”的真面目。我认为邱博士具有这样的智慧，他看透了组织学习与系统思考的本质，这本书就是最好的体现。同时，我也希望每位企业家、管理者都具备这样的智慧，能够把你自己的“庐山”看得清清楚楚、明明白白、真真切切。

综上所述，我认为本书非常实用，没有任何艰涩难懂的教条，以通俗易懂的语言，结合中国实际，探讨了我们如何从传统的思考模式转变为系统思考，实用性强，有很高的指导意义。

纵览当今寰宇，纵横捭阖、云谲波诡，充满了各种复杂性的挑战，中国的和平崛起、民族复兴，中国企业竞争力的提升以及全球化，都迫切需要企业家和各级决策者具备系统思考的智慧。因此，我深切地希望各类企事业单位、政府等组织的领导和有识之士，能够从本书中洞悉系统思考的“心智密码”，提升个人与组织的思考力和学习力，绽放“智慧的光芒”。

宋铠

教授、台湾“中央”大学管理学院原院长

推荐序四

打开系统思考之门的密钥

当今世界正面临着“百年未有之大变局”。2020年，世界云谲波诡，新冠疫情、非洲蝗灾等“黑天鹅”事件使全球经济、政治、公共卫生和粮食安全等各领域经受着大考，组织和个人也被席卷其中，面临着巨大的挑战。在充满快速变化和不确定性的环境下，如何从根本上找到化解危机的路，发掘充满活力的发展模式，读这本《如何系统思考》有特别的意义，会给你带来启发。

在《第五项修炼》的作者、管理学大师彼得·圣吉看来，真正有效的思考就是系统思考，它能够为成功者突出重围、独占鳌头提供破局的方法论和工具。在充满快速变化和不确性的环境下，企业要想避开陷阱、渡过危机，各级管理者必须要有系统思考能力，从整体上加以把握，统筹考虑各方面因素，在理解系统规律的前提下致力于改善组织运作和员工行为。因此，在实践中我一直将系统思考作为管理者的基本能力要求，强调处理问题要有全局观、战略观、未来观。事实证明，若掌握了系统思考的理论和实践，就能够带领企业和个人朝着正确方向发展。

系统思考的重要性不言而喻，然而“知易行难”，如何落地见效是企业和个人面临的难点。所幸的是，《如何系统思考》(第2版）一书给出了一整套系统思考的解决方案，提供了一个系统思考的“工具箱”，包括“思考的魔方®”以及三个支架式辅助工具——“冰山模型、环形思考法®、思考的罗盘®”，重在说明如何用系统思考来解决实际问题，如何在具体问题中把握各要素间的有机联系，并通过这种系统化思考，找到问题的本质以及解决问题的有效措施。这本书将系统思考从高深莫测的理论转化为企业和个人可实操的“方法论”，引导读者进入“知行合一”的至高境界。

邱昭良博士是我在南开大学的师弟，也是我多年的挚友，在学习型组织和系统思考方面有20余年丰富的研究与教学经验，曾为华为、中石化、中国航天、中国移动、中国银行、国家电网等数百家大型企事业单位提供系统思考、组织学习、管理能力提升等方面的咨询与培训服务。2019年，他应邀为我公司的核心团队授课培训，使用体验游戏、案例分析、团队演练等新颖的教学手法，同时系统分析了复盘之“道”——基于“闻、见、知、行”独创的“U型学习法”，培训课程本身也充分体现了邱昭良博士在系统思考方面的丰硕成果。可以说,《如何系统思考》(第2版)是在众多教学和研究实践中遍检众说、去芜存菁的结晶。

“君子之为学，以明道也。”邱昭良博士在“道”的层面讲得通透彻底，在“术”的层面总结了大量案例和实践，笔下生辉，回味无穷，为我们企业管理者提供了解决实际问题的理论框架和思维工具。接入高级智慧才能进入激活状态，无论是在哪个行业，无论是创业还是守业，管理者如能拿到这把打开系统思考之门的“密钥”，践行这本书提供的系统思考工具和方法论，必将在预判问题、分析问题和解决问题方面更具广度、深度和超前度，必将更能处变不惊、化危为机、行稳致远。我把这部“明道、优术”之作郑重地推荐给读者，希望能够对您有所帮助!

鲁东亮

中国—东盟信息港股份有限公司总裁

前言

“你怎么老是‘就事论事’？要从根儿上入手去解决问题，不能浮于表面！怎么就不能用脑子往深处多想一想？”

想？怎么想？这真的是一个大问题。如果只是吼下属，不教给他具体的方法，他可能永远也做不到深入思考，问题还会层出不穷，甚至越来越糟。

“他又在想自己的事儿！典型的‘本位主义’！怎么就不能有点‘大局观’？”

老大，谁都想有“大局观”，但是怎样才能做到呢？的确不容易，因为局限思考其实是人的本性之一。要想做到纵览全局、统筹兼顾，你需要具体的方法和“套路”。

“这件事能这么定吗？我得多想一想……”

是的，睿智的人在面对复杂、棘手的决策时，都会“多想几步”，就像下棋一样，但是他们到底是怎么“想”的？

“这些问题太复杂了！简直是一团乱麻！牵一发而动全身，到底从哪里入手啊？”

在商业世界中，真正重要的问题从来就不是很简单、轻轻松松就能“搞定”的。如何应对复杂性的挑战？如何做出经得起时间考验的睿智决策？

你是不是经常在工作、生活中看到或经历类似的状况？

的确，近年来，“思维类”图书大受欢迎，包括我翻译的《系统思考》《系统之美》，以及关于“深度思考”“本质思考”、创新思维、结构化思考、批判性思维的书等，但“不会思考”仍然是当今时代各阶层人士的痛点，“学会思考”仍是人们迫切的需求。

尤其是在当今复杂多变的互联网时代，在社交媒体上，类似“很厉害的人都具有这几种思维……”“比努力更重要的，是你的底层操作系统”等的“鸡汤”文章，也吸引了很多人的眼球。但是，不管刷了多长时间手机，听了多少本书，你除了知道了一个个新名词、概念或一些碎片化的“知识”外，你的思维技能并不会改变、提升，甚至这些还可能让你变得更加“浅薄”，引发更大的“焦虑”……

在这种情况下，你需要的不是一个个孤立的“点”，而是一个完整的体系；不是简单地讲讲道理，而是要掌握一整套全新的方法与工具；不是“会了”就行了，而是要扎扎实实地进行系统化的“刻意练习”。

对此，系统思考（systems thinking）是你的“不二之选”！

系统思考大有可为

在各种思维类的方法与工具中，“系统思考”是能够让你由表及里、去伪存真、去粗取精的一整套思考技术，是能够让你“把这纷扰看得清清楚楚、明明白白、真真切切”的“一双慧眼”，它既有完备的理论体系，实用的方法与工具、技术，也有大量的实践应用案例。

从理论起源上看，20 世纪五六十年代基于系统论、控制论和信息论发展起来的复杂性科学，构成了系统思考的理论基础，并衍生出了硬系统思考、软系统思考、组织控制论、系统动力学等主要应用流派，形成了一个综合性、跨学科的知识体系。

从应用上看，20 世纪 70 年代，“罗马俱乐部”资助了一项运用系统动力学方法和工具对全球发展的研究，其研究成果《增长的极限》[一]引发了全球的关注，并使得系统思考声名鹊起；之后，系统思考的应用范围逐渐扩大，在经济管理、教育、生态与公共管理等领域都涌现出了很多成功的案例。尤其是 1990 年，彼

㊀ 本书中文版已由机械工业出版社出版。

得·圣吉应用系统动力学方法对企业管理和学习型组织创建进行的整合性研究——“五项修炼”，对于破解现代企业在成长中遇到的各种难题、激发集体的智慧、开创事业的新局，都具有非常重要的参考与借鉴意义，也使得“学习型组织”成为风靡全球的一门“显学”。20世纪八九十年代以来，系统思考在可持续发展、环境保护等领域的应用也非常引人注目。

在我看来，系统思考是应对复杂性挑战的“旷世奇功”，有着广阔的用武之地，小到日常生活与个人发展，大到生态系统与社会公共事务，系统思考都可以成为人们有效解决当今时代所面临的诸多动态复杂性问题的有力武器。

不仅如此，对于各级企业管理者来说，他们更加迫切地需要一种能够凝聚集体智慧、让团队共同思考的新语言。对此，**系统思考可以让我们透过纷繁复杂的表象，化繁为简，找到驱动业务发展的“成长引擎”，并睿智地解决问题。**

本书目的与架构

目前市场上与系统思考相关的图书很少，即使有少量的几本书，也偏重于学术化或系统动力学软件建模，涉及应用实务指南的图书，尤其是普通读者能够读得懂、学得会的非学术性读物更为匮乏。我认为，这在某种程度上制约了系统思考的应用普及。

虽然《第五项修炼》定位为商业畅销书，但令人遗憾的是，在《第五项修炼》及其后续系列著作中，作者们并没有对系统思考的实际应用给出详尽的指南，也没有具体说明一些方法与工具的来龙去脉，使得很多读者很难掌握这种“新语言”，这也是“五项修炼”在实践中最大的困难之一。

我自2003年开始陆续为数百家企事业单位各层级人员开展系统思考应用实务相关培训，并将系统思考应用于个人研究、咨询与其他实际工作中，既积累了相关素材，有了很多第一手的实践经验和心得，又接触到大量的初学者，了解了他们的实际困难、困惑和问题以及需求，这让我产生了写作本书的想法。具体来说，写作和出版本书的主要目的包括以下四个方面。

- 以通俗易懂的方式，让读者了解系统思考的基本原理、原则和精髓。
- 介绍并帮助读者学习、掌握系统思考的基本方法与工具。
- 通过对一些具体实例的分析和探讨，使读者了解如何将系统思考应用于个人生活与日常工作、团队与项目管理、企业经营与管理以及社会事务与生态等方面，并希望“抛砖引玉”，引导读者“举一反三”，以便在实际工作中更好地应用系统思考。
- 与读者分享我20多年学习与应用系统思考的心得、实务经验，为系统思考初学者提供有针对性的学习建议和行动指南，帮助其快速“入门”。

基于上述目的，本书第 1 版共分为 8 章。经过两年多的实践检验，相对于第 1 版，本次修订在总体框架保持不变的情况下，对具体内容及篇章结构做了较大调整，共分为三篇、10 章，架构如图 0-1 所示。

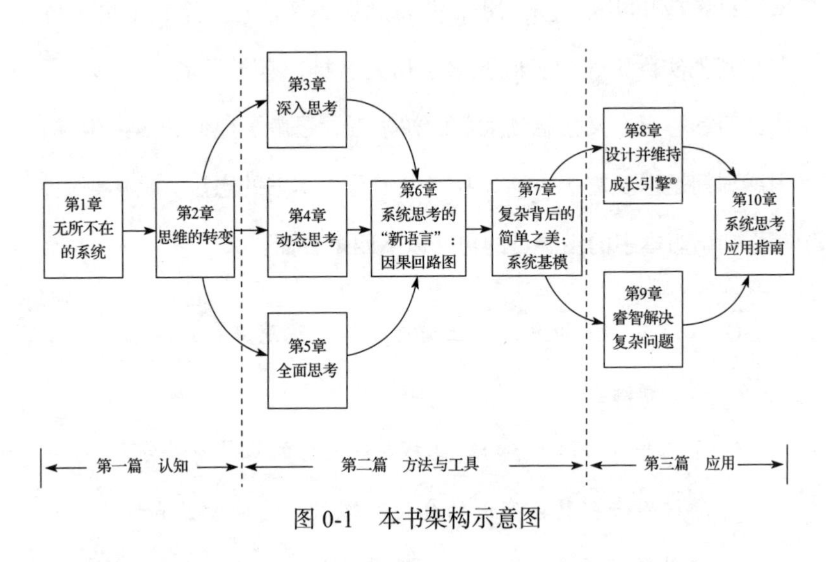

图 0-1 本书架构示意图

第一篇介绍系统、系统的基本原理和特性（第 1 章）以及系统思考的定义和行动框架（第 2 章），让大家了解系统思考的基本知识。

第 1 章：毫无疑问，要学会系统思考，必须首先理解系统的构成与特性，这是前提与基础。所以，我在第 1 章给出了系统的定义、构成与类别，探讨了社会系统复杂性的来源以及动态复杂系统的八项特性。

第2章：作为一种与主流的思维模式有较大差异的全新思维模式，系统思考的本质是思维范式的转变。为了让大家找到操作路径和具体“抓手”，以便进行思维模式的转变，我发明了“思考的魔方®”这一行动框架，也就是说，我们的思维需要在深度、广度、角度三个方面实现转变，做到深入思考、全面思考、动态思考。本章对此进行了概要介绍。

第二篇介绍系统思考的常用方法与工具，包括以“思考的魔方®”为框架的三个支架式辅助工具——“冰山模型”（第3章）、“环形思考法®”（第4章）、“思考的罗盘®”（第5章），以及系统思考“国际标准语言”——“因果回路图”（或称为“系统循环图”，第6章）及其常见组合“速查手册”——“系统基模”（第7章），帮助大家学习、掌握系统思考的方法，在“知”和“行”之间架起桥梁。

第3章：借助“冰山模型”和“行为模式图”等工具，让大家的思维不是停留于表面、关注一个个事件（“点”），而是能看到系统行为发展变化的趋势或模式（“线”），不仅能预见趋势，更可以洞悉其背后错综复杂的因果反馈结构（“体”），帮助大家实现深入思考。

第4章：介绍了我们在工作和生活中常见的“线性思考”模式及其优劣势，指出在充满非线性关系的世界里，不要应用线性思考模式。通过我总结的“环形思考法®”以及简单易行的操作步骤（“四找”），让大家从线性思考走向环形思考，看到因果之间的互动，而不是静止的片段，并且让大家的思考更为稳健。

第 5 章：通过我发明的全面思考的辅助工具——“思考的罗盘®”，让大家看到整体，有利于换位思考，克服本位主义和局限思考，不遗漏重要的利益相关者（stakeholder），实现全面思考，同时也要设定好合理的边界，不让分析陷入不必要的繁杂。

第 6 章：让大家学会系统思考的“新语言”——“因果回路图”，它通过因果反馈回路的视觉化方式来描述系统的结构，使用它大家可以很方便地识别回路的特性，在一个平面上也可以预想到系统的各种可能动态。因果回路图是系统思考的基础性工具，是这个领域的“国际标准语言”，无论对于个人，还是团队乃至组织来说，都有非常重要的意义和价值。基于我本人 20 多年的教学经验，本章为初学者提供了大量的实战指南，包括如何绘制因果回路图、如何识别回路的特性、无所不在的时间延迟等。

第 7 章：对于初学者来说，“系统基模”类似于有经验的医生梳理出来的“常见病速查手册”，有助于我们透过复杂现象看到其背后的简单之美。当然，系统基模也有其局限性，需要恰当地使用。在本章中，我给大家介绍了两大类、10 种系统基模，每一个基模都包括状况描述、行为模式、结构分析、典型案例、预警信号以及管理原则六个方面，这既可以让大家了解系统思考的诸多应用，也给大家提供了很多练习的良机。

第三篇介绍了系统思考的两类应用场景——设计并维持成长引擎®（第8章）和睿智解决复杂问题（第9章），让大家准备好在实际工作与生活场景中应用系统思考。通过持续地学习与应用、反思，大家也可以养成系统思考的技能（第10章）。

第8章：任何成长都需要而且应该被设计和管理，管理者的基本职责之一就是从纷繁复杂的日常事务中识别、把握驱动组织持续成长的关键主导回路。本章介绍了“成长引擎®”的概念，探讨了成长的动力来源、九种常见的企业“成长引擎®”以及如何设计企业的成长引擎®。

第9章：就像《周易》所说，一阴一阳之谓道。除了设计并维持“成长引擎®”，管理者的另外一项基本职责就是睿智地解决复杂问题，这也是系统思考的另一类应用场景。本章探讨了“基于系统思考的问题分析与解决”（SBP）与传统“问题分析与解决技术”（PST）的区别、优劣势及其适用条件，阐述了利用系统思考解决问题的一般过程以及寻找“根本解”与“杠杆解”的诀窍。

第10章：作为一种实用的技能，系统思考不是“我知道了”就行了，必须能够结合实际状况有效地应用。本章先从“修身、齐家、治国、平天下”四个层次列举了数十个系统思考可能的应用场景，然后给出了应用系统思考的原则、系统思考技能养成的方法与步骤，以及深入学习的建议。

本书附录给出了系统思考的学习资源以及我个人版权课程的

介绍。实践证明，参加系统思考培训是配合本书最快速、有效的入门方式。

修订要点及本书特点

本书第 1 版自 2018 年出版以来，得到了很多朋友的支持与鼓励，我倍感欣慰。结合一些朋友的学习反馈以及我自己的教学心得，本次进行了大量修订。主要修订包括以下六个方面。

- 根据教学实践，调整了部分篇章的内容及顺序。
- 充实、重写了与“思考的魔方®”相关的第 3 ～ 5 章，大幅提高了可读性和可操作性。
- 在原第 8 章的基础上，整合了原第 1 章的部分内容，并增加了一些新内容，将其调整为 3 章，强化了对系统思考应用的指导。
- 补充了大量教学中发现的常见问题及其行动建议，如使用“思考的罗盘®”进行工作任务分析，如何识别和应对时间延迟，如何设定系统的边界，基于系统思考的问题分析与解决，如何找到“根本解”和“杠杆解”等。
- 对部分内容进行了精简，删除了一些不常使用的方法和工具，如五个为什么、鱼骨图、多重原因图等。
- 更新、补充了部分案例与练习。

我希望本书能成为你首选的系统思考学习参考资料与应用指南。

概要地看，本书有以下四个特点。

第一，循序渐进，体系完备。本书以学习、养成系统思考技能的“知—行—积”架构为指南，不仅探讨了系统思考的基本原理与精髓（“道”），而且介绍了“由知到行”的一系列方法与工具（“法”），以及在实际生活和工作中应用系统思考的场景与经验（“术”）。

第二，案例丰富，贴近实际。结合企业经营与管理的实际状况，本书收集了数十个真实案例，并且按照场景化原则，将系统思考和企业家、管理者的常见工作任务或常见问题结合起来，不仅给出了相应的方法、工具，还提供了有针对性的行动指南，以便读者更好地学习、借鉴、应用。

第三，强化实战，突出实用。本书的定位不是学术探讨，而是面向实践，致力于帮助学习者学习、掌握系统思考的技能。为此，本书秉承实用性原则，无论是章节框架还是内容编排，均从学习者的角度出发，考虑到了他们常见的问题、困惑或挑战，很多内容也是源自作者自身的实践经验，包括一些原创的方法与工具、训练步骤，以及操作指引与使用心得等。

第四，配套练习，及时反馈。要养成一项新的技能，离不开持续的练习。尤其是对于相对微妙的思维技能与应用诀窍，仅用文字和图表，有时候未必能够完全准确、到位地阐述清楚。如果能够及时练习，并且得到到位的反馈、指导，就可以更好地领悟和掌握。本书不仅包含数十个实用的案例，还有很多练习。读者如果感兴趣，在自己动手练习之后，可以扫描书中的二维码，查看部分练习的参考答案以及相关的视频微课，实现全方位、立体化的学习。尤其是独立思考和动手练习，对于大家提升系统思考能力，真的非常重要。

总之，我希望大家阅读本书，不仅能获得一些启发或了解到一些所谓的“知识”，还能真正地学以致用、养成能力。

阅读建议

正如《系统思考》一书作者丹尼斯·舍伍德（Dennis Sherwood）所说，系统思考不是那种宣称“快速见效”的“快餐读物”。自学系统思考，从某种意义上讲，是枯燥、艰难的，有时可能令人很困惑。虽然系统思考是使读者“见树又见林”的学问，但学习者一开始面对系统思考的知识体系、核心概念与内涵，往往会“迷失在系统的丛林里”，感到难以理解或理不清头绪；面对系统思考的方法、技术与工具，包括本书中各种或繁或简的“思考的罗盘®”“因果回路图”等，因为还比较陌生，甚至与人们习惯的思维模式不一致，学习者往往不知如何使用，若缺乏高手的有效指导，则无法掌握其诀窍，发挥其功效；对于系统思考的实际应用，似乎更遥不可及、有心无力。

因此，我深信，系统思考作为现代企业经营者必备的核心技能，它的养成是一个微妙的过程，仅靠阅读本书或其他书是远远不够的。正如南宋诗人陆游在《冬夜读书示子聿》一诗中云："纸上得来终觉浅，绝知此事要躬行。"

那么，我们应该如何充分利用好本书？有哪些途径可以让我们进一步深入学习，超越读书，持续练习，以提升自己的思维技能呢？

根据我自己学习和讲授系统思考的经验，我认为阅读和使用本书、持续学习系统思考技能有以下四个注意事项。

紧跟思路，体悟脉络

本书的编排方式参考了我多年来进行系统思考培训的脉络和框架，考虑到读者的自学体验，以通俗易懂的语言，搭配人们工作、生活中的诸多常见场景或案例，步步为营、环环相扣，帮助读者实现思维的转变。因此，建议读者在阅读本书时，采用精读乃至主题阅读的方式，跟上思路，主动思考、揣摩，领悟书中分析的脉络。这需要大家的关注、热情、专心和智慧。

如果只是简单地翻一翻，大家的收获可能是有限的。这其实也是"一分耕耘，一分收获"这一道理的体现。当然，根据我的经验，我相信：只要付出努力，一定会有收获！

事实上，经营企业或管理组织是一项复杂的活动，根本不存在什么简单、快速见效的“万能药”。磨炼自己的思维，尤其如此。

手脑配合，边学边练

如果只是用眼睛阅读本书，即使你足够聪明、投入，也只是了解了一些事例的机理，获得了一些观念上的启示，仍然无法提高系统思考的实际应用能力。要想实现“由知到行”的跨越，必须手脑并用，记录下自己的想法，并随手练习工具与技术的使用。

本书注重阅读过程中的互动性，你只要用手机扫描书中的二维码，回复相应的关键词，即可获得相关练习或案例的参考答案。把这些答案与你自己的分析做个对比，看看自己能否获得额外的启发。

勤加练习，及时复盘

虽然本书案例较为丰富，但我深信，仅仅熟悉这些案例仍然是不够的。如果你没有系统地学习系统思考的机会，我建议你举一反三，参考书中的案例，结合自己工作与生活中的实际问题，勤学善练，这样可能会有更大的收获。一位朋友曾告诉我：在画了 50 多幅因果回路图之后，他才有了“开窍”的感觉。我相信这位朋友的感受，虽然具体的数字可能不精准或者对每个人来说有差异，但这是一个绕不过去的门槛，是成长不可或缺的环节。

要想更快地从练习中获益、促进能力提升，实践证明，最有效的方法之一是及时复盘。[㊀]建议大家在每次练习之后，都对照自己的预期目标或参考答案，回顾、比较、分析，看看哪些地方做得好，哪些地方还存在不足，做得好或不足的原因是什么，应该如何改进。这样，把每一次练习都变成提升能力的坚实支撑，一步一个脚印，你会走得更加踏实。

持续学习，内化习惯

根据我自己多年的观察和实践心得，我认为，读书只是学习的途径之一，甚至不是最主要、最有效的方式。你读完本书之后，应该超越读书，持续学习，只有将这些思维方法内化为自己的习惯，才能真正长期受益。

对此，有以下几种有效的方式供大家参考。

（1）与系统思考应用高手切磋、交流。《荀子·劝学》指出："吾尝终日而思矣，不如须臾之所学也"，意思是如果你只是一味地自我思索，不如学习片刻收获大。谈到学习，虽然阅读很重要，"开卷有益"，但是荀子认为"学莫便乎近其人……学之经莫速乎好其人"，意思是学习最快速、最便捷、最有效的方式就是找到老

㊀ 关于复盘的具体操作流程与方法，可参见我的专著《复盘+：把经验转化为能力》(第3版)(机械工业出版社于2018年出版)。

师、高手。与他们交流，往往能达到“听君一席话，胜读十年书”或“豁然开朗”的功效。

（2）团队学习。就像谚语所说的那样：如果你想走得快，那就一个人走；如果你想走得远，那就一群人一起走。在学习系统思考时，如果能找到一些志同道合的朋友或同事，大家一起读书、一起练习，尤其是结合自己身边的实际问题开展研讨、集思广益，持续学习与应用，不仅有利于坚持学习，而且往往事半功倍。

（3）参加“系统思考应用实务”的专业培训。为了帮助更多朋友学习、掌握并应用系统思考，我自2003年开始开发了“系统思考应用实务”版权课程（参见附录B），并为数百家企事业单位提供过相关培训。该课程结构化、模块化、可定制，并运用团队讨论、体验式游戏、案例分析、实际问题研讨等方式，引导学员循序渐进地理解系统思考的原理与精髓，学习并练习系统思考的基本工具与技术，培养系统思考实际应用的技能，探讨系统思考应用的实际问题，在2～3天的时间内即可使学员获得飞速进步。

最后，祝愿大家通过阅读本书，学习、掌握系统思考这种方法，并能够将其应用于工作与生活，修身、齐家、治国、平天下！

来，让我们一起开启系统思考的学习之旅吧！

第一篇

认　　知

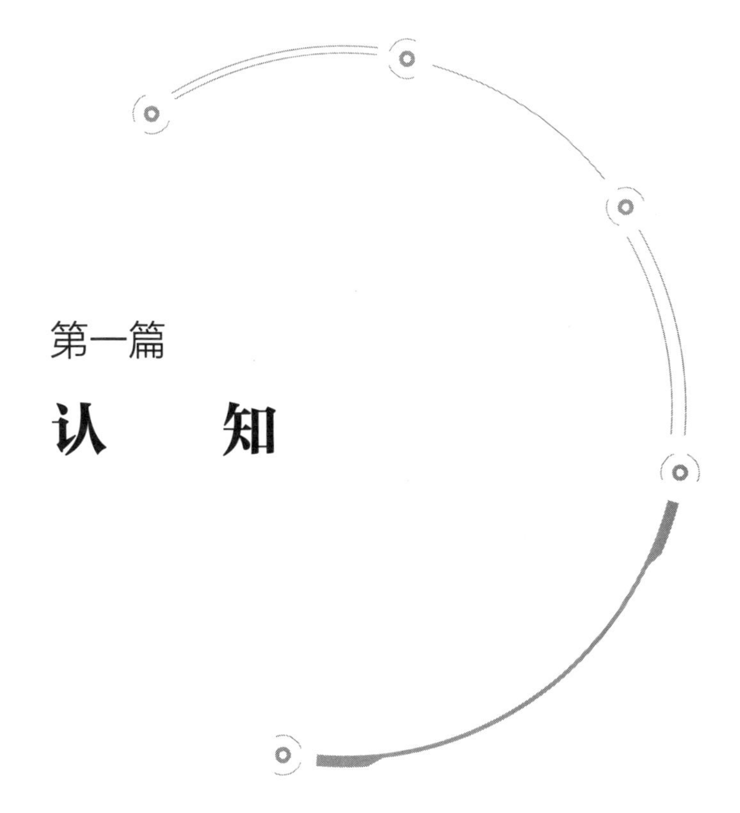

第 1 章
无所不在的系统

工作了一天之后，你感到浑身酸软、疲乏无力。

……这涉及一个系统性问题。处理不好，你可能会“亚健康”、生病，进而影响到自己的生活、工作或事业。

你心里暗暗喜欢上了一个姑娘（或小伙儿），怎么和她（或他）交往呢？

……这也是一个系统性问题。处理得当，你们会相处得很愉快；否则，可能无疾而终、别别扭扭，甚至造成严重的伤害。

你刚被提拔做了部门经理，怎么管理好一个团队呢？

……这还是一个系统性问题。

你想买一套房子，心里盘算着楼盘的位置、交通情况、房屋的朝向、房间布局、房价、贷款、社区、配套等，犹豫不决。

……这仍然是一个系统性问题。

的确，我们生活在一个充满了各种系统的世界中，这些系统紧密联系在一起，而我们每个人的思考、行动，每时每刻都与系统密不可分。

这样的例子俯拾即是。

- 我们每个人的身体都是一个有机系统，其中包含很多子系统，例如神经系统、消化系统、运动系统、内分泌系统……
- 一口池塘、一条河流、一片草原、森林、海洋等都是系统。
- 我们的家庭、生活的社区、工作的企业、学校、民族、国家等也都是系统。

那么，什么是系统呢？系统有什么样的特性？要想有效地与系统“共舞”，我们应该如何思考和行动呢？

什么是系统

“系统”是在人类的长期实践中形成的概念，作为科学术语和日常生活用语，已被广泛使用。英文“ system”一词源于希腊文“ sunistanai”，原意是“使彼此团结在一起”。如同其词源所显示的那样，系统一词包含部分组成整体的意思。“ system”有许多中文翻译方式，诸如体系、系统、体制、制度、方式、秩序、机构、组织等。从中文字面看，“系”指关系、联系，“统”指有机统一，“系统”则指有机联系和统一。

尽管字面意思好解释，但要给系统下定义并不容易。事实上，长期以来，关于系统的定义和系统特征的描述并没有统一规范的定论。

综合各方面的研究，在本书中，我对系统的定义是：**系统是由一群相互连接的实体构成的一个整体**。构成系统的各实体之间按照特定规律，长期持续地相互影响、相互作用，为了一个特定目的或共同目标而作为一个整体在运作。

按照这个定义，系统具有三个基本特性。

- 系统是由若干要素（实体）组成的，这些要素可能是单个的事物，也可能是一群事物组成的子系统。
- 这些要素（实体）之间存在着相互作用的反馈或联系，这是系统与一群彼此无关的事物组合（“堆”）的重要区别。
- 要素（实体）之间的反馈与相互作用，使得系统作为一个整体，具有特定的功能。这些功能是由系统的结构确定的，往往与其构成要素的特性与功能不同。

以倒一杯水为例，在这个简单的系统中，实体包括人的手（会转动水龙头）、眼睛（观察水位的变化）和大脑（设定期望的水位，并做出判断），以及水龙头、杯子等（见图 1-1）。

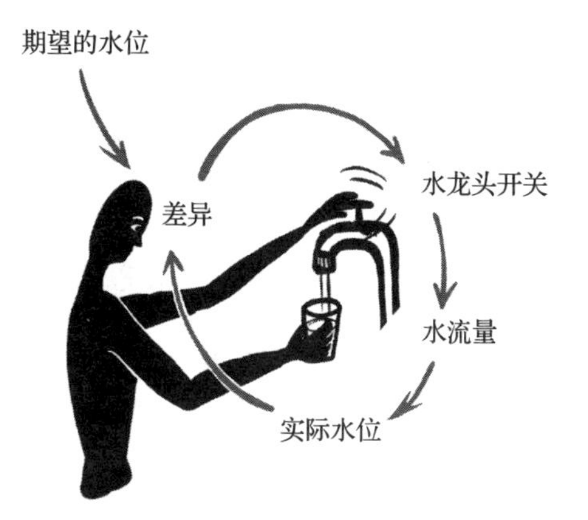

图 1-1　倒一杯水的简单系统

这些实体之间存在着紧密的相互连接、实时的相互影响，如我们的眼睛会观察杯中的水位变化情况，并将这一信息与大脑中设定的期望水位相比较，之后根据二者的差异，调整手的动作，从而改变水龙头的状态，影响杯中水位的变化，使其逐渐趋近于期望的水位……直到杯中的实际水位达到期望的水位，关上水龙头停止加水。

这个例子非常简单，这些实体加上它们之间的相互作用，构成了一个整体，实现了特定的功能。

类似的例子比比皆是。

系统的三个构成要素

由系统的定义可知，系统由以下三个基本要素构成。

实体

构成系统的要素之一是实体——这是一个统称或泛指的概念，既可以指有形的、能动的主体，也可以是一些无形的事物，或者这些事物的关键特征、要素及其中的一些部分。

例如，对于人体系统而言，实体包括骨骼、肌肉和各种器官，以及经脉、精神等；对于一个班级来说，实体包括学生、老师、课程等；对于一家企业而言，实体包括各个部门或管理者、员工、投资者、顾客等。

只由一个不可再分割的实体构成的东西，如一粒沙子、一块石头，就不是一个系统。

系统思考专家德内拉·梅多斯（Donella Meadows）指出，虽然人们在分析系统时最容易注意到的部分就是实体，它的确也是系统不可缺少的组成部分，但它对于定义系统的特点通常是最不重要的。相对而言，改变实体对系统的影响是最小的。只要不触动系统的内在连接和总体目标，即使替换掉所有的实体，系统有时也会保持不变，或者只是发生微小或缓慢的变化。

连接

若干实体要组成一个系统，它们之间必须有内在的连接，也就是说系统中某一部分与另一部分之间要有关联。这有可能是物质流或物理的连接，如血液、商品、现金等，也可能是一些反馈或信息，即系统中影响决策和行动的各种信号，如订单、收入、成本、满意度等。在梅多斯看来，系统中的很多连接是通过信息流运作的，信息使系统整合在一起，并对系统的运作产生重要影响。

相反，没有任何内在连接或功能的随机组合体，如胡乱堆积在一起或散落在各处的沙子并不是一个系统，因为它们之间没有什么稳定的内在连接，也没有特定的功能。

因此，从某种意义上讲，系统的精髓就在于实体之间的连接。如梅多斯所讲，系统既有外在的整体性，也有一套内在的机制来保持其整体性。

毫无疑问，切断或改变这些连接，就会破坏这个系统，或让系统发生显著的变化。所以，如果你想理解一个系统，并试图进一步影响它的行为，甚至控制它，你就必须从细究构成实体转向探寻系统内在的连接关系，即研究那些把各个要素整合在一起的关系。

功能 / 目标

对一个系统来说，由哪些实体构成、它们之间如何连接，并不是偶然或随机的，而是取决于其内在的功能或目标，不管这种功能或目标是否被明确地书写出来。

例如，一个由夫妻及其子女组成的家庭，其目的是繁衍和哺育下一代，让我们每个人不至于孤独地在这个世界上生存；一个公司或组织也有其宗旨和使命（并不一定等同于公司网站上写出来的愿景宣言或使命陈述)。

对一个系统来说，实体、连接和功能或目标都是必不可少的，它们相互联系、各司其职。通常，系统中最不明显的是功能或目标，只有通过分析系统的行为，才能推断出系统的目标，而这常常是系统行为最关键的决定因素。目标的变化会极大地改变一个系统，即使其中的实体和内在连接都保持不变。

当然，由于系统中嵌套着系统，因此目标中还会有其他目标，而一个成功的系统，应该能够实现其构成实体的个体目标和系统总目标的一致。

练习 1-1　解构系统

请思考：下列系统是由哪些实体构成的？它们之间的关键连接有哪些？其功能或目标是什么？把它们填在表 1-1 中。

表 1-1　认识系统的构成

系统	实体	连接	功能 / 目标
一头大象			
一群大象			
你的消化系统			
儿童骑自行车			
某项目组			
一支球队			
一家企业			
某企业的分销系统			
一个国家			
草原生态系统			
一条河流			

扫描二维码，关注“CKO学习型组织网”，回复“系统构成”，查看参考答案。

通用系统模型

基于上述三个构成要素，为了更深入、精细地认识和控制系统，学者们提出了各种通用系统模型概念。例如，系统科学的奠基人之一路德维希·冯·贝塔朗菲（Ludwig von Bertalanffy）于1950年提出了“开放系统理论”，指出：开放系统（如有机体）必须与其环境进行相互作用，以维持自身存在。它们从周围环境获得输入，对输入进行转换，然后再以某种产出的形式反作用于环境。因此，开放系统的生存有赖于其环境，也可以对各种变化做出反应，以适应环境。

以此基本思想为蓝图，埃里克·特里斯特（Eric Trist）等学者提出的“社会技术系统”（social technical system）理论、新英格兰复杂学会提出的“复杂自适应系统”（complex adaptive system，CAS）模型，都是一些通用系统模型。简言之，一个基本的社会系统可能包括下列要素及互动（见图1-2）。

（1）实体：社会技术系统包括多个能动的主体（如图中的A、B所示）。

（2）输入：绝大多数系统都不是孤立的、自给自足的，它们都存在或需要来自外部的各种输入（包括能量、信息、物质等），以维持系统的运作。对于开放系统来说，更是如此。可能只有极少数封闭系统没有或无须输入。

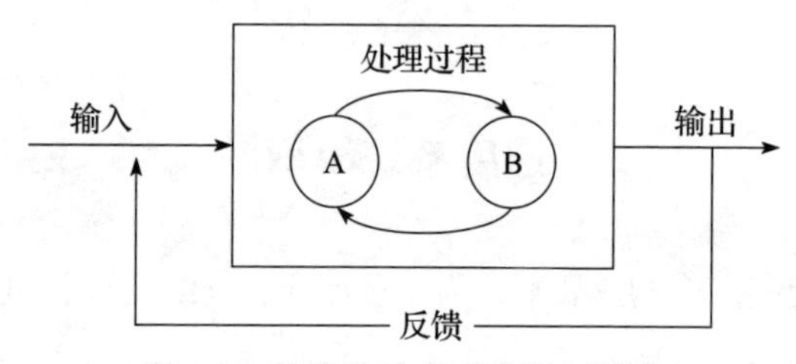

图 1-2　简化的社会系统通用模型

（3）处理过程：如果系统需要输入，就意味着输入对于系统是有价值的，系统需要对其进行处理（诸如分解、组合、加工等）。因此，系统中通常存在对输入及内部要素进行处理并将其转换成输出的过程，这些过程往往是由构成系统的能动主体或部件来执行的，形成了实体之间的一些连接。

（4）输出：如同输入一样，绝大多数系统都有输出（包括能量、信息、物质等），以维持系统的运作与平衡。

（5）反馈：大多数系统都具有一个或多个调节转换过程的反馈机制，这不仅有助于维持系统的动态稳定运作，也是与环境交互，以实现系统功能或目标的重要机制。

从构成上来看，输入、处理过程、输出与反馈，均为系统与其内外部之间的连接，而其功能或目标，一方面反映在输出及处理过程之中，另一方面，也要跳出这些要素，从整体上来观察。

（6）边界：虽然事物是普遍联系的，但系统总有一个边界（有形的或无形的）来界定“内部”和“外部”。有时候，人们常用“系统”这个词表示“里面”，用“环境”来表示“外面”。一个系统可以是开放的，也可能相对封闭，但均有其边界。一个开放的系统与其外部环境之间存在较多的相互作用。

系统的三种类别

因为系统是广泛存在、复杂多样的，所以系统的分类方法也有很多种。系统思考研究者拉塞尔·阿克夫（Russell Ackoff）认为有三类系统：机械系统、有机系统和社会系统。㊀

机械系统

机械系统一般以可预测的方式运行，遵循的是自然规律与物理、化学原理。其表现形式多种多样，复杂程度也差异巨大，既可能是一些简单的机械组合，如儿童玩具、自行车等，也可能是一些非常复杂、精密的高科技产品，如手机、自动驾驶汽车、宇宙飞船等。

有机系统

构成有机系统的各个部分承担着特定的功能，彼此之间存在

㊀ Jamshid Gharajedaghi, Russell L Ackoff. Mechanisms, Organisms and Social Systems［J］. Strategic Management Journal, 1984, 5（03）.

着有机的连接，相互协同地运作，支持整个有机体的目的或目标。人、其他动物、植物、微生物等都是有机系统，表现形式也异彩纷呈、差异巨大。

和机械系统不同，有机系统有其生命成长过程及特性，包括孕育、出生、成长与死亡，以及生病、自愈等，遵循的是生命科学的规律。

社会系统

社会系统是由一个个能动的主体构成的整体，包括组织、社区，以及国家、社会等，一些组成部分有其自身的功能或目标，但也是一个更大的系统中的一部分，这个更大的系统也有其功能或目标。

和前两类系统相比，社会系统具有更大的不确定性和不可预测性。直到现在，我们人类对社会系统的认识仍是有限的。

对于上述三类系统而言，若出现了问题，解决方案与思路也有明显差异。

- 对于机械系统，如果出现了问题，在诊断、找到根本原因（简称根因）之后，修补或替换故障的部件即可。
- 对于有机系统，不能简单地修补或替换，而是要在不损及系统基本利益的条件下进行“治疗”，促进其自愈或康复，因为对于有机系统而言，任何一个部分出现了问题，或者改变了系统中的任何一个部分，都会对系统整体造成影响。

- 对于社会系统，问题解决更为微妙而复杂，甚至不能以“治疗”有机系统的模式来类推。

阿克夫等指出：在思考一个问题时，人们通常会借助一个图像或概念，也就是模型。在面对企业中的问题时，大多数领导者最容易犯的“毛病”之一就是：对于社会系统性问题，试图用对待机械系统或有机系统的方式，找出短平快的修补或替换式解决方案。虽然这样做更简单，人们也熟悉这种方式，但它们其实存在着本质上的差异，这样做容易产生各种意想不到的后果。

本书所讲的系统思考方法，主要适用于社会系统。

社会系统复杂性的三个来源

虽然社会系统也是由实体、连接以及功能或目标这三类要素构成的，但它们出于下列三方面的原因而呈现出巨大的复杂性。

多个复杂、能动的主体

社会系统都是由多个人组成的，而人是一个个能动的主体，也就是说，他们有自己关注的角度和特定价值观，会选择性地关注某些信息，对其赋予特定的意义，并根据自己的价值观，决定采取或不采取某些应对措施。因而，他们不会像机器一样，依据某个确定的逻辑或规则做出反馈。相反，他们的行为往往难以预测、因人而异，在不同心情、场合或情形之下，会对同一种信息做出不同的反应。

比如，你打了我一拳，我会不会踢你一脚？这并不是确定不变的，而是取决于很多因素的综合作用，有些甚至难以量化或评估、推测。

在这方面，经济学家赫伯特·西蒙提出了“有限理性”的概念，可以帮助我们更好地理解社会系统的行为模式。

“有限理性”是一个经济学用语，是相对于主流经济学中采用的完全理性的“经济人假设”而言的。在传统经济学理论中，一个基本假设是：每个市场主体都基于完备的信息，完全理性地做出行动。因此，当每个行为主体都按照这些规则行动时，他们的行动累加起来，就会产生对每个人来说都是最优的结果。

很显然，这过于理想化了。事实并非如此。

相反，“有限理性”假设认为，人们基于他们所掌握的信息来制定决策，但是由于人们掌握的信息通常都是有限的、不完整的，尤其是对于一个复杂的系统，每一个人掌握的信息可能都是片面的，甚至是错误的，因而人们做出的决策也并非整体最优的。事实上，人们做出的决策通常只是试图让自己短期的利益最大化，而不怎么考虑整体的福利，也没有太多长远的考虑。

由于系统中每一个角色都存在“有限理性”，因此系统会产生很多既合乎情理，又出乎人们意料的行动模式。比如，上瘾、政策阻力、富者愈富、目标侵蚀和“共同悲剧”（参见第7章），等等。之所以说它们合乎情理，是因为“有限理性”无所不在，是一种基本人性因素；之所以说它们出乎意料，是因为很多人并不理解或者有意无意地忽略了这一特性。

梅多斯指出：有限理性不能成为人们目光短浅的借口。它不仅为我们提供了理解为什么会产生这些行为的机会，也可以成为我们创造性地采取干预措施的一个“杠杆点”（参见第9章）。如果我们能够理解并且有效地利用“有限理性”，通过更有效、及时地提供更真实、完备的信息，就可以在合适的时间、地点做出恰当的反馈，从而让系统更高效地运作，实现或者维持它预期的功能或目标。

除了“有限理性”之外，社会系统之所以复杂，还有一个重要原因，就是“层次性”。也就是说，当构成社会系统实体的数量超过一定限度之后，人们常常会划分为不同的群组、类别或层次。在一些大型组织中，往往有很多部门、区域与层级，错综复杂。

连接众多且异常微妙、复杂

俗话说，“三个女人一台戏”。不管是女人还是男人，多人聚在一起，就会产生大量复杂而微妙的连接，不仅是工作或任务上的协作，还有信息、情感、心理、生活、经济等方面的相互连接，不可尽数、难以言表。有些连接可能是直接而明显的，有些则非常模糊、不确定，可能是经过其他一些因素的相互作用而产生的间接、迂回的连接。

同时，对于动态系统而言，因果关系并非单方向或线性的，而是互相影响、非线性相关的，并充满了不确定性。例如，对于人口问题，某一段时间内的出生量导致人口总量增长——在这里，出生量是因，人口总量是果；然而，人口总量增长，一定时间之后每年的出生量也会增长——在这里，人口总量是因，出生量是果。再如，虽然人们尚未破解是“先有鸡”还是“先有蛋”的难题，但鸡与蛋之间确实存在一个互为因果的动态作用关系——鸡越多，生的蛋就越多；蛋越多，孵出来的鸡也就越多，如此循环不已、周而复始。在这些例子中，因果并不是绝对的，而是相对的、互动的。

其实，这一特性早就蕴含于古老的中国哲学之中。例如，老子在《道德经》第四十二章中说：“道生一，一生二，二生三，三生万物。”可见，在老子看来，“道”是万物衍生的本源。那么，“道”是如何运动的呢?《道德经》第四十章对此做了回答：“反者道之动，弱者道之用。”意思是，“道”的运作规律是循环往复，其作用是微妙、柔弱的。学者陈鼓应指出，历代的研究学者普遍认为，这个“反”字有两层含义：相反对立和循环往复，它们都蕴含于《道德经》一书中，是老子思想的核心。这种因果互动、循环往复的特性是系统运作的基本方式。的确，对于动态性复杂系统而言，各个构成要素之间也存在着微妙的反馈，因因、因果、果果之间存在着循环往复的相互连接。

对于社会系统来说，由于各个主体之间存在很多相互关联，它们往往会形成很多反馈回路，导致系统行为发生各种各样的变化或演进。所谓反馈，就是系统内部的信息流动，是系统中各种要素之间的相互联系，这对于系统的运作是至关重要的。从某种程度上可以说，正是由于反馈的存在，系统才能表现为一个有效运作的整体。系统思考专家、麻省理工学院教授约翰·斯特曼（John Sterman）甚至指出，系统最复杂的行为通常产生于各组成部分间的相互作用（反馈），并非源于各组成部分自身的复杂性。

例如，对于一支足球队来说，为了使球队这个整体表现出高水平，场上的每个球员都必须不停地接收和处理“信息流”：关于对方球员队形的信息，以及自己队友站位的信息等。如果给一名或多名球员戴上眼罩，让其无法得知什么球员在什么位置，他或他们就无法发挥作用，整个系统就无法顺畅地运作。正是这种对大量动态信息的持续处理，结合各位球员为了团队的整体目标而进行自我约束的一些规则和意愿，才使得整个球队表现优异。

当然，反馈的作用并不仅仅是进行控制、限制或者约束；有时候，反馈也可以起到扩大或者增强的效果。这样的例子也不少，比如参加公共集会的人在某些情况下会变得越来越狂热，或者越来越恐慌。这种效果在股票市场中更明显。

此外，让系统行为更加复杂、多变的另外一个重要原因是无所不在的时间延迟（详见第6章）。事实上，任何一个连接都有或长或短、或快或慢的延迟。它们会对系统行为产生许多意想不到的微妙影响。

功能或目标的模糊性

尽管有些组织有书面的目的或使命陈述，但是那些往往并非系统的真正功能或目标，至少不是全部的功能或目标。

由于包含众多的实体并具有层次性，社会系统的功能或目标经常是多重的，彼此之间存在着权重或层级上的差异。比如，很多老板都以“赚钱”为目标，但是他们要通过激发员工、提供高价值的产品或服务、满足客户需求这样一些手段来实现这一目标，为此他们也要兼顾满足员工的利益与发展诉求、满足客户需求，以及履行社会责任等方面的功能。

再有，由于社会系统中的每个主体都有自己的利益或诉求，不同部门或团体也有各自的利益或目标，因此整个系统的功能或目标可能并不一致，甚至经常出现矛盾或冲突。这也加剧了社会系统的复杂性。

动态复杂系统的八项特性

基于上述三个方面的原因，作为一种复杂的动态系统，社会系统会呈现出若干特性。理解系统的这些特性，对于我们更好地领悟系统思考的精髓以及应用系统思考相关的方法具有重要意义。

综合各方面研究，我认为，动态复杂系统具有如下八项特性。

总体大于部分之和

虽然系统是一个由若干相互连接的实体构成的整体，但系统整体所展现出来的特征往往不是它的构成部件特征的累加或平均，也不能通过研究系统中任何部件而获得，必须从整体上研究和看待系统。将事物分割开来，无论分割得多细、研究得多深，可能都无法辨识出系统层面上的特性。

更糟糕的是，将系统各部分割裂开来研究，很可能会破坏系统本身。正如圣吉所讲：把一头大象切成两半，并不会得到两头小象。如果你的目标是理解大象这个系统是如何运作的，而你试图将大象切成块，并研究每一块的性质，那么你就根本达不到目的，因为将大象切成两半这一举动本身，切断了大象密不可分的各个部分之间的联系，将一个良好运作的系统变成两个无法运转的部分。

简单而言，如果把构成系统的各实体的特性看成“1”，那么系统整体的特性就不是各实体特性的算术累加或平均，也就是说“1+1 ≠ 2”。之所以如此，其原因就在于那个“ +”，即实体之间的连接（相互作用）。如前所述，连接是系统的基本构成要素之一，也是系统思考中最重要的概念之一。因此，从某种意义上讲，系统思考的精髓就是整体思考。

自组织或涌现

在一些复杂系统中，系统的整体性、动态性会表现出“自组织”(self organization) 或 “涌现”(emergence) ㊀的特性。

“自组织”是这几年比较热门的一个词，也是复杂系统最令人称奇的特性之一。所谓“自组织”，指的就是它们具有自我学习，使自身结构不断复杂，或者自身进化的一种能力。最典型的例子就是受精卵，它通过不断分化，最终演变成一个有机体。此外，在诸如蚂蚁、蜜蜂等社会性昆虫的世界里，它们依靠一些简单的规则，可以演化生成一些非常复杂、具备高度智慧的群体行为。比如一群鸟，通常会排成 V 字形队列飞行，无论鸟怎样在天空中高飞或盘旋，鸟群的形状每时每刻都在变化，基本形状却能大致保持不变。

由于自组织会导致系统演变成全新的一种结果，发展出完全不同的行为模式，而这些行为或表现并不能由其构成部分的行为

㊀ 有时也译为“突现”，是复杂性科学中的一个基本概念。

或特性推测出来，这一现象常被称为“涌现”，它具有非线性与不可预测性。但是，现代系统科学已经通过仿真模拟，展示出了这样一种特性：有的时候，仅仅凭借一些简单的规则，就可能产生非常复杂且具有较强多样性的自组织结构。所以，有时候，在复杂的表象背后，也许有简单之美。

不确定性、难以预测，没有绝对或唯一“正确”的答案

日本管理学者大前研一曾指出：按照传统的思维模式，相同的原因一定会造成相同的结果，然而在当今复杂世界中，并非如此。对于动态复杂系统而言，系统由多个实体持续动态地相互影响、相互作用，具有成百上千个变量，而且它们都是时间的函数，随时随地都在变化，从而使系统行为具有多种可能性、不确定性，在某种程度上讲甚至是不可预测的。

尤其对于动态复杂系统而言，一组变量相互联系，产生多重反馈，就会自发性地创造出新秩序，难以驾驭。在这方面，复杂性理论学者常用“蝴蝶效应”来阐释：亚马孙雨林里的一只蝴蝶扇动了一下翅膀，将引发美国佛罗里达海岸的一场龙卷风。虽然听起来有些夸张，但在这两个事件之间却可能存在复杂而微妙的内在机理。在现实世界中，我们也很容易观察到类似现象，如传染病的暴发、供应链的波动以及一些突发群体事件的出现等。社会系统内部实体的多样性，连接的复杂性、微妙性、多变或易变、

不稳定性，造成其没有固定的或线性的发展模式，结果往往难以预测。

事实上，试图找到“正确答案”，尤其是唯一一个“正确答案”的想法，本身就不符合系统的特性，而是线性思维模式在作怪（参见第4章）。

目的性

每个系统都有一个特定的目的。虽然有些系统非生命体、无意识，但它们通常也有“最后的稳定状态”。这一理念可追溯到亚里士多德的哲学，现代科学则以物理学、化学等原理来解释系统的目的性。例如，为什么树上的苹果不会飞到天上去而是会落到地面上？高尔夫球为什么会掉到洞底而不是停在洞深的一半处？其背后是结构因素使然。这可以看成系统的目的性。

由能动的主体组成的社会系统，更是人主动选择或设计、演进而成的。例如，为什么人们要组成家庭？为什么要创办企业？你为什么要加入这家公司？正如荀子所讲：“物类之起，必有所始。荣辱之来，必象其德。”人类的每一个行为几乎都有其起心动念，有其来龙去脉，这导致社会系统呈现出很强的目的性。

但在现实生活中，系统的目的性并不像你想象的那样简单。按照控制论创始人诺伯特·维纳（Norbert Wiener）的观念，系统中存在的负反馈导致系统产生有目的的行为，可以实现自我调节，从而实现特定目标。此外，对于社会和组织系统，由于其构成主体——人类和组织，具有自己的利益或意图，系统往往具有多重目标，需要综合考虑多个“行动者”（actor）和“利益相关者”的观点。因此，系统思考的关键要求之一就是全面思考。

适应力与动态稳定性

“适应力”（resilience），有时也被称为“复原力”，是工程学、系统科学中的一个常用概念，也是社会系统的一个基本特性。

所谓“适应力”，指的是一个系统在遭受外部冲击或者影响的情况下，能够以某些方式或机制去抵消外部的冲击，使得系统保持整体性，并且恢复到原有的或相对稳定的状态与运作模式。形象地讲，就是：对于复杂系统而言，系统会表现得像一张强韧有力、充满弹性的“网”——当你将系统中任何一个组成部分拉出来或按下去的时候，它只会在你用力时受到拉扯或压制，你一松手，它就会弹回原来的地方。因此，大多数系统在不受干扰的情况下具有“自组织”、自我调适的特性，可以保持动态平衡的状态，即使受到干扰（只要不超出适当的限度）仍能回到其平衡点上。

我们可以从各种系统中看到这一基本特性，我们的人体和周边的生态系统，乃至整个地球，都是具有高度适应力的系统的实例。

比如，你所在的企业来了一位新领导，“新官上任三把火”，这位新领导发起了一系列变革项目，虽然短期内人们的行为可能有所改变，但是在很多情况下，过不了多长时间，企业又差不多恢复到了从前的状态。这不仅是因为“结构影响行为”，也是系统具有适应力的体现。

系统之所以会有适应力，主要是因为系统内部有大量的相互影响的反馈回路，这些反馈回路相互支撑、相互作用，此消彼长，使得系统就像一张巨大的网一样，当面对冲击或扰动的时候，它可以用不同的方式来保持相对稳定，并且恢复到原有的状态。

适应力不等于静止不动，实际上，有适应力的系统可能是经常动态变化的；相反，一直保持恒定不动的系统，恰恰是不具备适应力的。所以，你要注意区分系统的适应力和静止、稳定。

当然，适应力也有一定的限度，并不是无限的、在什么条件下都可以恢复原状。如果外部的冲击力足够大，切断了维持系统运作的一些重要的反馈回路，或者改变了系统的反馈结构，超越了适应力的限度，系统就可能丧失适应力。

梅多斯指出：在很多情况下，人们有可能急功近利，出于一些目的而破坏了系统的适应力和有效运作。比如，现在流行的“996”，大家在年轻的时候，拼命努力地工作，即使身体已经很疲乏了，也不愿意休息，让身体恢复正常的机能；或者，为了获得更大的经济利益而“杀鸡取卵”“涸泽而渔”。此外，在企业里面，有很多子系统，有的部门为了达到本部门的绩效目标，会采取一些可能会破坏系统整体适应力的举措，导致整体系统功能失调。

相反，如果我们具备了系统的智慧，就会注意发挥系统整体的适应力，而不是破坏适应力。比如，你感冒了，不应该贸然大量使用抗生素，而是要想办法恢复身体系统的免疫力。又如，人们不应该过度捕捞，而是应该让鱼群、森林、草原等存量休养生息，保持自然生态的自我修复能力；如果庄稼生了虫子，不要喷洒杀虫剂，因为这样做会在消灭害虫的同时杀死益虫，破坏生态系统的适应力。适应力是动态系统运作的基础，正是因为适应力的存在，系统才有可能正常地运作，实现它的各项功能。

当然，你必须了解系统的结构，以便识别哪些事件仅仅暂时影响系统的行为，哪些则会对系统产生永久性影响。从原理上讲，不能改变系统重要的反馈回路的任何变化，不管它有多大，都仅仅是暂时的；相反，能影响系统关键回路之间关系的任何变化，不管它有多小，都将改变该系统的长期行为。

层次性

在组织自身不断进化、复杂性不断增加的自组织过程中，动态系统也经常生成一定的层次或者层级。最典型的例子就是，我们平常所讲的系统和子系统。比如，人体这个系统，就包含了很多子系统；企业这样一个系统，也包含研发、生产、销售、服务、管理支撑等很多子系统。对于复杂系统来说，这样一种包含、支撑和生成的关系，就被称为层次性。

在具有层次性的系统里面，各个子系统内部的相互联系，要大于或强于各个子系统之间的相互联系。如果子系统内部的信息连接设计合理，那么它们之间的反馈延迟就会比较小，从而让系统运作效率比较高。所以，正如梅多斯所说：层次性是系统的一个伟大发明，它也是社会系统的基本特性之一。无论是从远古部落就开始的社会分工与阶层划分，还是今天的企业、政府乃至全球经济，如果治理得当，利用层次性这一特性，人们就可以提高效率、扩大规模，活得越来越好。

层次性的存在，也有可能导致系统产生"次优化"这样一种功能失调的状况，也就是说，子系统的一个目标占据了上风，取代了系统整体的目标，子系统追求局部的优化，甚至会牺牲整体运作的福利。

层次性可能导致的另外一个问题是：系统有分化的可能。系统复杂性越高，层次性越高，各个子系统之间协同配合的难度就越大，从而导致系统整体功能失调，不能实现预定目标。

因此，要让系统高效地运作，层次结构设计必须很好地平衡整体系统和各个子系统的福利、自由与责任。也就是说，既要有足够的中央控制和协调，又必须让各个子系统有足够的自主权，来维持自身的活力和功能。在企业管理中，经常会出现的一个问题是“一抓就死，一放就乱”，之所以会出现这一问题其实就是因为没有处理好层次性结构里面整体系统和子系统二者之间的平衡。

结构影响行为

包括著名的“啤酒游戏”（Beer Game）在内的一系列实验表明，即使是非常不同的人，当他们置身于相同系统之中时，也倾向于产生类似的行为与结果。因此，系统思考的基本原理之一即系统的行为由其结构决定。结构是系统中关键要素之间的相互联系模式，包括系统的物理和机制构造（例如潜规则、价值观等）及其与系统主体的决策制定过程之间复杂、动态的相互作用。

例如，《墨子·兼爱》云：“昔者楚灵王好士细要，故灵王之臣皆以一饭为节，胁息然后带，扶墙然后起。比期年，朝有黧黑之色。是其故何也？君说之，故臣能之也。”意思是，从前楚灵王喜欢细腰之人，所以灵王的臣下就节食，一天只吃一顿饭，收着气然后系上腰带，扶着墙才站得起来。一年以后，朝廷之臣都面有深黑之色。这是为什么呢？因为君主喜欢这样，所以臣子就这么去做。

与此类似，人们常说“企业文化就是一把手文化”，确实，企业最高负责人（“一把手”）的习惯、偏好、价值判断等均属于影响系统行为的结构层面的因素，它们会影响或左右企业成员的行为。凡是顺应或符合领导习惯、偏好的行为，就会令领导满意，获得肯定或嘉奖；不符合领导价值判断的行为，就会被制止。甚至在一些小的细节方面，这一特性都表现得淋漓尽致。譬如，某个领导喜欢某类体育运动，比如网球，其他人就会苦练网球，以求能有更多机会和领导切磋切磋，因而在这家企业中，网球运动就会盛行，很多人都会成为网球高手！如果某位领导有很强的守时观念，那么这家企业开会时大多数人都不会迟到……诸如此类，不胜枚举。

“结构影响行为”是系统最重要的特性之一，它的引申含义是：如果你想改变或影响系统的行为，那就应该改造或顺应其结构。著名的成语故事“庖丁解牛”就是如此，庖丁的动作顺畅自如，其原因就在于他对牛的身体结构了如指掌，并顺势而为。相反，在搞清楚系统的结构之前，不要贸然行动，否则轻则“事倍功半”或“徒劳无功”，重则受到系统的反弹或伤害。

为此，你首先要想办法认识系统的结构。按照系统思考的方法，你需要跳出在系统中固有的位置，从不同的角度，以不同的方式去获取更多、更完备的信息。只有这样，才能在一定程度上战胜“有限理性”，看到系统整体的结构，并从中找到有效调控系统行为的“杠杆点”，包括重构信息流、调整系统的目标、激励政策、限制因素，等等。

然而，在社会系统中，系统结构通常是隐而不现的，洞悉系统的结构非常不易。这需要系统思考的修炼。同时，这样的深入思考也是系统思考的精髓之一（参见第3章）。

边界

从某种意义上讲，每一种事物都与其他事物存在着联系，或多或少，或深或浅。例如，海洋与陆地之间不存在泾渭分明、清晰明确的界线；每个人都与大气息息相关；你的企业和竞争对手之间存在着动态博弈、此消彼长。

如前所述，由于社会系统具有层次性，因此不同连接的强度也存在差异。按照系统的定义，如果某些实体或利益相关者之间存在着持续而稳定的连接，有共同的目标或功能，它们就构成了一个系统；相反，如果这些利益相关者之间的连接非常微弱、间接或不稳定，它们可能就不在一个系统之内。因此，尽管任何社会系统都不是完全孤立的，但是每一个系统都有其相对明确的边界。否则，它们很难成为一个系统。正是由于边界的存在，每个系统才得以保持其相对独立性。

与此同时，我们也要意识到，任何边界都是人为设定的，没有任何一个系统可以独立于其他事物而存在。每个系统都存在于更大的系统之中，一个系统也可能包含很多子系统。因此，确定合适的边界是系统思考的重要技能之一（参见第5章）。

第 2 章
思维的转变

《尚书·说命中》云："非知之艰，行之惟艰。"意思是：懂得道理并不难，实际做起来就难了。

系统思考尤其如此。

首先，"知之不易"。由于长期受到所受的教育和养成的心智模式的影响，很多人对系统并不熟悉，对于一些系统的原理与特性，接受起来也有些吃力。

其次，"行之惟艰"。即便你已经理解了我在上一章中讲的系统的定义、构成与特性，也希望学会系统思考，但你是不是真的理解并"内化于心、外化于行"了呢？怎样才能真正做到系统思考呢？虽然我们都希望"知行合一"，但对于任何一个人来说，"由知到行"都是严峻的挑战。我们可以毫不客气地说：几乎每一位领导者都希望系统思考，但绝大多数只是停留在口头上，没有实际行动。

甚至更为常见的状况是：在现实生活中，“系统思考缺乏症”比比皆是。

“系统思考缺乏症”，你有吗

在当今日益动荡而复杂的时代，我们遇到越来越多复杂的系统性问题，例如经济危机、环境污染、交通拥堵、军事冲突、全球变暖……然而，不幸的是，我们人类现有的主流思维模式并不擅长应对此类问题。正如圣吉所说：“我们自幼就被教导把问题加以分解，把世界拆成片片段段来理解。这显然能够使复杂的问题容易处理，但是无形中，我们付出了巨大的代价——全然失掉‘整体感’，也不了解自身行动所带来的一连串后果。于是，当我们想一窥全貌时，便努力重整心中的片段，试图拼凑所有的碎片，但是，正如量子物理学家大卫·鲍姆（David Bohm）所说的，这只是白费力气。”[1]

更糟糕的是，由于缺乏系统思考智慧，人们已经开始受到系统的制约或惩罚。例如：

- 很多成功人士在事业成功的同时，却不得不面对“家庭危

---

[1] 资料来源：彼得·圣吉．第五项修炼：学习型组织的艺术与实务［M］．郭进隆，译．上海：上海三联书店，1994.

机”或“健康恶化”的痛苦。

- 为了应对项目延期，项目组不得不加班加点，却发现人们因疲劳而工作效率下降，甚至频频出错，不得不更多地加班。
- 在经济危机面前，一些企业家试图通过裁员来削减成本，却发现这导致士气低落，使困难局势“雪上加霜”。
- 世界上各个大都市都会遭遇越来越严重的交通堵塞。
- 经济快速发展的地区常常会付出环境被污染的惨痛代价。
- 全球变暖引发的极端天气、冰川加速融化、生态危机等，给全人类敲响了警钟。

对此，约翰·斯特曼认为，人们用来指导自己决策的心智模式在应对系统的动态方面具有缺陷。面对现实世界不可避免的复杂性、时间压力和人们有限的认知能力，人们往往表现出缺乏系统思考的技能。包括著名的“啤酒游戏”在内的一系列实验性研究表明，即使系统的动态复杂性只有中等水平，人类在其中的表现也是十分糟糕的；后续的实验表明，一个环境的动态复杂性越高，相对于潜能而言，人类的表现越差。一般地，人们倾向于采用一种基于事件的因果关系而非回路的观点，忽视反馈的过程，未能意识到行动与反应之间的时间延迟，在报告信息时未能理解存量和流量，并且对于在系统进化过程中可能改变不同反馈回路

强度的非线性特征不敏感。[㊀]

由此可见，人们的思维模式往往是不符合系统思考特征的，因而经常会出现下列四种症状，我将其称为“系统思考缺乏症”。

只见树木，不见森林

圣吉指出，我们长久以来被灌输固守本职的观念，以至于“局限思考”成为组织首要的学习障碍。的确，如果缺乏系统思考能力，人们往往会表现出“只见树木，不见森林”的症状，专注于个别的事物或某个细节，试图通过研究这一个个局部来把握整体，但是对于动态复杂系统而言，这是徒劳无效的。

事实上，中国古代典籍《周易》中的艮卦卦辞中就讲过：“艮其背，不获其身。行其庭，不见其人”，意思是：人们只顾保护自己的背，而没有照顾到全身，就像走进一座庭院，只看到庭院中的景色而没有看到主人一样。这比喻只顾局部、不看整体，是一种基本的思维习惯。

当今的组织中经常存在“本位主义”，各自为政、画地为牢，使组织难以有效协同或高效运作。这也是缺乏系统思考能力的后遗症之一，因为人们无法看到系统整体，以及自己的行为与他人以及整体行为之间的互动关系。

正如联想集团创始人柳传志先生所说：大局观，既是一种态度，也是一种能力。让人们掌握获取全局信息的能力，使全局信

㊀ 详情请参阅约翰·斯特曼.商务动态分析方法：对复杂世界的系统思考与建模［M］.朱岩，钟永光，等译.北京：清华大学出版社，2008.

息公开、透明，才是克服局限思考、本位主义的关键。对此，系统思考是一种有效的技能和方法。

只看眼前，不看长远

就像“温水煮青蛙”那则管理寓言故事所讲的一样，人们容易沉浸在自己的“舒适区”中，察觉不到缓慢发生的致命变化的微弱信号，最终遭遇灭顶之灾。尤其是面对纷繁复杂的诸多具体事务挑战，人们往往“目光短浅”，只关注眼前、过去有限时间或未来不远时间的事物，而不了解事物长期的发展态势及其背后的驱动力，并且容易对缓慢发生的重大变化的微弱信号习而不察，即使它是“致命性威胁”(或可称为“灰犀牛”效应)。

在这方面，20 世纪 70 年代发生的两次石油危机堪称典型注脚。第二次世界大战以后，全球对石油的需求一直保持稳步增长态势，许多大型石油公司均按照习惯，每年将其石油开采与冶炼的产能提高 6% ～ 7%，这似乎已经成了行业惯例，没有人去深入探究其背后的驱动因素是否发生了有意义的变化。但是，1973 年，第一次世界石油危机发生了，导致原油供应减少、价格飙升，一段时间以后，引发了原油需求下跌。不幸的是，各大石油公司均未能敏锐地对此进行调整，导致产能闲置、投资浪费。[⊖]这是典型

⊖ 详情请参阅凯斯·万·德·黑伊登. 情景规划（原书第 2 版）[M]. 邱昭良，译. 北京：中国人民大学出版社，2007.

的因缺乏系统思考能力而导致的“只看眼前，不看长远”的苦果。

只看现象，不见本质

缺乏系统思考能力，第三个常见症状是“只看现象，不见本质”，即人们往往停留于较为肤浅的思考层次上，跟随一个个现象，而未能洞悉事物的本质或看透现象背后的驱动因素。

当今时代，无所不在的移动互联网和社交媒体工具，让每个人似乎动动手指就可以轻松地了解全世界。在我看来，这一趋势更加剧了人们“关注个别事件”的思维倾向。有研究指出，互联网使人们集中注意力的时间变得更短，我们变得更加“健忘”，甚至有人指出“互联网毒害了我们的大脑”，让我们变得更加“浅薄”。[一]

头痛医头，脚痛医脚

缺乏系统思考能力导致的第四个常见症状是“头痛医头，脚痛医脚”，即以机械或“条件反射”的模式来对事物做出反应，试图以此来解决问题。这对于较为简单的系统或机械系统来说可能是有效的，但对于动态复杂系统往往是无效的。正如梅多斯所讲：在复杂的经济时代，线性思维是行不通的。所谓线性思维，即认

[一] 资料来源：尼古拉斯·卡尔．浅薄：互联网如何毒化了我们的大脑［M］．刘纯毅，译．北京：中信出版社，2010.

为套用公式就一定会得到正确答案的直线式思维方法。

复杂问题的出现往往存在诸多原因，它们彼此之间也有非线性的复杂关联和相互作用，导致系统呈现出许多“微妙法则”。如彼得·圣吉所列举的：“今日的问题往往来自昨天的解”“越用力推，系统的反弹力量越大”“渐糟之前先渐好”“显而易见的解往往无效”“对策可能比问题更糟糕”“欲速则不达”“因与果在时空上并不紧密相连”“存在小而有效的‘高杠杆解’，但并非显而易见”“鱼和熊掌可以兼得，但并非同时”“不可分割的整体性”，以及“没有绝对的内外”。因此，许多人习惯采用的“头痛医头，脚痛医脚”的模式往往是低效或无效的，甚至造成系统问题的恶化。

那么，到底什么是系统思考呢？

何谓系统思考

就像爱因斯坦所说：要想解决当今世界存在的各种问题，就不能停留在原有的思维水平上。对此，我的理解是，这些问题之所以出现，其根源就是人们现有的思维模式。因此，要想解决这些问题，你必须换一种新的思维模式。如果思维模式不变，这些问题就得不到有效解决。

面对当今世界日益复杂而动态变化的系统性问题，从20世纪五六十年代开始，人们越来越深刻地认识到传统思维的局限性，呼唤一种新的思维模式。在这种情况下，系统思考应运而生。

尽管经过了60多年的发展，但是坦率地讲，要想清晰地定义什么是"系统思考"，并不是一件容易的事情。正如系统动力学创始人杰伊·福瑞斯特（Jay Forrester）所说，系统思考还没有清晰的定义或用法。《第五项修炼·实践篇》一书合作者阿特·克莱纳（Art Kleiner）也指出："过去20年中，'系统思考'这个名词总被拿来代表一系列容易混淆的工具、方式和方法。"

的确，不同的学者对系统思考给出过不同的定义。比如，梅多斯将系统思考称为"在系统中思考"（thinking in systems），认为：系统思考有助于我们发现问题的根本原因，看到多种可能性，从而让我们更好地管理、适应复杂性挑战，把握新的机会。这是观察和思考世界的不同方式。

圣吉把系统思考称为建设学习型组织的"第五项修炼"，指出：系统思考是让我们看见整体的一项修炼，它能让我们看见相互关联而不是单一的事件，看见变化的形态而不是转瞬即逝的一幕。它既是一门科学，也是我们每个人都需要修炼的思维技能，它像一种"新语言"，能够帮助我们重构思考方式，实现"心灵的转变"。

丹尼尔·金（Daniel Kim）认为，系统思考是一种看待和分析现实世界的方式，有助于我们更好地理解并善待那些影响我们生活的系统。

罗斯·阿诺德（Ross D. Arnold）和乔·韦德（Jon P. Wade）认为，系统思考是一整套协同的分析技能，用于提高人们对系统的识别和理解能力，以便更好地预测其行为、设计干预措施，以达到预期效果。这些技能就像一个系统一样协同地运作。㊀

从实用的角度出发，我认为，系统思考就是从整体上看待我们身边的各类系统，对影响系统行为的各种力量及其相互关系进行分析、解读，以培养人们对动态变化、复杂性、相互依存关系以及影响力的理解、决策和应对能力，从而更好地与系统和谐相处、共同发展。

从上述定义可以看出，系统思考不仅是一种思维模式，也包括一整套实用的方法、工具与技能，让我们以更加“系统友好”的方式来看待和分析我们身边的各种系统。它的要点包括以下四个方面。

第一，它把世界或复杂问题看成一个系统，注重其整体性。

第二，它主张我们看到全局和系统行为的变化动态。

第三，它注重探求驱动系统变化背后的“结构”，也就是关键驱动力及其相互依存关系。

第四，系统思考的目的是让我们更好地理解和应对系统，做出睿智的决策，与系统和谐相处、共同发展。

㊀ Ross D Arnold, Jon P Wade. A Definition of Systems Thinking: A Systems Approach [J] . Procedia Computer Science，2015 (44)：669-678.

思维范式的转变

系统思考被誉为现代思维的革命，从本质上看，它的精髓是“思维范式的转换”，也就是从“还原论”转变为“整体论”。

“范式”是美国科学哲学家托马斯·库恩（Thomas Kuhn）在《科学革命的结构》这本书中提出并系统阐述的一个概念。库恩认为，科学革命的本质，用一句话来概括，就是范式的转换。所谓“范式”，指的是一个共同体的成员共同认可的一些观念、基本规则和对社会现实本质的普遍看法。你可以把它通俗地理解成一整套价值观、信念或世界观。

工业革命以来，社会主流的思维模式是将大的问题分割为更小的部分加以处理，这被称为“还原论”（reductionism）。这种思维方式简单易行，在自然科学、技术领域取得了长足的进展，也渗透到了社会的方方面面，已成为人们习以为常的思维模式，根深蒂固，俯拾即是：我们将公司分割为一个个部门；部门内部又细分为一个个岗位；岗位上的工作被细化为一个个动作……这在一定程度上推动了生产力的发展，但也削弱了我们看到整体的能力，产生了诸多现代企业的典型问题：本位主义、各自为政、相互推诿、矛盾重重、效率低下，甚至工作越努力，整体绩效却越差！

为了更好地与系统共舞，我们需要学会系统思考。

从某种意义上讲，系统思考的本质就是整体思考，也就是要从整体的角度来理解问题。它更加注重系统的整体，不仅分析各个构成部分，而且通过探究它们之间的相互连接和动态的反馈，找到驱动系统行为变化的内在结构，设计恰当的介入或干预策略，以恢复系统自身的适应力。它是一种与“还原论”的思考范式完全不同的思维模式与方法，人们通常将其称为“整体论”(holism)。

系统思考是我们看世界的全新视角，是一种“新语言”，帮助我们重构思考方式，让我们体味到“不可分割的整体性”。唯有如此，方能化解人类与企业面临的重重困境。这是系统思考的精妙之处，它需要人们转变思维模式。因此，彼得·圣吉将它称为“第五项修炼”，并认为它是我们看世界的“新眼睛”，其精髓是“心灵的转变”——不仅一些具体的应用方法、解决问题的程序以及工具等有差异，其底层的信念、规则也迥然不同。

刘长林在《中国系统思维》一书中指出，无论是中医、农业、战争，还是《周易》、儒家思想，中国人骨子里的思维模式是一种“圜道观”，也是一种“整体论”，如我们强调“天人合一”“祸福相依”“相生相克”、注重对身体的调理……不论是老子、孔子、荀子等哲学家的思想智慧（“道”），还是北魏贾思勰在《齐民要术》中所讲的“顺天时，量地利，则用力少而成功多”（大意是说，顺应天时、裁量地利，根据规律办事，就可以用较少的力气收获更多成功）等“术”，都符合系统的特性。在我看来，中国先贤的智慧、古代文明与现代系统思考在底层逻辑或哲学层面上是相通的。这也在某种程度上印证了一个事实，即很多企业家、管理者很自然地就接受了系统思考的观念。

但是，现代系统思考并不只是哲学思辨，也不等同于中国古代智慧。它秉承“整体论”的范式，建立在20世纪发展起来的一系列新兴科学揭示的基本原理之上，包括系统科学、复杂性科学、现代物理学、系统论、信息论、控制论等。它经过60多年的发展，既有完备的知识体系，又有实用的方法与工具，可帮助人们认清整个变化的形态，并了解应如何有效地掌握变化、开创新局。迈克尔·C. 杰克逊（Michael C. Jackson）认为，系统思考语言已被证明比其他任何单一学科的语言更适合用来获得对现实世界管理问题的理解。

系统思考的四项特征

那么，系统思考是一种怎样的思维方式呢？

具体而言，系统思考完全不同于传统的思维模式，具备下列四项特征。

看到全貌而非局部

正如整体性是系统最根本的特性，整体思考也是系统思考的首要特征。正如舍伍德所说，系统思考是“见树又见林”的艺术。要想了解一个系统，预测并影响、控制其行为，你必须将系统作为一个整体来看待。将系统割裂开来，无论是从时间上还是空间上，都是非系统思考的。

看透结构而非表象

梅多斯曾讲过："真正深入、独特的洞察力，来自认清楚系统本身正是导致整个变化形态的因素。"系统思考是一种深层次的思考，它可以让人们看清潜藏在事件或趋势背后的"结构"——正是结构（"所以然"）决定了事物的发展变化（"其然"），而不是仅仅停留于关注个别事件的表面层次上。因此，系统思考是使人"知其然，知其所以然"的技术。

看到变化而非静止

系统思考的另外一个特征是动态性，它可以让人们看清事物发展变化的动态，而不只是看到一个个静止的片段或侧面。尤其是借助系统动力学软件建模与仿真技术，人们甚至可以在行为或对策实施之前，提前预见系统可能的变化或结果，从而使人们"看见未来"，实现"预见性学习"。

条理清晰而非杂乱

日本管理学家大前研一曾将思考当作一门"技术"，而不是"一时的想法"，但他同时指出，多数人都不具备逻辑严谨、结构清晰、有说服力的思考方法。运用系统思考的基本工具及其规则，人们可以条理清晰地思考，并运用共同的语言沟通和交流，避免杂乱无章或挂一漏万。

思考的魔方®：思维范式转变的行动框架

如上所述，系统思考的精髓在于“思维范式的转变”。许多想学习系统思考的朋友常常感到无从下手，或认为这玩意儿高深莫测。的确，思维技能是人类的一种基本能力，看不见、摸不着，而又无时无刻不在影响着人们的思考与行动。

那么，如何才能做到系统思考呢？

根据我自己的体会，虽然思维看不见、摸不着，但是它有不同的维度或面向。我们拿一个“魔方”来比喻：每个人的思维都有“角度”（是动态变化，还是静止）、“深度”（是浮于表面，还是洞察内在结构）与“广度”（是局限于本位，还是看到全局）。因此，要想实现“思维范式的转变”，需要从思考的角度、深度和广度三个维度进行拓展和转换（见表 2-1）。

表 2-1 系统思考要求的思维转换

	传统思维	系统思考
思考的角度	以静态的方法、线性的模式，逐层细分，找到“故障点”或根本原因	以动态的方法、非线性的模式分析因果之间的相互关联，看清事物的来龙去脉和发展变化的动态
思考的深度	关注个别事件，浮于表面	透过事物表象，洞悉驱动系统行为变化背后的内在“结构”，把握本质和关键
思考的广度	局限于本位	看到全局与整体

根据上述三个维度的不同状态，我们可以把认识世界的思维视为一个复杂的多面体，我将其称为“思考的魔方®”（见图2-1）。

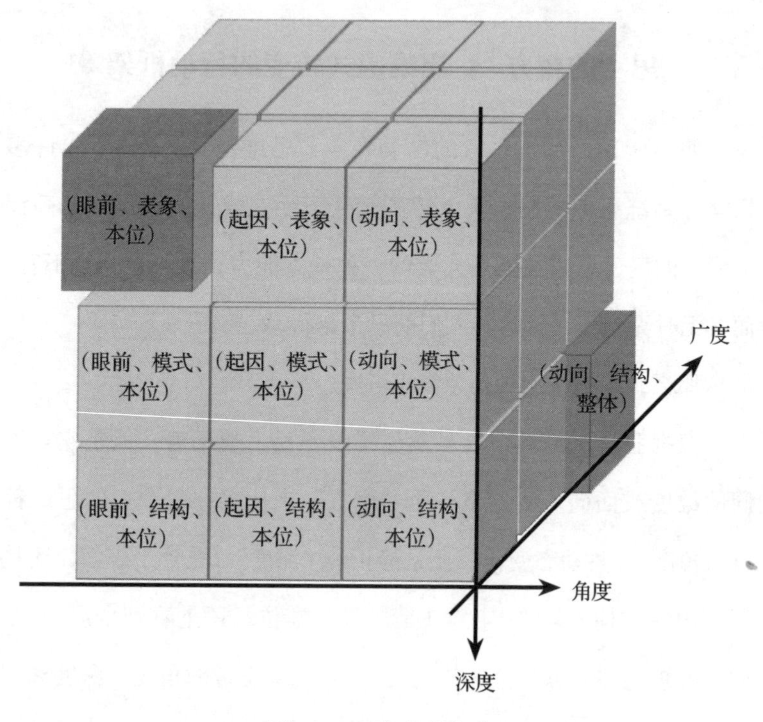

图2-1 思考的魔方®

在我看来，如果一个人的思维未经过有效的训练，仅依靠自我摸索，就很容易陷入“系统思考缺乏症”，在“思考的魔方®”中，他们往往处于左上角的状态，即“只看眼前，只看表象（事件），只看局部”；一个具备系统思考智慧的人，应该处于“思考的魔方®”的右下角，即他们能够看到事物的来龙去脉（起因与动向），看到事物发展变化的趋势或模式及其背后的驱动因素（系统结构），看到全局（整体）。也就是说，你需要在以上三个维度上实现思维的转变，并将它们整合起来，才能实现从“还原论”到“整体论”的“范式转变”，从而实现系统思考。

扫描二维码，关注“CKO 学习型组织网”，回复“思考的魔方”，查看邱博士亲自讲解的视频。

动态思考：从线性思考走向环形思考

在传统的思维模式中，人们假设因与果之间是线性作用的，这种思维模式称为“线性思维”（参见第 4 章），即将问题进行逐层细分，认为套用公式就会得到“正确”答案。但在系统思考中，因与果并不是绝对的，因与果之间有可能是环形互动的，即“因”产生“果”，此“果”又成为他“果”之“因”，甚至成为“因”之“因”。

在企业管理方面，线性思维最为典型的应用是，针对一个问题，人们借助鱼骨图、思维导图等方法分析其原因，然后再探讨解决方案。但是，很显然，对于动态性复杂问题而言，这样的思维模式往往显得“捉襟见肘”，因为问题的成因可能很多，而且彼此之间存在着复杂而微妙的相互影响，某一变量初始条件的些许不同，就可能导致结果变得难以预测。

如果只是停留在把问题分解和聚类的层面上，而没有审视原因与结果之间的相互关联或作用，就没有做到系统思考。因此，要做到系统思考，就必须看到影响系统行为变化的各种因素及其相互关联与反馈。

对此，你可以借助我发明的、简单易学的“环形思考法®”（参见第4章），从线性思维模式转变为“环形思考”模式，不只看到因与果的单向影响，还看到关键要素之间的相互关联。更进一步地，你需要掌握系统思考的“新语言”——“因果回路图”（参见第6章），使用因果反馈回路的方式来更加精准地描述系统结构。

深入思考：从专注个别事件到洞悉系统的潜在结构

在现实生活中，很多人的思考很浅，往往就事论事、随波逐流，或者分析问题时，只看到少量表层的原因。如果无法深入思考，即便很积极主动地解决问题，也只是“治标不治本”，有可能“扬汤止沸”、徒劳无功，甚至陷入“对策比问题更糟”的窘境之中，导致问题恶化、越发棘手。

从系统思考的视角来看，“结构影响行为”，正是构成系统的主要变量之间的相互作用与影响，驱动着系统的变化，生成不同的行为模式，从而演化出一个个事件。因此，要做到系统思考，不能只停留于事件、表象或症状层面，必须深入了解事件、行为的趋势或模式及其背后的驱动力。只有从结构层面着手，影响或改变系统的结构，才有可能从根本上解决问题（参见第 9 章），或者启动气势如虹的“成长引擎®”（参见第 8 章）。

为此，你可以以“冰山模型”（参见第 3 章）为框架，指引自己的思考逐步深入，从关注一个又一个“事件”（“点”），到看到一系列相关事件变化的趋势或模式（“线”），再到识别出驱动这些变化的因果反馈结构（“体”），从而找到从根源上引发深层次创新与变革的“根本解”（参见第 9 章）。

全面思考：从局限于本位到关照全局

虽然“我们是一个整体”的道理很好理解，“盲人摸象”的寓言也是妇孺皆知，但在组织中，最常见的问题仍然是“本位主义”、局限思考和行动，每个人、每个部门都只是从自己的本位出发，经常“归罪于外”，造成组织中充满了相互指责，以及平庸甚至是愚蠢的决策。

之所以产生这些问题，一方面因为组织系统的动态复杂性，另一方面与人们缺乏有效进行整体思考的技能不无关系。因此，要做到系统思考，必须能够全面思考，从局限于本位到关照全局、看到整体。

对此，你可以使用我发明的一个工具——“思考的罗盘®”

（参见第 5 章）作为框架，实现全面思考、换位思考，让与系统相关的各方都看到“整体”，不仅了解自己和他人，也看到彼此之间的相互影响。同时，你还要学会合理地设定系统的边界，既不遗漏重要利益相关者，又不纳入太多无关的细节，导致分析过度繁杂。

需要说明的是，上述三重转变并不是割裂的，也不是线性或按顺序进行的，而是要整合起来协调使用。同时，“知道”和“做到”之间有很大的鸿沟，如果不借助有效的方法与工具，想实现上述三重转变很可能只是空谈。

当然，要实现上述思维模式的转变不可能像按“开 / 关”一样简单，也不会一蹴而就，虽然方法与工具的使用并不难，但是要想真正领悟其精髓并内化于心、能熟练使用，并非易事，需要长期的系统学习与刻意练习。

第二篇

方法与工具

第 3 章
深入思考

“我太忙了！到处‘救火’！”

“问题层出不穷，‘按下葫芦浮起瓢’。”

……

在日常工作中，我们经常听到很多经理人发出类似的抱怨。

的确，很多人忙得不可开交，被一个又一个问题“牵着鼻子走”。

之所以出现这样的状况，原因之一是你没有找到并解决根本原因。在问题的表面原因下面，可能存在一些反馈回路，让类似的问题不断发生。这就像火在锅底下的灶里一直烧着，而你所做的，只不过是在锅台上面“扬汤止沸”，不仅于事无补，甚至越忙越忙。的确，当你把精力和资源投入到解决现有的问题上时，你就忽略了解决那些根本性的问题，并且因为拖延导致这些问题恶化，问题就会不断地冒出来，而且一次比一次严重或棘手，就会占用你更多的精力和资源……这是一个增强回路，表现为你不愿意看到的“恶性循环”。

打破这种“魔咒”的方法是深入思考，也就是透过表面现象，识别出驱动类似问题产生的“系统结构”，并且采取有效的干预措施，改变系统的结构，让问题不再出现。

事实上，系统思考者不会专注于个别事件，而是能够从一个个“点”——表面现象或事件，看到一条“线”——系统行为变化的趋势或模式，继而经由因果互动的分析，认识到驱动系统行为变化的潜在结构——系统内部的关键要素及其相互关联关系。正是系统内部复杂的“因果结构”（一个立体的网络），导致系统产生相应的行为模式，从而演变出一个又一个事件。

这是系统思考区别于传统思维的一个重要特征，也是“思考的魔方®”框架中“思考的深度”这一维度的转变。

冰山模型：透过现象看本质的深入思考框架

那么，怎样才能做到深入思考呢？

对此，系统思考中有一个著名的“冰山模型”（见图 3-1），揭示了人们看待这个世界的思维层次，可以作为我们增加思考深度、透过现象看到动态及其背后本质的指导框架。

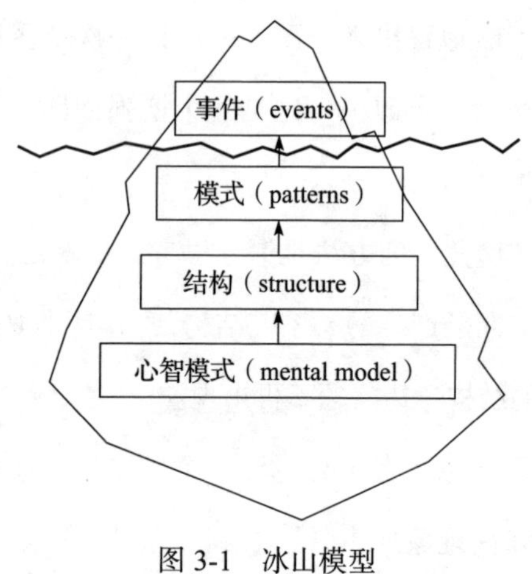

图 3-1 冰山模型

事件

冰山顶部露出水面的部分，是我们可以观察、感知、经历的事件或活动（events），例如新产品发布、员工离职、客户投诉、竞争对手做出动作，以及政府出台了新的法规或监管政策等。

事件是我们生活的大千世界的自然呈现。时间就像一条河流，裹挟着人们和各种事件不停地浮浮沉沉。在某种程度上，我们就是通过观察、经历各种事件而学习、成长、认识与了解这个世界的。这是冰山顶部可见的部分，也是大多数人主要关注与思考的层次。

但是，就像冰山浮在水面之上的部分只是整个冰山很小的一部分一样，事件只是一个更巨大的复杂系统中为人可见的一小部分，往往并不是最重要的。而且，如果你关注的焦点一直在事件这个层面上，整天忙于处理各种具体的事务，你就会“随波逐流”，机械应对。

尤其是在当今时代，无所不在的移动互联网、社交媒体、5G技术应用，更是极大地加快了人们传播和了解事件的速度。在某种程度上，这让人们更加容易被“事件”所裹挟。因此，在这个日益浮躁的世界里，如果你能抵制住诱惑，学会深入思考，就可能成为“珍稀物种”，从而在激烈的竞争中脱颖而出。

当然，凡事都有其两面性。信息通信技术的发展与普及也让信息的收集与分析变得更容易，如果利用得当，可以帮助我们更高效地收集和分析相关的数据，从而更好地进行深入思考。

趋势或模式

为了更深刻地了解这个系统，你需要再深入地想一层：这些事件的本质是什么？它们的发展趋势是什么样的？未来可能会发生哪些事件？

要得到这些答案，你要做的并不是对这些具体的事件进行原因分析，因为那样还是局限于某一个点上。按照系统思考的方法，你首先需要把握事件的本质，识别出其中蕴含的关键变量或衡量指标。

在很多情况下，要做到这一步并不容易，因为事件本身包含很多细节，也有不同的测量或思考方向，不同的人很可能会关注其不同的侧面，就像宋代文学家苏轼在《题西林壁》一诗中所讲的："横看成岭侧成峰，远近高低各不同。"为此，你需要精准地把握问题的本质，防止自己"迷失"在细节性复杂之中。

其次，你需要拓宽视野，将同一类事件联系起来一起看，进而发现端倪。因为有些事件可能是偶然的，孤立地看某一个事件有时候并没有多大意义。比如，一只青蛙一会儿把头转向左边，吐一下舌头就缩回去；一会儿又转向右边，再吐一下舌头又缩回去。如果你只看这一个个事件，就很难理解它在干什么。但是，当你把青蛙的这些动作联系起来，再看看它往左转时左边有什么，往右转时右边有什么时，你就能知道，原来它是在捉飞虫——飞虫在哪儿，它就转向哪里，并伸出长长的舌头把它们黏住、吞入腹中。

最后，为了避免陷入主观臆断或者被我们的思维定式、先入为主的判断或"成见"所蒙蔽，你需要拉长时间维度，借助一些具体的数据或信息，看这些事件是否有一些趋势或模式（patterns）。比如，一次偶然的飞行事故可能是一个个案，但是如果一家航空公司在一段时间内多次发生飞行事故，就说明该公司内部管控可能存在漏洞或问题。又如，凯斯·万·德·黑伊登认为，在"9·11"事件中，当第一架飞机撞击事件发生时，人们可能搞不清楚状况，但是片刻后，当第二架飞机撞上纽约世贸中心时，这两个事件之间就呈现出了明显的趋势，表明这些事件之间存在内在的因果关联，并非孤立存在或偶然的。特别是，当把美国国内和全球其他类似事件联系起来时，这一趋势或模式就更加明显了。这一连串袭击都不是孤立的，它们显示了当今世界政治局势的一种模式。㊀

有时候，选取不同的时间周期或视角看问题，可能会得出不同的结论。如果你炒股，可能就很容易理解这一点。比如，以下是我2020年1月20日上午从新浪财经网站页面上截取的两幅上证综合指数变动曲线图。图3-2是日K线图，如果按照这一视角，你会发现，从2019年12月开始，股市开启了大幅上涨趋势，但到2020年1月13日上涨到了顶部，之后开始下跌。

图3-2　上证综合指数日K线图（2019.10.22～2020.1.20）
资料来源：新浪财经。

如果依然采用日K线视角，但是把关注的时间范围拉长到一年（见图3-3），你就会发现，这点儿波动和过去一年总体相比，

㊀ 资料来源：凯斯·万·德·黑伊登. 情景规划（原书第2版）[M]. 邱昭良，译. 北京：中国人民大学出版社，2007.

几乎算不上什么大的变化，而且2020年1月13日的“顶部”和这一年的最高峰相比也算不上什么。

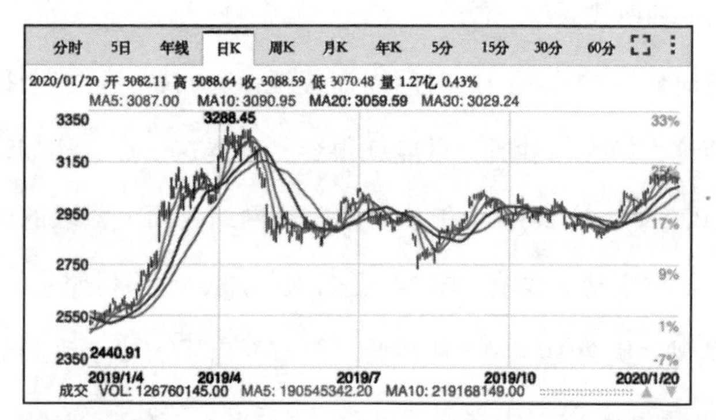

图3-3 上证综合指数日K线图（2019.1.4～2020.1.20）

资料来源：新浪财经。

当然，如果你换一种视角，就可能看到完全不同的“风景”。比如，你不看日K线图，而是看月K线图（见图3-4），那么整个故事好像都变了。

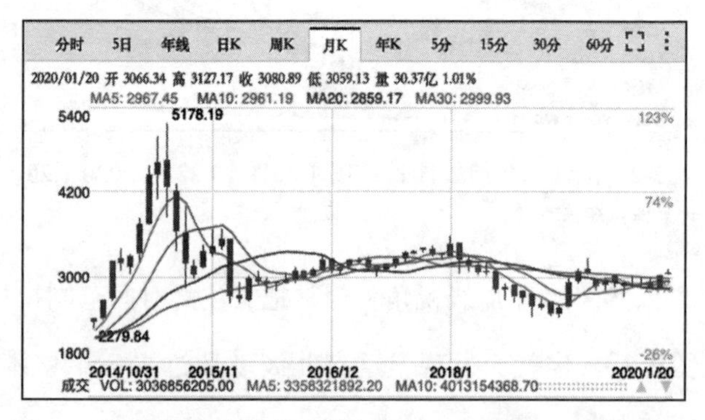

图3-4 上证综合指数月K线图（2014.10.31～2020.1.20）

资料来源：新浪财经。

因此，如果你能从具体的事件中抽离出来，站在更高的视角，看到问题的本质以及系统行为的变化动态，你就可以更好地判断问题的性质，也可以做出一些更为准确的预测。当然，由于影响系统行为的因素很多，而且它们可能实时处于不确定甚至不可预测的变动之中，因此所有预测都有一定的风险。

此外，就像有经验的农夫会“看云识天气”一样，有经验的系统思考者也可以根据系统行为的变化模式或趋势，判断出系统结构中主导的反馈回路的性质（参见本章第4节）。

为了找到系统行为的趋势或模式，人们常用的工具包括“行为模式图”“散点图”（参见下一节）。

结构

在明确了相关事件背后的趋势或模式之后，你需要进一步分析、梳理这些趋势或模式背后的因果关系，也就是有哪些影响因素，它们之间存在哪些相互关联和反馈作用，以及它们的成长路径、变化态势是怎样的。这些东西被我们称为“系统的结构”（structure），它们是理解系统会发生什么以及为什么发生的关键，让我们不仅“知其然”，还“知其所以然”。

在这里，“结构”不是指逻辑架构或组织成员之间的汇报关系，而是表示系统中的关键影响要素（或称为“变量”）及其之间的相互联系方式（或称为“连接”）。按照社会系统的特性（参见第

1 章)，影响系统行为的要素很多，有不同的层次性，彼此之间也有非常微妙而复杂的相互连接，有的是直接连接，有的是间接联系，相互之间的影响力度也有差异。因此，这往往是一个非常庞杂的、立体的因果结构，盘根错节。

因此，以系统思考看待世界，不只是关注一个个孤立的事件（“点”），而是主张看到事件中隐藏的关键行为的变化动态，拉长时间的维度，找出其中的模式以及发展趋势（“线”），更进一步地要看清影响、推动该模式与趋势发生的潜在“结构”（“体”）。

事实上，如果你能够洞悉系统内在的结构，那么你不仅可以推演出系统各种可能的变化动态，对系统行为的演进动态“知其然”并且“知其所以然”，而且可以通过适当的介入措施改变系统结构，从而从根本上改变系统的行为，消除问题一再发生或演化的根源。

为了更好地表述系统的因果结构，在系统思考中，我们会使用“环形思考法®”（参见第 4 章）或“因果回路图”（参见第 6 章）、“存量—流量图”（或称“水管图”）等技术或工具。

心智模式

在“冰山”的最底端，隐藏着我们根深蒂固的一些信念、规则、假设或成见，正是这些被称为“心智模式”（mental model）的东西，让一个个能动的系统实体做出各种反馈、对策或行为。

所谓心智模式，指的是隐藏在每个人内心深处，影响人们如何看待这个世界以及如何做出反应的一些根深蒂固的假设、成见、逻辑、规则，甚至图像、印象等。心智模式是隐而不现的，却无时无刻不在制约人们的思维与行动。

比如，如果我的信念是“人不犯我，我不犯人；人若犯我，我必犯人”。那么，当你打了我一拳之后，我就可能会回敬你一脚。

当然，如果我觉得打不过你，或者惹不起你，那么我就会按照另外一个准则——“君子报仇，十年不晚”，暂时忍耐，以后再找“报仇”的机会。

实际上，在系统结构里，几乎任何两个变量之间的连接都隐藏着一定的规则。在大多数时候，这些规则都是隐而不现的，我们也很少有机会对其进行反思、检验。因此，通过系统思考，深藏于我们内心深处的“心智模式”能够浮现出来，从而有助于实现一些根本性的创新与变革。

从原理上讲，系统思考的工具（如因果回路图）可以起到“投射”的作用，将每个人对事物的看法、价值观与内在逻辑（心智模式）呈现出来，帮助人们反思，并更有效地与他人交流。

找到你身边的“冰山故事”

面对实际问题，要使用“冰山模式”帮助我们增加思考的深度，需要自上而下、按顺序逐层深入。相应的操作要点如下。

- 事件是一些相对具体的症状、表现或活动。
- 从事件中识别出关键变量，把握问题的本质，并使用“行为模式图”(参见下一节)，识别出系统行为的趋势或模式。
- 分析、确定产生这些趋势或模式的关键要素。
- 使用第4章所述的“环形思考法®”或第6章介绍的“因果回路图”技术，描述系统的结构。

我们来看以下这个案例。

案例3-1 离职的魔咒

某家公司技术部的一位资深工程师因故辞职（事件1），为了救急，公司只得以高薪从竞争对手那里挖人（事件2）。然而，过了不到两个月，技术部又有两位较为资深的工程师离职（事件3），于是公司又以“高薪挖角”的方式救急（事件4），同时采取措施，改善员工福利、待遇（事件5）。果然，员工离职的问题稍有改观。但是，出乎意料的是，陆续又有一些工程师离职（事件6），甚至连销售部好像也被“传染”了一样，出现了人员离职的情况（事件7）。

“这是怎么回事呢？”HR总监王刚看着手里的报表，喃喃自语。报表上的数据（见图3-5）显示，这半年以来，公司员工离职率越来越高（趋势）。

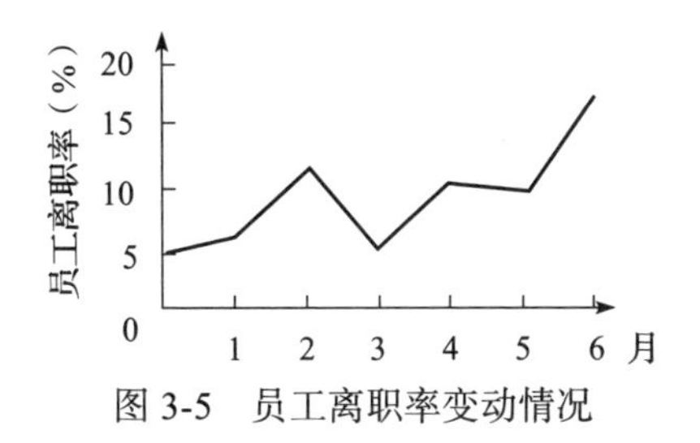

图 3-5　员工离职率变动情况

“我是不是该找几个离职的员工谈话，看看他们到底是出于什么原因离职？为什么改善了福利待遇，他们还会离职呢？”

正像上述案例显示的那样，很多管理者只是“就事论事”，采用机械反应式的管理方法，“头痛医头，脚痛医脚”，孤立地看待一个又一个事件，应对措施浮于表面，随波逐流，甚至导致问题恶化，直至“病入膏肓”。

即便像案例中的王刚想的那样，找要离职的员工谈话，试图找到他们离职的原因，也可能于事无补，理由如下。第一，员工离职的原因可能是个性化的。第二，员工未必会告诉你他们离职的真正原因。第三，每个员工产生离职的决定，都可能是受到了众多因素的共同作用，而非单一的因素所致；即便是让他们做出最后决定的那个因素，也有可能只是“压死骆驼的最后一根稻草”。有时候，在众多原因中，人们很难识别出真正的根本原因。

再进一步讲，即便你真正找到了这些员工离职的根本原因，并采取了一些措施，这个问题就能解决了吗？

未必！

如果不能扭转导致这一趋势背后的主导回路，虽然这一问题会在短期内有所缓解，但是难以得到根本解决。过一段时间，这一问题可能更加严重。

那么，我们应该怎么深入思考，从根本上解决这一问题呢？

参考“冰山模型”，我们不要专注于个别事件，而是要先从“点”到“线”，再从“线”到“体”。

首先，这一系列事件背后的关键是员工离职率（或者换一个角度是“员工保留率”）。

其次，王刚已经帮我们梳理出了员工离职率这一变量的变化动态（见图 3-5）。从图中的动态可知，有两股力量在影响着员工离职率：一股力量让员工离职率变得越来越高；另外一股力量让员工离职率降低。同时，从图中可知，前一股力量越来越强（单位时间内增加的幅度越来越大），后一股力量越来越弱。如果没有其他方面的改变，较大概率的结果是：在下个月，员工离职率会更高。

接下来，我们要弄清楚这两股力量到底是什么，它们之间有什么样的相互连接。

简单来说，在上述案例中，这两股力量就是由三个相互连接的反馈回路产生的。其中一个反馈回路（见图 3-6 中的 R）是这样的：有员工离职，导致出现了人员缺口这一问题，所以公司就用“高薪挖角”的对策来解决这一问题；这一对策引发了一系列“副作用”，包括员工士气低落、心理失衡等，从而诱发更多的人离职，加剧了“人员缺口”这一问题。这是一个“恶性循环”，也是推动员工离职率越来越高的那股力量。

另外一股力量是由两个反馈回路产生的：首先，公司用“高薪挖角”的对策，解决了员工离职导致的“人员缺口”问题（见图 3-6 中的 B1）；其次，公司用“改善员工福利待遇”的方式，部分缓解了员工离职率高的问题（见图 3-6 中的 B2）。

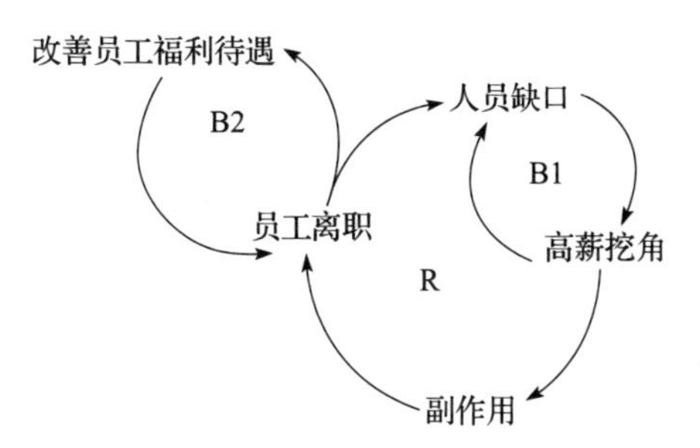

图 3-6　隐藏在事件与趋势背后的力量

很显然，“高薪挖角”这一对策犹如一把“双刃剑”，它可以帮我们解决问题，但是也会产生不可小觑的“副作用”，而且这些“副作用”的力量抵消甚至超过了通过“改善员工福利待遇”来降低离职率这一对策的效果，导致员工离职率逐渐升高。

所以，如果我们能够看到事件之间的关联模式和发展趋势，并看清其中隐含的系统结构（见图 3-6），就有可能找到从根本上解决这一问题的“根本解”，甚至是一些“小而有效的‘高杠杆解’”，达到“四两拨千斤”又“标本兼治”的效果。

比如，我们可能得摒弃“高薪挖角”的对策，通过提拔内部员工、加强员工培养或梯队建设等方式，来应对人员缺口的挑战；同时，我们也要进行实事求是的分析，找到导致员工离职率居高不下（并且越来越高）的主导回路。假设如案例中分析的那样，“高薪挖角”导致的副作用是一个关键因素，那么不再“高薪挖角”以后，这个回路就消失了，问题自然也就缓解了。

当然，就像我们之前所说的那样，社会系统永远处于动态变化之中，这一问题也可能会呈现出各种不同的演化。但是，只要我们能洞悉系统内在的结构，就有机会对各种可能性进行探讨，从而找到最适宜的干预或调节措施，更好地达成我们的目的。

此外，为了实现突破性改善，我们需要深入反思隐藏在系统结构背后的“心智模式”。比如，当出现“人员缺口”时，我们为什么会采取“高薪挖角”的对策？为什么不提拔内部员工，或者忍受暂时的人员短缺带来的压力？为什么我们认为改善福利待遇就能降低员工离职率？……这些问题的背后都隐藏着很多我们根深蒂固的假设或规则。如果不能对其进行反思和检验，我们就会成为“心智模式”的囚徒，按照原有的规则与模式行动。只有对这些深层次的“心智模式”进行反思，我们才能实现突破性变革。

你能不能找到隐藏在身边的“冰山”？

练习 3-1　请参考案例 3-1，描述你的故事，把它写到表 3-1 中。

表 3-1　加深你的思考深度

思考的层次	现状	期望
事件		
趋势或模式		
结构		
心智模式		
愿景		

认识系统行为变化的动态

如上所述，为了加深思考的深度，我们需要将相关联的事件按时间顺序组织起来，看到系统行为在一段时间内的变化趋势或模式。

为此，你可能会用到两种辅助工具——行为模式图（behavior patterns graph）和散点图（scatter diagram）。

工具：行为模式图

行为模式图是一种非常基本的简单工具，它由横轴（时间）和纵轴（变量的表现）构成，用一条曲线表述问题或变量随时间发展的演变模式。

例如，图 3-7 显示的是苹果应用商店 2008 ～ 2017 年部分月份 App 累积下载量的变化曲线。

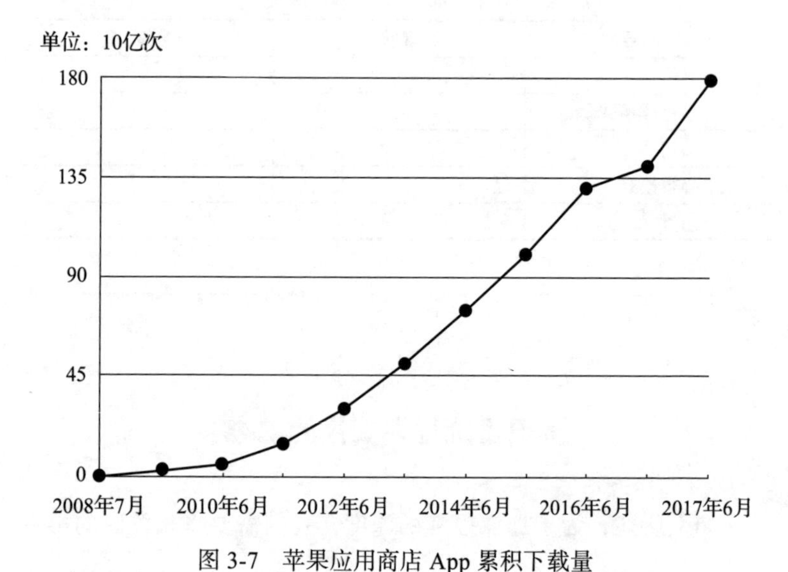

图 3-7　苹果应用商店 App 累积下载量

资料来源：https://www.statista.com/statistics/263794/number-of-downloads-from-the-apple-app-store/。

绘制和阅读行为模式图都是非常简单的。在绘制时，最主要的工作是按照可比口径、统一单位去收集历史数据，然后将其按时间序列排列起来，绘制成一条曲线即可。

在阅读此类图表时，要重点关注变量的变化模式，也就是你所研究的变量数值变化的形状与方向，相对而言，具体的数字并不特别重要。

在实际工作中，有些系统思考初学者可能会对此不屑一顾，认为没有必要去收集数据，他们会跳过这一步，直接进行所谓的“根因分析”或“结构分析”。我认为，这种做法是欠妥的。

实际上，就像梅多斯所说：当遇到一个问题时，善于进行系统思考的人要做的第一件事，就是寻找数据与信息，了解系统的历史情况以及行为随时间变化的趋势。系统思考者经常会使用图表来辅助理解系统的动态变化，了解系统行为随时间而变化的趋势或模式，而不只是关注一个个具体事件。

那么，为什么要使用行为模式图呢？

在我看来，行为模式图的价值包括如下四个方面。

第一，透过现象看本质，把握关键。要想绘制行为模式图，你首先需要排除偶然性，把握住事件反映出来的真正问题，识别出其中蕴含的关键变量。这不仅可以帮助你透过现象看到本质，也便于你从纷繁复杂的表象中把握住关键要素。事实上，这也是绘制行为模式图真正的难点所在。

第二，拉长时间的维度，避免关注孤立的事件。行为模式图最基本的一个用途就是让我们跳出具体的事件，看到系统行为的变化趋势，而不是陷入一个个具体的事件（点）中去。有时候，拉长时间的范围或者换一个视角来看，很多问题并不像它们最初看起来的那样。

第三，保持客观，避免主观偏见。行为模式图的数据应该是客观、真实的。因而，它们可以如实地反映出问题的来龙去脉和波动程度。如果没有这些客观的数据，我们很可能会受到主观偏见的影响。

如前所述，每个人内心深处都有根深蒂固且隐而不现的“心智模式”，它们会左右我们的观察，让我们看到自己想要看到的东西，或者按照自己的喜好、利益或准则，去解读这些信息、做出判断。如果未经训练，绝大多数人的思维都可能是不可靠的，会存在很大的偏差。使用客观的数据，有助于我们保持客观、避免偏见。

第四，协助识别系统结构。根据系统思考的基本原理——“结构影响行为”，系统的外在行为表现实际上受到了其内在结构的影响。因此，系统行为的长期趋势为我们理解潜在的系统结构提供了重要线索。也就是说，通过观察变量随时间变化的态势，有经验的系统思考者可以大致推断出系统的潜在结构，包括其背后主导的反馈回路的性质（参见下一节）。

工具：散点图

散点图是用来判断两个变量之间的相互关系的工具。一般情况下，散点图是用横坐标和纵坐标分别代表一个变量，通过测量这两个变量的不同组合，来获得一个个数对，也就是说，当一个变量（自变量）是x时，另外一个变量（因变量）是y，那么（x, y）就是一个数对。之后，把这些数对标注在一个直角坐标系平面中的相应位置上，就生成了一张散点图（见图 3-8）。

我们可以通过观察坐标点的分布状况，来判断变量间是否存在相关关系，以及关系的性质（如线性相关、指数或对数关系等）与强度（斜率）等。比如，随着自变量的增加，因变量也会增加，二者就可能存在正相关关系；如果随着自变量的增加，因变量会减少，二者就可能存在负相关关系；如果因变量的变化和自变量的变化没有什么关联，二者可能就是不相关的。

当然，即使两个变量之间不存在相关关系，使用散点图也可以帮助我们辨别这些点的分布模式，或者找出值得细分或深入探究的线索。

举一个例子，某公司统计了送货天数和客户满意度评价之间的若干组数据，如表 3-2 所示。

表 3-2 送货天数与客户满意度评价

客户	送货天数	满意度
A	3	4.5
B	5	4.2
C	4	4.1
D	5	4.0
E	10	3.0
F	8	3.0
G	6	4.0
H	5	4.3
I	4	4.5
J	7	4.1
K	3	4.3

（续）

客户	送货天数	满意度
L	4	3.5
M	2	5.0
N	8	3.5
O	6	3.8
P	7	3.8
Q	7	3.5

使用常见的办公软件，我们就可以绘制出一幅散点图（见图 3-8）。

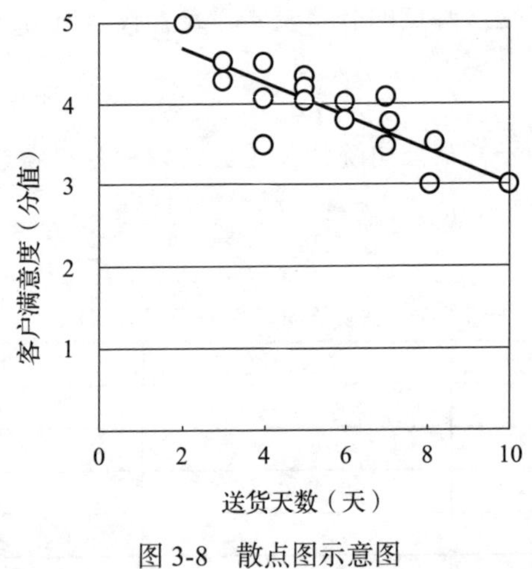

图 3-8　散点图示意图

从图上可以看出，虽然客户满意度会受很多因素的影响，但是大致来说，它们和送货天数是负相关的，也就是说，送货天数越多，客户满意度越低。

需要注意的是，相关性并不等同于因果关系。比如，复杂性研究专家斯科特·佩奇曾举过一个例子：有研究显示，55 岁的人的血压高低可能与他家中厨房里是否使用花岗岩台面呈相关性。[㊀] 但是，我们不能据此认为，血压的高低和是否使用花岗岩台面存在因果关系。

因此，散点图只是一种初步分析工具，能够让我们直观地观察两组数据可能存在什么关系。想要确定变量间是否存在因果关系，还需要进一步探究。事实上，有些相关性的背后可能隐藏着一些因果律，要想把它们找出来，的确需要你或团队的用心与智慧。比如，对于上面这个例子，血压高低和是否使用花岗岩台面之间，可能由“收入”这样一个因素联系起来。大致来说，收入更高的人因为饮食、压力和运动等因素而拥有较低的血压，同时他们更有可能买得起花岗岩台面。

透过动态看本质

在确认了系统行为变化的模式之后，为了做出决策，我们要进一步思考：是哪些力量在驱动系统行为发生这样的动态？哪些是主导的力量？

这里所谓的“力量”，既可能是一些真实的力量，如政府的一

㊀ 资料来源：斯科特·佩奇．多样性红利［M］．唐伟，任之光，吕兵，译．北京：机械工业出版社，2020.

些扶持政策，企业的研发、推广活动以及其他一些开发活动，也可能来自一些因素之间的因果反馈、相互作用。

举例而言，为什么苹果手机发布之后用户迅速增多？背后的驱动力可能是多方面的，当然这离不开苹果公司的研发与市场推广（如盛大的发布会等），也离不开苹果“粉丝”的口碑传播效应，以及苹果营造的平台与商业生态系统的“网络效应”。前者是当事公司的主动行为，是一种主动作为的力量；后两者也是一些相关的行为主体经由相互作用，在一段时间之后产生的“循环”的反馈力量。

案例 3-2 苹果还能红多久

2007 年 6 月 29 日，苹果公司发布了第一代智能手机 iPhone，其后陆续推出了许多代产品，在全球范围内引发了智能手机的革命。iPhone 也成了引领业界的标杆产品，《经济学人》杂志报道，上市 10 周年 iPhone 手机累计销售超过 12 亿部，销售额超过 7400 亿美元，是史上最畅销的科技设备。苹果公司 2016 年的销售额为 2160 亿美元，其中 2/3 来自 iPhone。

凭借精良的产品设计、时尚和巧妙的营销手段，iPhone 吸引了大量忠实用户（被称为“果粉”），每当苹果发布新品，就会引发全球范围内的“换机潮”。苹果发布新产品成为人们争相讨论的新闻话题，苹果也成为竞争对手仿效的对象。自 2007 年以来，

iPhone 手机全球销量一路飙升。但是，2016 年之后，苹果好像“疲软”了，销量止步不前（见图 3-9）。

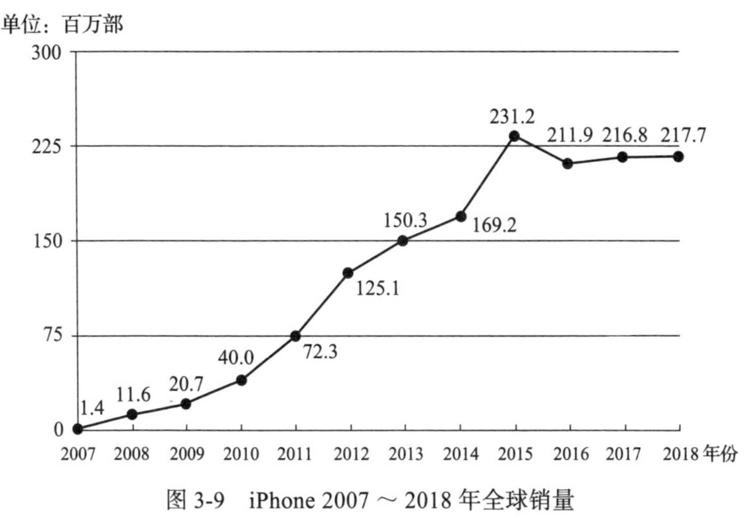

图 3-9 iPhone 2007 ～ 2018 年全球销量

资料来源：https://www.statista.com/statistics/276306/global-apple-iphone-sales-since-fiscal-year-2007/。

所以，对于苹果的成长，核心议题有两个：一是苹果手机的销量为什么能够持续增长？二是它遇到了什么问题，导致增长停滞？

对于第一个问题，苹果手机销售的持续增长，得益于很多因素的综合作用。除了硬件的质量及更新之外，苹果还为 iPhone 打造了一个封闭但生机勃勃的生态系统。大量用户的存在带动了很多开发商为其开发内容（如电子书、音乐等）、游戏以及其他各种 App——对开发商而言，用户数量就意味着金钱，一些热门应用开发商“一夜暴富”的神话激励更多的开发者前仆后继；这一系统如此兴旺，以至于很多开发商要等上数周甚至几个月才能通过苹果在线商店（App Store）的审核。截至2017年1月，苹果在线商店中的App数量已经超过了220万个。[一]截至2017年6月，用户从苹果在线商店下载的各类App数量累计已达1800亿。[二]毫无疑问，大量高品质的内容和App增强了苹果手机对用户的吸引力，导致销量更高。

此外，iPhone和iPad存在很多共用的元器件和供应商，苹果的大批量采购带来了规模效应，一方面使苹果维持较高的毛利率，可以继续加大研发投入和营销投入，另一方面使其具备降价的空间和实力。

但是，由于产品缺乏突破性创新、价格居高不下，不能激发消费者“换机”的热情，加上智能手机市场竞争加剧、市场增量减少等因素，苹果手机的销量也开始增长乏力。

练习3-2 请从结构层面思考：是什么力量推动苹果手机销量的持续增长？又是哪些因素导致苹果手机销量止步不前？

扫描二维码，关注“CKO学习型组织网”，回复“苹果”，查看参考答案。

[一] 资料来源：https://www.statista.com/statistics/263795/number-of-available-apps-in-the-apple-app-store/。

[二] 资料来源：https://www.statista.com/statistics/263794/number-of-downloads-from-the-apple-app-store/。

一般来说，想透过趋势或模式看清潜在的结构并不容易。这既需要你对问题进行全面分析，考虑到各种利益相关方，又要你能够深入思考、把握关键，并且以动态的观点，研究各种利益相关者施加的影响和受到的影响之间有无直接或间接的互动作用。因此，你需要综合使用包括“环形思考法®”（参见第4章）、“思考的罗盘®”（参见第5章）和“因果回路图”（参见第6章）等在内的一系列系统思考的方法与工具。

六种基本行为模式及其背后的驱动力

如前所述，在真实世界中，驱动系统行为变化的因素众多，它们也会相互作用，形成很多相互交织的反馈回路。那么，如何判断哪些反馈回路居于主导地位或者发挥更大的作用呢？

对此，行为模式图也是一个有用的工具。

事实上，根据约翰·斯特曼教授的研究，虽然大千世界各种变化的行为模式多种多样，但实际上大多数动态只有少数几种基本的行为模式（见图3-10）。

最基本的行为模式是指数增长、寻的（goal seeking）和震荡；由此衍生出的基本行为模式是S形增长、带有过度调整并崩溃的S形增长。[一]

[一] 对系统行为模式更为深入的介绍，请参见约翰·斯特曼.商务动态分析方法：对复杂世界的系统思考与建模［M］.朱岩，钟永光，等译.北京：清华大学出版社，2008.

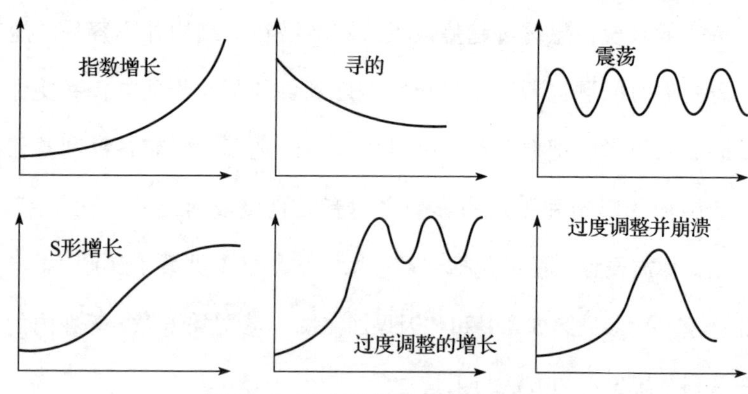

图 3-10 动态系统的基本行为模式

相应地，不同行为模式背后的驱动力或系统结构如表 3-3 所示。

表 3-3 典型行为模式及其驱动力或系统结构

行为模式	背后的驱动力或系统结构
指数增长	增强回路
寻的	调节回路
震荡	有时间延迟的调节回路
S 形增长	增强回路及与其联系在一起的调节回路
过度调整的增长	增强回路及与其联系在一起的、带有时间延迟的调节回路
过度调整并崩溃	增强回路及与其联系在一起的调节回路

在使用表 3-3 时，需要说明或注意的事项如下。

- 现实世界中的系统行为都受到很多因素的相互影响，因而呈现出异常复杂、多样的变化态势。大家在使用时，一方面要把握主要的轮廓，另一方面要多考虑几种可能性。
- 表 3-3 中的对应关系并不是绝对的，仅供参考，并不能绝对地一一对号入座。事实上，不同反馈回路相互作用，各自施以不同的力度，在某些特定组合的情况下，也有可能呈现不同的行为模式。

- 表 3-3 仅能提供部分线索，并不能告诉你是哪一些要素或反馈回路居于主导地位。要做出这方面的判断，你需要对系统有深入的了解和分析。
- 要更好地理解这些行为模式，需要有动态的观点。比如，对于“S 形增长”这种行为模式，一开始居于主导地位的是某一个或几个增强回路；接下来，和它们联系在一起的某一个或几个调节回路的力量逐渐增大，降低了增长的速率；再往后，某一个或几个调节回路夺过了主导权，使增长陷入停滞。对于“过度调整并崩溃”这一模式，前面的基本过程是类似的，但是在某一个或几个调节回路居于主导地位之后，某一个或几个增强回路又成了主导回路，只不过，这时候它或它们让系统行为呈现出加速下滑的态势。
- 使用表 3-3 离不开个人的经验以及对复杂动态系统的深刻认知，大家可以结合实际问题的分析，包括定量的系统动力学仿真模拟，来增强自己对系统行为模式及其背后主导的反馈回路之间关系的理解，这样就会逐渐“熟能生巧”。

第 4 章
动态思考

“我们要学习华为，因为华为是成功的。”

“华为成功的关键在于倡导奋斗者文化，所以我们也要倡导以奋斗者为本。”

“过去，我们这样做是有效的，现在，我们仍然要坚持这一点！”

……

在日常生活中，我们经常听到类似的说法。

这些说法看起来言之凿凿，但实际上颇值得商榷。

在我看来，这些说法背后隐藏着一种线性思考的模式：因为 A，所以 B。支撑这一模式的是“还原论”的思考范式，这是自工业革命以来主流的思维方式，在科学研究、解放生产力方面都取得了显著成就。但是，它并不适用于充满了动态复杂性的社会系统。

如前所述，在复杂的社会系统中，有时候难以层层拆开、细分，一个结果可能是由很多原因造成的，这些原因之间也相互影响，几乎不太可能识别出单一的根因，或者难以量化，也不存在某个神奇的“解药”。就像华为，目前从技术、运作、市场等维度看，它无疑是成功的，但它的成功一定是一个系统工程，其中包含很多因素，这些因素也是相互影响的，很难量化或确定无疑地表述为“因为华为做了 ××，所以它取得了成功”。

你过去这么做成功了，可能也受到了很多因素的综合影响，很难直接归因于某个做法。如果未来某些条件变化了，你再采用同样的做法，未必就能成功。

因此，系统思考和传统思维的另外一个重要区别就是：我们思考问题，一定要有动态的视角，要进行综合分析，看到事情的“来龙去脉”，梳理清楚各种关键要素之间的相互影响、此消彼长，以及各种可能的变化。就像拉塞尔·阿克夫所说：管理者所遇到的问题通常都不是彼此孤立的，而是相互影响、动态变化的，尤其是在由一系列复杂系统构成的动态情境之中。在这种情况下，管理者不能只是解决问题，而应该善于管理混乱的局势。

为此，你要从静态、孤立地看问题，机械地应对，转变为动态地、相互关联地看待整个系统，综合采取睿智的干预措施。这是“思考的魔方®”中“思考的角度”上的转变。

在非线性的世界里不要用线性思考模式

这几天以来，你感觉胃部隐隐作痛，于是你请了假去医院看病。你先是在挂号处选择了“消化科”，医生在询问了症状之后，让你去做腹部彩超、胃镜等检查，诊断结果是你患上了慢性胃炎，医生给你开了一些药。吃完药之后，你感觉好多了。

“轰！”不远处传来一声巨响，你马上停下手头的工作，警惕地四处张望，看看是否有危险。

本月，你的销售指标没有完成，你马上就会开动脑筋，试图想出办法，做点什么来解决这一问题。

虽然这三件事情看似风马牛不相及，但它们背后的思维模式是相同的。它让我们把一个大问题拆成若干个模块，通过逐层细分，最终界定出根本或关键的问题之所在。我们常把类似的思维模式称为“线性思考”模式。

什么是线性思考

按照线性思考模式，人们倾向于以一种简化或者是机械、线性的方式来看待一个问题。具体来说，这种思考模式的特征如下。

（1）试图将一个复杂的事件、任务或问题简化处理，将其细分为一些更小的部分，并逐级细化、界定更为具体的原因，然后修补、解决局部的问题，来解决大的问题。

（2）认为原因和结果是确定的，一个或几个原因导致一个结果，或者一个结果可以追溯到一个或几个原因。比如，“我们的产品没有竞争力，所以我们的销量未达预期”“客户之所以投诉，是因为销售过度承诺”。

（3）每当出现一个问题，人们就主张或采取一种或少数几项对策或措施，认为只要采取了这些措施，就会有相应的结果，从而解决相应的问题，较少关注不确定性和各种可能性。

比如，手机没电了，就去充电；电充上了，手机就有电了。有人离职了，导致人手短缺，就去招聘个人；人招来了，就不缺人了。销售量下降了，就去降价促销；价格降了之后，销售量就会上升。成绩不好，下学期要更加努力；学习努力了，成绩就好了。

或者，“如果我们能研发出好的产品，就能获得更多的客户”“如果政府大力发展公共交通，或者对私家车进行限号，就能够缓解交通拥堵”。

对此，我在生活中听到很多人辩解：我提出这样的主张，是经过了综合考虑，排除了非关键原因之后的结果。虽然我不否认有这种可能性，但是就像梅多斯所说，同一时间内，人们往往只考虑一件或者少数几件事情，而且不考虑它的限制因素或范围。

（4）认为过去有效的做法依然适用于未来，或者在某一处、某一种场景下有效的做法可以“复制”到另外一个地方、另外一种场景之中。就像前面所举的例子，事实经常并非如此。

（5）认为事物的发展是匀速的。比如，我今年要完成120万元的销售任务，那么分解到12个月，每个月就得完成10万元。有时候，这种策略是有效的，但设想一下，出现一种状况，可以让我们实现指数级的增长，也就是说，第一个月完成1万元，第二个月完成2万元，第三个月完成4万元……如果每个月的收入都是上一个月的一倍，那么12个月下来你的总销售收入是多少呢？

4095万元！你想到了吗？

（6）主要关注当下、眼前的信息，忽视或不太关注更长时间框架内事件的来龙去脉。按照人类的本性，当下或眼前的局势对于我们的生存是最紧要的，这样人们也就逐渐养成了偏重眼前和本位的思维习惯。人们倾向于采用一种类似“快照”的模式来获取信息，并马上得出结论，不太重视探究事件的来龙去脉，也不太习惯去思考其他的可能性。

（7）“观其一点，不及其余”。人们更加重视本位或局部的信息，忽视或不重视更大范围乃至全局的信息，并想当然地由局部的信息推论出全局均是如此。就像古老的寓言故事“盲人摸象”描述的那样，每个人都看到了局部的信息，却自以为看到了全局或整体。

比如，某人看到一位女士开车比较谨慎，就将其扩大到整体，说：“你看，女司机开车就是不行。”或者，你的领导看到一位下属上班迟到了，就摇摇头、叹了口气，说：“他一直都这样，吊儿郎当！”

即便你真的观察到很多类似的案例，也不能轻率地得出这样的结论（因为那并不是全部），否则就是线性思考模式在作怪。虽然我们有必要对事物进行概括、归纳或提炼，但也要小心，不要中了线性思考模式的招，尤其是对于复杂的动态系统而言。

根据不同的问题，选择不同的分析方法

概括来讲，线性思考和系统思考的区别如表 4-1 所示。

表 4-1　线性思考与系统思考的区别

	线性思考	系统思考
支撑理论	还原论	整体论
基本方法	• 将事件分解为一个个部件 • 认为问题症状与原因之间有直接的联系 • 为了改善整体的绩效，必须提升其构成部分的绩效，为此需要同时采取很多相互独立的措施	• 关注整体，不仅要分解，更要注重关键要素之间的相互关联 • 认为系统的动态变化在很大程度上取决于系统要素之间直接与间接的、微妙的、相互的依存关系 • 为了改善整体的绩效，需要改善各个部分之间的关系。为此，需要确定对系统整体绩效有最大杠杆效应的少数几个关键相互依存关系，采取相应的干预措施，并以持续、协同一致的方式坚持一段时间
特征	静态、片段、机械应对	动态、全局、协调

严格来讲，系统思考并不比线性思考更先进、高级，也不存在谁对谁错或孰优孰劣之分。事实上，将复杂问题进行简单归因是人类的一种本能。因为在危机四伏的洪荒时代，我们必须快速地从复杂的背景环境中，发现致命的危险或者可以猎食的机会，才能生存下来。如果当时，你的判断力有限或者需要花很长时间进行分析、判断，你可能根本就活不下来。

同样，在很多情况下，线性思考也是有价值和必不可少的。比如，在熟悉的环境中，面对一些常规任务，使用线性思考模式，应该是有效和高效的。

毫无疑问，线性思考方式也有不足。尤其是面对充满了非线性关系的社会系统，线性思考模式往往显得“力不从心”。因此，如果对任何问题都只用这一种思考模式，那肯定是不明智的。我们必须根据问题的不同性质，选择最适合的分析方法。

根据我个人的经验，线性思考模式适用于可控的环境中的一些专业、简单的问题或任务，或者一次性的事件。而系统思考更适用于分析、解决动态复杂性问题。

比如，你的孩子某一次考试成绩不理想，你要想找出具体原因，那就用线性思考模式。但是，如果在过去一段时间内，你孩子的成绩已经从 100 分逐渐下降到了 60 多分，那么你要想找出导致孩子成绩下降的结构性要素并制定睿智的对策，更适合的思考工具就是系统思考。

再比如，如果车间里机器停止运转了，那么使用线性思考模式，找出原因到底是停电了，还是工人误操作，或者是保险丝断了，就可以解决问题，让机器重新运转。如果要解决车间里废品率居高不下的问题，那么最适合的思考方法就是系统思考。

所以，线性思考重点在于探究具体问题或事物的关键原因，简单而有效。它比较适合专业性问题或机械系统。而系统思考适用于复杂的动态性问题。

非线性才是社会系统的常态

物理学家大卫·鲍姆曾指出：虽然有时候处理较大的系统，非得将之分割成许多小部分来研究，但量子理论认为，宇宙基本上是整体而不可分割的。的确，马克思主义哲学也告诉我们：世界是普遍联系的。但是，对于很多社会系统来讲，很多变量之间的联系并不是线性的，也就是说，它们之间没有固定的比例，有时也很难用一个公式描述出来，因和果之间的关系也可能是不规则的。

比如，我们经常说，一分耕耘，一分收获。其实，在我看来，这只是说耕耘与收获之间存在关联，这种关联并非线性的。你付出两分的努力，未必就能得到两分的收获。

再比如，我们在地里施了 50 公斤肥料，未必就能提高庄稼的产量，因为庄稼的生长会受到很多其他因素的影响。假设可以增加产量，比如施 50 公斤肥料能增加 100 公斤产量，要是想增加 200 公斤产量，就施 100 公斤肥料。这就是一种线性思考模式，其结果往往是无效的。

对此，梅多斯指出，理解非线性是非常重要的，不仅因为复杂系统中大量的连接都是非线性的，还因为非线性关系往往是主导回路转换的一个主要原因，也相应地会使系统行为发生出乎我们意料的复杂变化。

在我看来，社会系统的非线性表现在如下几个方面。

第一，复杂问题产生的原因都有可能是多方面的，而且原因之间也并不是全部独立或并列的，可能有不同的层次并相互影响。我们在分析和解决问题时，要考虑各种影响因素。拿公司的成长来打比方，你要想获得更多的客户，除了做好产品之外，还必须考虑资本、人才、原材料、渠道、市场营销等因素。它们都会对你公司的成长施加影响。

第二，在复杂系统中，原因和结果往往是多对多的、立体的，且始终处于动态变化之中。也就是说，一个结果可能是由多个原因造成的；同时，多个原因也会造成多个结果，它们之间并不是一一对应的。而且，这些原因和结果之间的相互影响，还在动态地发生着变化，并不是一成不变的。

第三，很多因果之间的联系或反馈是不确定的，甚至难以预测。就像之前所说，如果别人打了你一拳，你会不会回敬他一脚？这是不确定的，你需要综合各方面的信息，进行分析判断，有可能踢他一脚，或者骂他一句，也有可能忍耐下来、默默走开，或者去报警。

第四，造成某个问题的多个原因，在不同时刻，可能也存在一些相对更为关键或稀缺的要素起主导作用。这就是德国化学家李比希提出的“最小因子定律”。[㊀]也就是说，对于植物的生长而言，氮、磷、钾、水、阳光、空气等多个因素都重要，并且最好能保持一个适当的比例。如果在某一个时刻，缺少了某一项因素，比如缺水，那么土壤里面有再多的氮、磷、钾和其他因素，可能都是不管用的。所以，在考虑各方面的可能限制因素的同时，我们也要把握那些更为稀缺或关键的因素。

第五，关键的制约因素是动态变化的，并非一成不变。比如，你认为只要研发出好的产品就能赢得客户，但实际上可能并非如此。即便你研发出了好的产品，如果竞争对手的产品更好或者运作能力更强，抑或你没有找到合适的渠道，没有有效的营销策略，没有资金资源……你也未必能赢得客户。所以，我们在思考问题时，一定要全面，同时还得把握重点，认识到当下自己最主要的瓶颈是什么，并且还得动态地看，解决了这个最“卡脖子”的瓶颈后，下一个可能出现的瓶颈又会是什么？

㊀ 转引自德内拉·梅多斯.系统之美：决策者的系统思考[M].邱昭良，译.杭州：浙江人民出版社，2012.

第六，事物的发展可能是非线性的。就像传染病的传播，一开始只是很少的人被感染，但是如果得不到有效干预，感染人数会呈指数级增加，局面很快就会失控。再比如，在你成年之前，随着年龄的增加，身高、体重也在增长，但到了一定阶段之后，二者就不存在相关关系了。

同样，你要学习一项技能，一开始可能摸不着门道，进展很慢，之后找到了一些感觉，能力会快速提升，但是在达到了一定程度之后，要想再有进步，难度就非常大了，要花更多的时间，付出更多的努力。如果认识不到学习并非匀速的规律，你要么尝试了一下就早早放弃了，要么就会很纠结、失望。

再比如，一家餐馆的菜口味不错，吸引了很多顾客，得益于口碑传播，更多顾客慕名而来，很快就顾客盈门了，但这种局势很可能持续不了多久，随着时间的流逝，一些不喜欢喧闹的人就不来了，老主顾也有可能喜欢上新口味。总之，在我们身边，很多事物的发展并不是匀速或线性的，而是非线性的，甚至是不确定的。

因此，梅多斯告诫我们：在非线性的世界里，不要用线性思考模式。为了适应社会系统的上述特性，我们在思考时需要把握下列要点。

- 考虑问题要全面，不要以偏概全。

- 用一种立体的、多对多的方式来分析因果的相互影响。
- 用动态变化的眼光来分析复杂问题，既要了解它发展变化的趋势和模式，也要预想它可能的各种变化。
- 既要考虑到各种限制因素，也要把握关键，以动态的观点判断主导回路。
- 不要本能地将系统行为的变化模式默认为线性或匀速的，要考虑多种可能性。
- 不要认为只有自己的观点是正确的，一定要善于倾听，并保持开放的心态，探寻多种可能性。
- 要想提出干预措施，必须经过系统的分析，针对主导回路，综合施策，不要指望单一的措施就能一劳永逸地解决所有问题，甚至你要刻意抵制选择一个或少量几个看起来能快速见效的对策的诱惑。因为对于动态复杂系统而言，可以说是“牵一发而动全身”，只要你针对其中的一个症状采取了某项行动，整个系统就会发生变化。如果对策不是经过整体考虑之后做出的全局性协调的“根本解”，即便采取这一对策能在短期内取得一定成效，也可能在未来的某个时间、某些地方产生“副作用”，甚至造成“对策比问题更糟糕”的窘境。

应该说，对于上述要点，很多人都会认同，但是我们人类天生就具有将事物简化的倾向，大多数人所受的教育、长期养成的思维习惯也是线性思考模式。在很多情况下，这一思维模式也是奏效的。这样就会导致我们在应对动态复杂系统时，不可避免地套用原有的思维模式，导致碰壁或者是犯错。

因此，面对一个问题，你要辨别清楚问题的性质，然后选择适合的分析方法与工具。如果要用系统思考方法，除了我们在第3章中讲到的“冰山模型”和“行为模式图”“散点图”外，还要用本章讲到的“动态思考法®”和第6章所讲的“因果回路图”等技术来描述系统的结构，并使用第5章所讲的“思考的罗盘®”进行全面思考；之后，再综合判断，把握主导回路以及“根本解”与“杠杆解”(参见第9章)。

从线性因果链到因果互动环

《荀子·劝学》说：“物类之起，必有所始。荣辱之来，必象其德。肉腐出虫，鱼枯生蠹。怠慢忘身，祸灾乃作。”意思是：各种事情的发生，一定有它的原因；一个人获得荣耀还是侮辱，必定和他的德行相关。肉腐烂了，就会生蛆；鱼枯死了，就要生虫。行为懈怠疏忽，忘记了做人的准则，灾祸就会发生。

因此，从某种意义上讲，任何事物都不会完全无缘无故地出现，都有其来龙去脉，起因动念也必有其因。所以，我们今天遇到的所有问题或结果，都是过去或当前某个时间、某个人或某些人采取或未采取某些措施的结果。系统思考让我们不只看到静止的片段，也看到系统的动态及其来龙去脉，认识到因果关系之间的微妙互动。

正如斯特曼教授所说：传统上，人们倾向于采用事件（问题）驱动的、反应式、线性的思维模式。这是一种关注问题、关注眼前、“条件反射”式的应对方式。人们评估环境（形势）状况，并将之与目标（或预期）相比较，如果实际状况与预期状况有差别，就会将其视为问题，从而采取某些措施或对策（见图 4-1）。

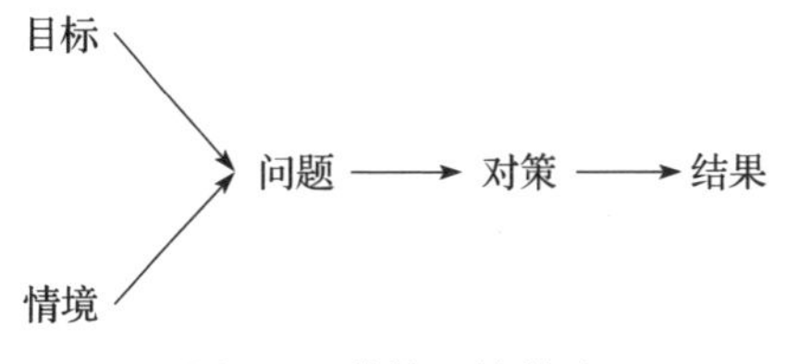

图 4-1　传统思维模式

例如，营业收入或毛利未达到年初预期，就会被企业管理者视为一个问题，通常会召开会议讨论、分析造成这一问题的原因，再研究、制定整改措施，如加大促销力度或缩减成本等，以期改变经营状况，消除问题。

这是一种很常见的思维模式，大家都习以为常了。它背后的假设是：因与果之间是线性作用的，即“因”产生了“果”，有因必有果；只要找到了“病因”“对症下药”，就能“药到病除”。为此，在企业管理中，人们发明了许多分析与解决问题的方法，最典型的应用是，针对一个问题，通过“头脑风暴”等方法，借助“鱼骨图”“脑图”等工具，分析各种可能的原因，然后再探讨解决方案。

例如，对于组织内“沟通不良”这一问题，若领导认为原因是人们缺乏沟通技巧，就会对大家进行沟通技巧方面的培训，试图通过消除或缓解这一原因来解决问题。

不幸的是，如前所述，在真实世界中，问题的成因往往非常复杂，问题背后可能还隐藏着更多、更大的问题；同时，这些成因与结果之间存在着复杂的相互影响和动态作用，你找到并解决了某个单一的“病因”，其他状况又会冒出来。

针对这种情况，人们又实践了诸如“五个为什么”“多重原因图”等辅助工具，但许多只是停留在对问题进行分解、展开和聚类的层面上，没有审视原因与结果之间的相互关联或动态作用，因而没有做到系统思考，也往往出现“努力了半天，却没有什么效果”的尴尬状况，甚至“越用力推，反弹力越大”。

对此，我认为，必须打破单向、线性思考的模式，看到因与果之间的相互关联，学会运用“环形”、动态的思考模式，再借助“思考的罗盘®”（参见第5章）、“因果回路图”（参见第6章）等技术，看清影响系统行为的一系列关键要素及其之间的相互连接，这有助于把握关键、因应变化。

环形思考法®：看见“隐性”的回路

就像梅多斯所说：系统思考者将世界视为各种“反馈过程”的组合。在深入学习因果回路图（详见第6章）之前，一个简便易行的前置性步骤是运用“环形思考法®”。也就是说，找到因果之间的互动回路。

比如，上面提到的“沟通不良”的问题，原因是多方面的。这可能与部门职责不清、汇报关系紊乱，甚至人际关系复杂有关，而人际关系复杂又可能是人们沟通不良造成误会而引发的后果（见图4-2中的两个虚线箭头）。这是一个恶性循环。

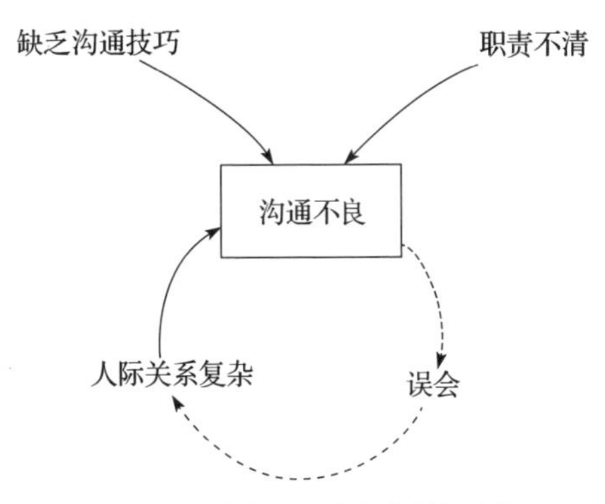

图4-2　对沟通不良原因的思考

与传统的线性思维相比，在系统思考中，人们采用了一种动态的和相互作用的视角，这一视角具备以下两个特性。

第一，不只看到当下的因果关系，而且拉长思考的时间维度，看到事物发展的动态变化和可能性，即我们的思考不是静止的。

第二，不只看到单向、线性的因果关联，而且应该认识到所谓的“因”与“果”之间有可能是环形互动的（见图4-2中的循环）。也就是说，我们的思考不是单向、线性的，而是环形、动态的。

如前所述，我认为中国古代先贤的思想中蕴含着系统思考的智慧。以荀子在《富国》篇中开出的富国之道“节用裕民”“善藏其余”的政策为例，这里面就蕴含着动态思考的特性。

案例4-1　荀子的“富国之道”

足国之道：节用裕民，而善臧其余。节用以礼，裕民以政。彼裕民，故多余。裕民则民富，民富则田肥以易，田肥以易则出实百倍。上以法取焉，而下以礼节用之，余若丘山，不时焚烧，无所臧之，夫君子奚患乎无余？故知节用裕民，则必有仁圣贤良之名，而且有富厚丘山之积矣。此无他故焉，生于节用裕民也。不知节用裕民则民贫，民贫则田瘠以秽，田瘠以秽则出实不半；上虽好取侵夺，犹将寡获也，而或以无礼节用之，则必有贪利纠譑之名，而且有空虚穷乏之实矣。此无他故焉，不知节用裕民也。（《荀子・富国》）[㊀]

这段话的意思就是，使国家富足的途径是：节制开支，让民众富裕，并妥善贮藏盈余。节制开支，必须按照合理、合礼的原

㊀ 资料来源：王先谦．荀子集解［M］．北京：中华书局，2012：175-176.

则进行；让民众富裕，必须依靠政治上的各种措施。

让民众富裕，人民就会有较充足的时间和投入来劳作。因为人民富足了，农田就会得到治理、多施肥、精心耕作；这样生产出来的谷物就会增长上百倍。国君按照法律规定征税，臣民按照合乎道理和礼节的原则节约使用。这样，余粮就会堆积如山，即使时常焚烧掉变质的余粮，粮食也还是多得没有地方贮藏。君子何必忧虑没有盈余呢？所以，知道节制开支、使民众富裕，就一定会获得仁义、圣明贤良的美名，而且还会拥有堆积如山的财富。造成这种结果的原因就是采用了节制开支、使人民宽裕的政策，此外别无其他。

不知道节制开支、使民众富裕，就会使人民贫穷；人民贫穷，农田就会贫瘠、荒芜；农田贫瘠而且荒芜，那么生产的粮食就达不到正常收成的一半。这样，即使国君大肆侵占掠夺，得到的还是很少。如果还不按照合乎道理和礼节的原则来节约使用它们，那么国君就会有贪婪、剥削豪夺的名声，而且粮仓也会空虚、匮乏。造成这种局面的原因就是没有采用节制开支、使民众富裕的政策，此外另无其他。

由此可见，荀子提出的发展经济、实现“上下俱富”的基本政策，就是“节用裕民”。这一政策能在民众和国家两个层面上启动增长的“引擎”。

练习 4-1 请使用下面介绍的“环形思考法®”操作步骤，找出荀子提出的“节用裕民”的政策背后隐藏的因果回路。

扫描二维码，关注“CKO学习型组织网”，回复“荀子富国”，查看参考答案。

环形思考法®操作步骤

使用“环形思考法®”，可以参考如下四个步骤，简称“四找”。

1. 找问题

找出工作、生活中重复出现的一个问题作为分析对象，如上面案例所述的“沟通不良”或荀子想解决的“让国家富强”的问题。

从实践角度看，对于初学者来说，如果选择分析的问题根本就不是复杂的动态性问题，那么压根儿就不能或不必用这种分析方法。如果问题选择不当，要么会“杀鸡用牛刀”、大而无当，要么会“捉襟见肘”“心有余而力不足”。

那么，怎么衡量选择的问题是否适当呢？在我看来，选择的问题最好能符合下列标准。

- 明确、具体、聚焦，不要非常模糊或庞杂。

- 涉及多个能动的主体。
- 存在了一段时间、有一定的动态变化，不是一次性或偶然性的个例。
- 不能过于复杂，因为过于复杂的问题（如交通、生态、房价等），变量或影响要素很多，初学者较难驾驭。
- 不能过于简单，因为很简单的问题，未必存在导致其一再发生的回路。

2. 找原因

列出产生这个问题的各种原因，用箭头把它们分别连接到问题上（从原因指向问题）。

本步骤的操作要点提示如下。

- 可以使用“头脑风暴法”或“名义小组法”，通过团队研讨，确定产生该问题的原因。
- 可以使用“五个为什么”或“鱼骨图”等辅助工具，梳理出主要的原因，并把相关的原因进行层次分析与聚类。
- 如果选择分析的问题较为复杂，建议找出最核心的关键因素。
- 对于一个复杂问题而言，可能存在很多原因，这些原因也有不同的层次。也就是说，A1、A2 这两个原因造成了 A 原因；B1、B2 和 B3 这三个造成了 B 原因；A、B、C、D 等原因造成了这个问题。为此，你需要梳理出这些原因之间的层次性，看看它们和其他原因是否位于同一层次；是并列的，还是相互包含或交叉；是直接相关，还是间接地影响。

3. 找结果

找出这个问题可能产生的各种结果，包括它导致的后果、对其他方面的影响，以及系统中能动的主体做出的反应等，用箭头把它们与问题分别连接起来（从问题指向各个结果）。

这一步的操作手法与上一步类似，提醒大家要有一定的“前瞻性”。也就是说，要考虑如果这一问题发展下去，会产生什么样的结果。这些结果不一定是现在就存在的，也不一定是同时出现的。

4. 找回路

思考在结果与原因之间，是否存在隐性的“回路”。也就是说，这个问题产生的结果直接或间接地影响到导致问题的原因，从而形成一个闭合的回路。之所以说这些回路是“隐性”的，是因为它们之前并未被表述出来，而且这种连接可能并不是同时发生的。

在实际操作时，要提防如下几种情形。

- 找不到回路。

  找不到回路的原因可能是对问题的分析不够深入、全面，例如“因”与“果”找得较少、较粗略，或者“因”

与“果”之间的连接并不那么明显或直接。

对此，一方面，要检查在前两步进行因果分析时，是否有遗漏；另一方面，要突破思维的局限，从每一个“结果”出发，试探着找一下它会产生哪些更多的“结果”。

- 找出的回路非常粗略。

许多人在分析问题时，往往没有中间环节，直接将“结果”与“原因”联系起来。这样找出来的回路过于粗略，中间可能隐含着不同的传导路径或作用机制，甚至还会相互矛盾，因而不同人对此可能有截然相反的观点。

对此，建议列出其中的关键变量或“步骤”，明确勾勒出因与果之间的传导路径或相互影响过程，将思维进一步精细化。

- 找出的回路特别多。

与找不到回路相反，有些人找出的回路特别多，他们几乎认为“到处都是回路”“哪儿跟哪儿都可以连接”。对于这个说法，我认为值得商榷。我不否认有些问题的确很复杂，影响因素很多，彼此之间也存在众多的相互作用，因而回路很多，甚至按照辩证唯物主义的观点，事物是普遍联系的，但这并不意味着我们可以一股脑地把所有相关的要素都纳入考量范围，“眉毛胡子一把抓”。

对于特定问题而言，我们需要把握好分析的层次与颗粒度，合理地设定边界，避免过度繁杂（参见第5章）；同时，系统思考的智慧体现在“化繁为简”、把握关键。为此，建议你省略一些不必要的细节，删除一些间接、或有的连接，或者用一些更高层次的概念来概括一些原因或结果，从而识别出主要因素及主导回路。

发现因果关联线索

有些事件的确可能是偶然发生或完全无法预料的，但许多复杂的问题并非随机的，而是通过某种“因果关联线索”相互联系在一起的。

因此，在“找回路”时，按照艾因霍恩（Einhorn）和霍格斯（Hogarth）的总结，可以参考的因果关联线索包括四类。[㊀]

- 顺序性：如果某些事件是按照时间序列进行组织的，在一段时间内，A事件出现或完成后，就会出现或执行B事件，它们之间就可能存在内在的关联。
- 协同性：在一段时间内，两个或多个事件或变量之间总是呈现出相同、类似或相反的变化模式，可以假设它们之间存在内在的关联。
- 相关性：如果在一段时间内或某一空间内，某一事件总是

㊀ 资料来源：凯斯·万·德·黑伊登.情景规划（原书第2版）[M].邱昭良，译.北京：中国人民大学出版社，2007.

伴随着另一事件而发生，二者之间就可能存在关联。

- 相似性：两个或多个事件在构成形式或模型上存在相似性，它们之间可能存在因果线索。

练习 4-2　从线性思考到环形思考

找出工作、生活中重复出现的一个问题（例如沟通不良、加班多、项目延期、工作质量不高、工作压力大、离职率高、学习积极性不高……），参考上述步骤进行环形思考。

让你的思维更加精准

在学习系统思考方法、进行因果分析时，许多学习者常犯的一些问题如下。

1. 粗，模糊笼统

一些学习者在分析问题时，不够具体，往往会将其原因或结果“大而化之”、高度概括为一两个粗略、笼统的概念。比如，团队没能完成预期任务，在分析根因时，一些人就笼统地将其归咎于“协作性差”“能力不足”。即便其看法是对的，也不精准，没有抓住本质、突出重点，或者会因为每个人理解不同，降低团队研讨的效果，甚至出现“看似不同，实则相同；看似相同，实则不同”的尴尬局面。

对此，需要明确具体的表现，然后透过表象、把握本质。比如，如果你认为“协作性差”是造成团队绩效下滑的原因，那么具体表现是什么？这里面的关键点是什么？如果是某一些任务没有人做，那么它背后的原因到底是职责分工不够明确，还是相关部门推诿，或者沟通中存在误解，或是责任心、能力不足，甚至是不经意的疏忽所致？

再比如，许多人认为员工离职率高的原因是“团队士气不佳”。那么，什么是团队士气？用什么来衡量它？影响团队士气的因素有哪些？如果我们不能把握住关键，精准地把我们的看法表达出来，那只能说明我们还没有认识清楚这个问题。

2. 浅，止于表面

问题的成因有层次性，而很多人在进行因果分析时，只看到或想到那些与问题症状直接相关的因素，思考层次比较浅。比如，我早上上班迟到了，原因是路上堵车；销售指标没有完成，原因是个人能力不足。

对此，我建议你可以考虑两个方面的改进：一是思考问题更全面一些，不只考虑到这一两个原因，再想一想还有没有并列的其他原因；二是“多问几个为什么”，想一想又是哪些因素造成了这个原因。

3. 少，只看局部

受传统思维习惯的影响，很多人在分析问题时，很容易只站在自己的本位，关注与自身紧密相关的“本地”因素，看不到整体，或者基于过往的经验，快速聚焦于自己认为的某一个或少量几个原因。这样容易形成一种“成见”或“执念”，从而让我们找到更多印证我们观点的证据，而忽视其余的资料。

对此，我们需要跳出自己的本位，使用“思考的罗盘®”等工具（参见第5章），进行全面思考；同时，必须意识到心智模式对于我们每个人思维的影响，主动进行反思和探询，以开放的思维应对复杂性挑战。

4. 乱，层次不清

复杂系统的特性之一，就是它们会呈现出层次性。也就是说，一个系统是由若干个部件构成的，每个部件又可能细分为若干个子系统，它们各自具有不同的特性。所以，我们在分析问题时，也不能“眉毛胡子一把抓”，混淆了因果的层次性。

比如，你认为团队绩效不佳的原因是“团队协作性差”；他认为是“职责分工不明确”。二者看似不同，但实际上是有关联的，甚至也许就是一回事，因为“职责分工不明确”可能是造成“团队协作性差”的重要因素之一。

对此，需要梳理它们的层次关系和逻辑性。

梳理连接的强度与远近

佛法上有“远因”和“近因”之分，所谓“远因”就是很久以前某个人的某项作为或不作为而产生的后续影响；“近因”则是我们在这一世、当期或当前的作为或不作为而造成的因。近因比较明显，远因则较为隐蔽，不容易被一般人觉察，因而往往被忽略。但是从某种角度上讲，远因才是主要的、根本的，近因只不过是“压倒骆驼的最后一根稻草”，或者只是引爆炸弹的“导火索”，如果没有火，甚至根本没有炸弹，没有之前那么多负担，就不会有这些问题（或最终的结果）了。不幸的是，近因往往被当作唯一的因或根本的因。这就是缺乏系统思考的体现。

同样，在使用系统思考技术进行因果结构分析的过程中，也要区分连接的远近。比如，你推了桌子一把，桌子就往前移动了一下。你“推桌子”的动作就是“桌子移动”的直接原因；你为什么要实施“推桌子”这个动作，这背后的原因就是“桌子移动”的间接原因。

为什么连接会有远近之差呢？这一方面和系统的层次性有关，另一方面也来源于连接的复杂性。

先说系统的层次性。一般来说，在具有层次结构的系统中，各个子系统内部的联系要多于并强于子系统之间的联系。虽然每个事物都和其他事物存在联系，但不同联系的强度并不一样。比如，在一所大学中，同一个院系或年级的人会更加熟悉，交流更多，而他们与其他年级或院系的人的交流通常较少；组成肝脏的细胞，彼此之间存在更加密切的联系，而它们与组成心脏的细胞之间的联系就较少。如果层级中每个层次内部和层次之间的信息连接设计合理，反馈延迟就会大大减小，没有哪个层次会产生信息过载。这样，系统的运作效率和适应力就得以提高。正是由于这些层次性，不同原因与结果之间的连接就存在差异。

再来看连接的复杂性。如前所述，按照社会系统的特性，对于某一个结果（或症状、表现），都有可能存在多个并列的原因，每个原因对结果的影响力度也有差异，而且每个原因也各自有更多的成因。

为此，我建议你在分析系统的因果结构时，必须梳理连接的强度与远近。对于连接的远近，我们可以通过标明因果反馈的作用机理，也就是因与因、果与果、因与果、果与因是并联的还是串联的，来明确其传导机制或路径，让你的思维更加精准。这可以在诸如“环形思考法®”“思考的罗盘®”以及“因果回路图”等工具上体现出来。

对于连接的强度，有两种处理办法：第一，在进行因果分析时，把握重点，只标注出关键要素，而将其他因素进行简化、忽略或适当合并、概括；第二，用连接线的粗细进行视觉化标注，直观地反映出连接的强度差异。

保持 MECE

为了确保层次分解的有效性，可参考诸如金字塔原理所述的“MECE”法则（mutually exclusive，collectively exhaustive），即“相互独立，完全穷尽”。也就是说，同一层次内所有因素相互之间是独立的，没有重叠或交叉；同时，把这一层次内所有因素加起来，应能完整地支撑上一层次的因素，没有遗漏。

那么，怎样才能做到这一点呢？

从实操角度简单来说，我个人认为，要做到 MECE，既需要对要分析的问题有足够的了解，又需要具备相应的逻辑思考能力。

举例来说，在项目管理中，有一项基本技能叫作“工作分解结构”（work breakdown structure，WBS），指的是按照一定的原则或方法，把一个项目逐层分解为具体的任务、工作及活动，直到不可分解或形成便于组织与管理的“工作包”（work package）为止。WBS 对于明确项目范围、制订进度计划、分析资源需求、成本预算、风险管理、采购计划以及人员组织、沟通与项目控制等，都有重要意义。

在项目管理实践中，WBS 一般分为产品导向型和活动导向型两大类。前者是按交付成果来分解，如交付给客户的硬件、软件、相关手册及服务等成果；后者是按项目活动来分解，即达成交付成果所需的各种活动，如需求分析、开发、测试与交付等。这两种方式各有优劣势，大家可以根据实际情况选择使用。

参考这两类 WBS 方法，我们在做因果分析时，也可以从以下两个方面来考虑。

1. 构成或逻辑

如上所述，任何一个系统都是由若干实体或部件构成的，一般来说，这些实体也具有一定的层次性，因而我们可以梳理出它们的层次，并按照相应的层次，进行因果分析（参见第 5 章“思考的罗盘®”及“定义系统的边界”），从而符合 MECE 法则。

比如，你要分析一个项目组，可以按内部、外部进行第一层次划分；之后，对它们依次进行分解；对于项目组内部，可以细分为项目经理和项目组成员，或者不同的职能或任务小组；对于项目组外部，可划分为客户、公司（除了项目组以外的其他部分）、公司外部协作单位等。如果职责划分合理，这样按层次与构成来分析就可以符合 MECE 法则。

类似地，我们还可以按照事物内在的逻辑、算法、公式等来分析，也可以做到逻辑清晰。比如，利润 = 收入 – 成本与费用；收入 = 客户数量 × 客单价；影响水库水位变化的因素包括上游来水和下泄流量等。

2. 过程或时序

另外一种思路是按照一项任务或系统的过程或时序，将其划分或组合为不同的阶段，然后逐一进行因果要素的分析。如果过程划分合理，也可以较好地符合 MECE 法则。

除此之外，你也可以参照“帕累托效应”（“80 : 20 法则”），把握几项关键要素，而将其他一些不太重要的因素进行合并、简化或忽略。

此外，也有一些约定俗成的分类方法。比如，分析市场营销问题时，可以参考“4P”框架，即“产品”（product）、“价格”（price）、“渠道”（place）、“促销”（promotion）；分析与制造或生产相关的问题时，可以考虑“人”“机器设备”“材料”“方法或工艺”“环境”等。这些都是简单易行或约定俗成的做法。

第5章 全面思考

“真是没办法，他又只想到他自己了！怎么就不能有点大局观呢？”

李阳把目光从屏幕上移向窗外，竭力掩饰从内心泛起的厌烦。

在他看来，只要一发言，研发部经理老张就会喋喋不休地讲起那些枯燥的技术问题，并且最后的结论肯定是“从技术上讲，我们已经尽力了”，诸如此类。这真让人难以接受。

以上是某家公司的CEO李阳的内心独白。

的确，在现实生活中，尽管我们每个人都认为要有“大局观”，实际做起来却经常犯“本位主义”的毛病。

很多时候，“盲人摸象”并不是一个故事，而是现实的写照。

系统思考的本质是整体思考，其中一个基本要求是：条理清晰地梳理复杂关系，确保不遗漏重要实体。正如《荀子·不苟》篇所讲："欲恶取舍之权，见其可欲也，则必前后虑其可恶也者；见其可利也，则必前后虑其可害也者，而兼权之，孰计之，然后定其欲恶取舍。如是则常不失陷矣。凡人之患，偏伤之也。见其可欲也，则不虑其可恶也者；见其可利也，则不虑其可害也者。是以动则必陷，为则必辱，是偏伤之患也。"

以上这段话的意思是，你见到一个自己想要的东西，一定要前前后后考虑它有没有风险或你不喜欢的地方；见到对你有利的东西，一定要前前后后考虑它有哪些危害。做到全面兼顾，反复权衡、谋划，再做出取舍的决定。只有这样才能避免失误。大凡人们的祸患，都来自片面思考。见到自己想要的东西，不考虑它有没有可恶之处；见到利益，不考虑它的危害。这样一旦行动则有麻烦、自取其辱。这都是片面思考导致的祸患！

此外，对于复杂的社会系统，也需要设定合适的边界，这让我们既能考虑全面，不遗漏重要利益相关者，又不漫无边际，导致过度繁杂。

这是"思考的魔方®"中"思考的广度"上的转变。

从局限于本位到关照全局

组织是一个环环相扣的复杂系统，任何部门或成员的一个举措，都可能在不同的时间，对系统中的不同主体产生这样或那样的影响（请参考案例 5-1）。

案例 5-1　某汽车研发团队的故事

某汽车公司的车身工程师发现汽车的前端存在振动的问题；为了解决这个问题，他们在车的前端增加了一个大的加强件。

这个又大又重的加强件增加了车重，使轮胎预留空间变得不合适了。这对底盘工程师而言是一个问题。为此，他们不得不增加轮胎压力来解决这一问题。

然而，轮胎压力增加之后，振动问题又出现了……

练习 5-1　请思考：导致这个问题的根本原因是什么？如何有效地解决这个问题？

的确，当今时代，随着社会分工越来越细，几乎没有什么工作是仅靠一个人就能完成的，为了完成一项任务或者解决一个问题，我们要与他人合作。企业更是一个需要多个部门、所有员工各司其职、通力合作的社会系统。当我们都在企业这艘“船”上时，出了问题，可能没有哪个部门可以“独善其身”或“置身事外”。

在很多公司内部，一旦出现问题，经常相互推诿、指责：

销售做不好，销售部门就将原因归咎于产品不好；产品部不愿意“背锅”，就会说“我们的设计是没有问题的，产品不好是生产部门的事儿”；生产部门就会推脱说“是采购部买的原材料不行”……推来推去，每个人好像都“没问题”，最后，问题好像只能在公司外部——客户太挑剔、竞争对手在“搞鬼”，或者市场不景气、政府政策限制、大环境不好……总之，就像俗话所说：无能的水手怪风向。一味推卸责任、“归罪于外”，归根结底还是线性思考模式在作怪——只是简单地将问题归因于一两个因素，或者认为存在唯一的“罪魁祸首”。

不仅如此，公司内部各个部门本来应该是按照职责分工，各司其职，没有什么“高低贵贱”之分——事实上，如果哪个部门没有价值，它根本就不会存在于这个系统之中。但在现实中，每个人似乎都会夸大自己工作的价值，看不起他人，形成了一条又一条“鄙视链”[㊀]（见表5-1）。

表5-1 公司内部的“鄙视链”

	研发部	生产部	销售部	客户服务部	管理部门
研发部眼中的……	我们是“雷布斯”	只是一个“干活的”	卖东西的	多余的，干杂事	官僚
生产部眼中的……	只是“纸上谈兵”	我们是真刀真枪的“实干家”	卖东西的	只是收尾或“打打杂”	不懂，净瞎指挥

㊀ 根据网络资料，“鄙视链”一词最早见于南方都市报2012年4月7日深圳杂志“城市周刊”专题，反映的是一种自我感觉良好而瞧不起他人的现象。

（续）

	研发部	生产部	销售部	客户服务部	管理部门
销售部眼中的……	只是一些“技术男”	“干活的”	我们才是真正的价值创造者	没多大必要	干不好服务的服务员
客户服务部眼中的……	不知整天在捣鼓啥，根本不明白客户需要什么	要是他们能做好自己的工作就好了	自以为和客户很铁，其实只是搞搞关系、“要嘴皮子”	没有我们，公司怎么收得上钱来	净出一些冗长的流程、僵化的规定
管理部门眼中的……	惹不起的“大神”	只知道低头干活儿	另外一尊“大神”	经常“小题大做”	没有我们，公司根本运营不起来

具有系统思考智慧的人，既要看到自身的因素，也要看到自己与他人之间的关联。就像《荀子·荣辱》篇所讲：“自知者不怨人，知命者不怨天，怨人者穷，怨天者无志。”意思是，有自知之明的人不怪怨别人，懂得大势和规律的人不埋怨老天；怪怨别人的人成不了事，埋怨老天的人没有见识。

不仅在组织内部如此，组织之间也会通过市场竞争、环境等多种机制相互影响，有可能“牵一发而动全身”（请参考案例 5-2）。

案例 5-2　车间主任老张的烦恼

老张是某大型集成电路（IC）制造公司封装车间的主任，他们为很多客户同时生产多种规格、型号的 IC 产品，制造流程包括 50 多个步骤。

现在，老张遇到了一个棘手的问题：由于一些量产问题，A 公司某笔订单发生了交货迟延，于是 A 公司向市场部催货，市场部李经理给老张打来电话了解生产情况，并希望采取措施尽快出货。老张知道，在该公司同时生产上百个不同规格的IC产品，每个产品都有许多工序，且A公司也有许多不同批次订单的情况下，要找到并加速该笔订单的交货并不容易，更别说改变计划有可能造成生产线的混乱。但是，他也知道A公司是重要客户，李经理亲自打来电话已经说明了问题。

于是，他指派了专人跟踪A公司的订单，并调整生产计划，加快进度。经过一番折腾，A公司的订单终于交货了。

好景不长，A公司的那笔订单出货不久，B公司又来催货，希望马上拿到货。于是，故事重新上演了一遍……结果，催货的公司越来越多，而且是迅速增加。该公司生产线不断中断、调整，导致更多的交货迟延和更多客户抱怨。

练习5-2 请思考：如果你是老张，遇到这一挑战，如何应对？这一对策可能对企业内外部各个利益相关者造成什么样的影响？

综上所述，作为企业家，面对的内外部实体非常多且复杂（见图5-1），包括用户、员工、各级管理者、供应商、合作伙伴、投资者、竞争对手、政府、社区等。企业家必须具备掌握全局的系统思考能力，一方面，要考虑全面，把相关的方方面面都考虑进来，不要片面；另一方面，也要合理地设定边界，厘清层次，把握关键。

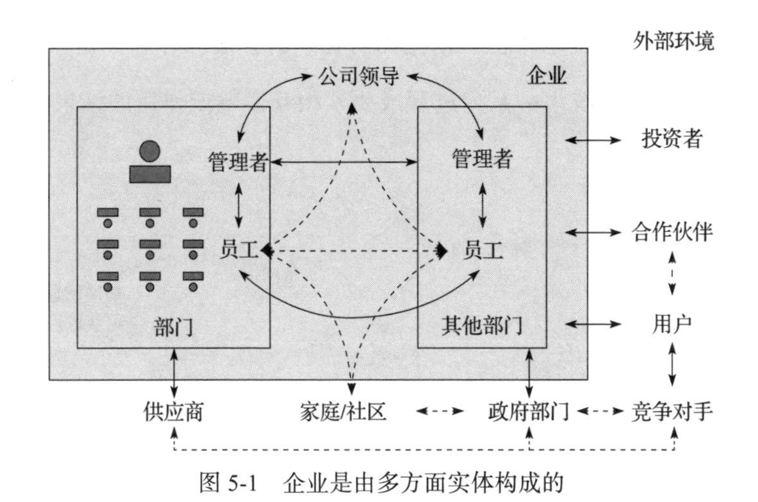

图 5-1　企业是由多方面实体构成的

大局观：既是一种格局，也是一种能力

如第 2 章所述，“局限思考”或“见树又见林”是常见的“系统思考缺乏症”之一。而产生这些问题的原因，一方面在于组织系统的动态复杂性，另一方面也与人们缺乏进行有效整体思考的技能不无关系。

实际上，**本位思考几乎堪称人类思维的天性之一**。

首先，人的基本需求是生存，与生存最紧密相关的就是其身处的周边世界。为了维持生存，人的本能是密切关注自己本位周边的危险信号。离我们比较远的信息，要么不可得或微弱，要么不那么迫切或重要，我们通常并不会优先处理。因此，本位主义、局限思考在某种程度上是人保护自我的本性使然。

其次，本位思考也与信息的对称、公开透明存在一定联系，是人的认知系统内一系列过程或要素相互影响或作用的结果（见图 5-2）。

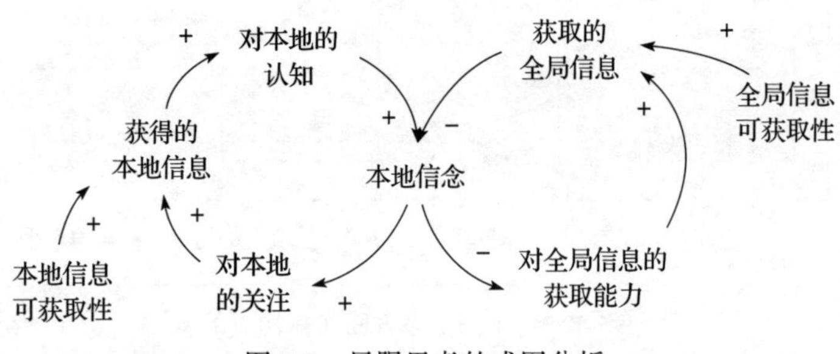

图 5-2　局限思考的成因分析

图 5-2 是以系统思考的基本工具因果回路图（参见第 6 章）来分析局限思考的成因。如图 5-2 所示，人们获取“本地”[⊖]信息更加容易，因而对本地的认知更多，逐渐形成强烈的本地信念，从而更加关注本地信息。

与此同时，出于获取全局信息的局限性，人们获取不到足够的全局信息，无法建立全局信念，而本地信念的强化削弱了人们对全局信息的关注，使获取全局信息的能力被削弱。这样就逐渐形成了牢不可破的局限思考模式。

对此，系统思考为人们提供了看到整体、树立全局意识的有力武器，使人们可以“见树又见林”。

⊖ 在这里，“本地”指的是那些在时空上与我们更为接近的事物，即从空间上是“与我们紧邻的事物”，从时间上是“在不久的过去和将来”。

思考的罗盘®：全面思考的工具

为了让大家看到整体，我发明了一个工具——“思考的罗盘®”（见图5-3）。使用这一工具，我们可以把与一个问题相关的所有主要利益相关者都列出来，同时促进大家“换位思考”、集思广益，并看到各种因果关系之间的相互关联。

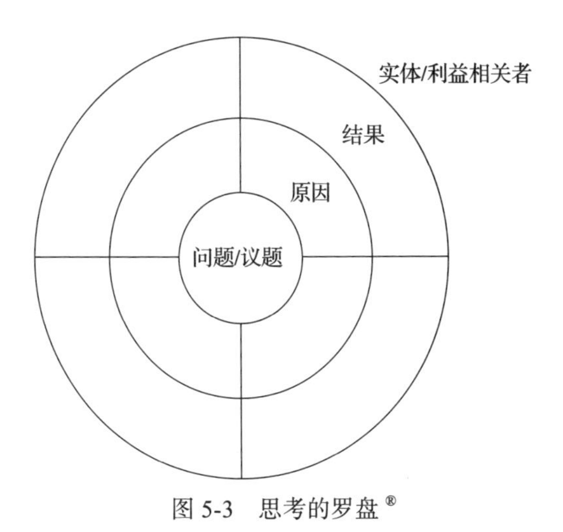

图5-3　思考的罗盘®

扫描二维码，关注“CKO学习型组织网”，回复“思考的罗盘”，查看邱博士亲自讲解的视频。

在推广“复盘”这一方法的过程中，我发现在“分析差异的根因”这一环节，很多人都只是简单地罗列几方面原因，既不全

面，也不深入，这样做产生的副作用有如下几个方面。

- 分析很浅，无法找到问题的根本原因。
- 每个人都只是依自己的习惯或经验，站在自己的本位或局部进行思考，无法确保“看到全貌”。
- 看不到各个利益相关者与问题的关联及相互影响，容易导致大家“归罪于外”，或相互指责他人是“罪魁祸首”，影响复盘效果。

为了真正把复盘做到位，确保大家能将经验转化为能力，我在复盘引导中使用了“思考的罗盘®”这一工具。实践结果表明，这是一个简单易用且非常有效的团队研讨引导工具，取得了很好的应用效果。就像某世界500强快消品公司人力资源部总经理所说：“思考的罗盘®”威力很强大！㊀

使用“思考的罗盘®”进行工作系统或任务分析

在大多数情况下，你的工作都不可避免地会受到其他人的影响；为了完成任务，你也离不开别人的帮助。同样，你的工作也会对他人产生影响，从而引发他人的反馈。因此，你的工作或任务是一个社会系统。要想做好工作、完成任务，你可以使用“思

㊀ 资料来源：邱昭良. 复盘+：把经验转化为能力[M]. 3版. 北京：机械工业出版社，2018.

考的罗盘®”进行分析，预想、探索各种可能性，从而在工作任务开始之前做到“胸有成竹”“运筹帷幄之中，决胜千里之外”。

具体的操作步骤如下。

第一步，明确你的关键问题及其衡量指标。

如同“环形思考法®”第一步“找问题”，我们在进行工作系统或任务分析时，第一步也是将你的工作任务、核心问题或它们的衡量指标写到“思考的罗盘®”的中央。

如果你的工作任务有很多衡量指标，你就要选择比较关键或根本性的少量几个指标。所谓“关键”，就是它们对你的工作任务至关重要；所谓“根本”，指的是它们是其他一些指标的基础，或相对于其他指标，它们的影响力更大。

比如，你负责的是销售部，相应地，你的任务及其关键绩效指标（KPI）很多，包括销售额、销售量、客户满意度、新客户数量、员工满意度等。在这些指标中，你认为哪一个或几个更为根本或关键?

第二步，列出你完成工作必需的利益相关者。

列出与你的任务、课题或工作相关的所有利益相关者（“实体”），将它们排列在“思考的罗盘®”的不同扇区中。每一个实体对应一个扇区。如果这些实体能够符合“MECE 法则”（“相互独立，完全穷尽”），分析就会更加条理清晰、逻辑完备。

如果有多个利益相关者，可以只列出几个最紧密相关的实体，而将其他实体进行适当合并。

别忘了把自己也作为一个实体列出来。

第三步，列出各个实体（对课题）的关键要因或施加的影响。

分别站在每个实体的角度，想一想：他们有哪些关键政策或要素、行动会影响到你的工作或议题？分别会引起什么样的变化？将这些因素列在对应扇区的内圈，用箭头把它们和位于中央的任务或议题连接起来（从内圈指向中央），并在箭头上写出相应的影响。

如果因素很多，就需要把握要点，只列举对任务或议题有显著影响的要素，其他的可进行适当合并或忽略。

最好能让同一扇区内的这些影响因素符合“MECE 法则”。

分析完一个扇区之后，再转向下一个扇区，直到完成所有实体的影响力分析。

第四步，列出这些实体受到的影响。

分别站在每个实体的角度，思考他们会受到哪些影响。分别将这些影响的后果写在相应扇区的外圈，并用箭头将这些后果与位于中央的任务或议题连接起来（从中央指向外圈）。

与上一步类似，考虑这些因素所受的影响也要把握要点，并且符合“MECE 法则”。

需要注意的是，有些实体所受的影响可能是经过其他实体“传导”过来或“溢出”的。

第五步，梳理互动关系与反馈回路。

在分析完你的工作、要解决的问题或要完成的任务对各个实体的影响之后，要进一步思考：这些实体又会做出什么样的反应？采取哪些行动？继而又造成哪些后果？它们会对关键指标的变化以及其他实体的核心要素造成什么影响？

如果有确定或显著的影响，将它们用箭头连接起来，梳理出几个逻辑清晰、经得起推敲的反馈回路。

第六步，分析并确定策略。

在明确了系统各个实体之间的互动结构之后，你应该跳出某个实体（包括自己的本位）的局限，站在整体的角度，进行如下反思，进而制定有效的策略。

- 整个系统的功能或目标到底是什么？
- 各个实体的目标是什么？它们和系统整体的功能或目标是否一致？
- 各个实体之间的互动是否符合系统整体的福利？
- 你的关键绩效指标是否妥当且准确地反映系统整体的功能或目标？
- 为了更好地与系统和谐相处，你应该采取的策略是什么？

虽然我不否定“操之在我”的精神，但是我们也不能完全“自给自足”，什么事情都自己搞定。通过让整个系统看到整体、有效地协调资源、调整系统结构，可以更高效地“顺势而为”“与系统共舞”。否则，由于系统结构错位，你要不停地与结构决定的行为对抗，就像把一块大石头往一个斜坡上推一样，非常累甚至往往是徒劳无功的。相反，把石头向坡下推就轻松、自然多了。

在我看来，我们一方面要审慎地反思自身的指标与行为举措，以符合系统整体的功能与福利，另一方面也要看到整体，与系统中的利益相关者和谐相处。

在施加的影响和受到的影响两个维度上，我们可以分别评估一下构成工作系统的这些利益相关者，分别采取不同的策略（见图 5-4）。

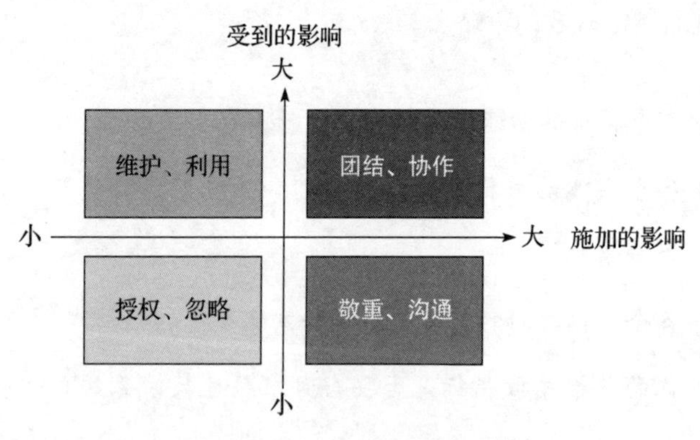

图 5-4　利益相关者策略分析

- 对于那些施加的影响大、受到的影响也大的利益相关者，你和他们是一个“战壕里的战友”，休戚与共。因此，你和他们要加强团结协作，心往一块儿想，劲儿往一处使。

- 对于那些施加的影响大、受到的影响小的利益相关者，他们能在很大程度上影响你的命运，却可以超然世外，不怎么受你的工作系统的影响，他们就像“上帝”，你一定要“伺候”好他们，敬重他们，与他们密切沟通，争取到他们的支持。
- 对于那些施加的影响小、受到的影响却很大的利益相关者，他们是你可以善加利用的资源，你要维护好系统结构，好好发挥他们的力量。
- 对于那些施加的影响小、受到的影响也小的利益相关者，可以忽略，或与他们约定好权利义务、边界条件与产出标准。

练习 5-3　请参考上述步骤，使用“思考的罗盘®”，对你的一项工作任务或问题进行分析，并确定合适的策略。

使用“思考的罗盘®”进行因果结构分析

使用“思考的罗盘®”，除了能进行工作系统或任务分析外，也可以分析、解决复杂问题，并配合“因果回路图”（参见第 6 章）进行系统思考。

主要操作步骤与第 4 章所述的“环形思考法®”很类似，简称“五找”，即“找问题”“找实体”“找原因”“找结果”“找回路”。其中，主要差别是增加了第二步“找实体”。

所谓“找实体”，指的是列出与这个问题有关系的利益相关者，将其列在“思考的罗盘®”的外围，每个利益相关者都排列在一个扇区上。

需要注意的是，如果一个问题非常复杂，包含的利益相关者众多，可以只列出直接相关的利益相关者，或按照与问题关联的紧密程度和重要程度，有选择地列出。在这里，合理地设定系统的边界（参见下一节）至关重要。

在选择利益相关者时，应注意它们是并列的，不应相互包含或交叉。对此，著名的“金字塔原理”要求符合“MECE 法则”，这是一个很好的参考指南。

在梳理出闭合的反馈回路之后，可以对初步研讨成果进行整理，包括简化、优化，把握重点。之后，可进一步参考定义变量与连接的规则（参见第 6 章），将上述反馈回路绘制成规范的因果回路图，或者以此作为辅助参考，思考有效解决问题的对策。

需要提醒的是，在使用“思考的罗盘®”时，有如下几个注意事项。

- “思考的罗盘®”是对团队复盘、群策群力解决问题特别有价值和威力的研讨工具。为了提高团队研讨的质量，建议划分角色、明确规则，指定引导师（facilitator），并使用诸如“说话棒”、聆听、兼顾主张与探询、名义小组技术（或团队列名法）等引导技术。这是非常重要的。

- 如有可能，“把整个系统放到一个屋子里面”，只有所有利益相关者都能够平等、自由地发表各自的看法，相互聆听、反思与探询，才有可能激发出集体的智慧。
- 要有开放的心态，学会换位思考，每一个参与方都应设身处地地站在其他利益相关者（实体）的角度去思考。只有充分了解并真正设身处地，才能找到真正重要的原因和结果。
- 注意把握要点，不要穷究细枝末节，或者将所有无足轻重的原因与结果都一一列出来，导致分析起来非常复杂。
- “思考的罗盘®”或因果回路图都只是决策辅助工具，无法直接给出对策建议。它们只是将决策者个人或团队的经验与思考过程及结果“投射”出来。具体的对策仍需要决策者权衡各方面的相互影响斟酌确定。

案例 5-3　培训还是不培训

“小杨，你们店这个月出了这么多问题，你是怎么搞的？”

看着嘴角起了大包的小杨，陆总心里暗暗怜惜，毕竟小杨是个很能干的员工，只是刚刚被提拔为店长，经验不足，要补的短板太多了。可是面对这么多“窟窿”，陆总还是忍不住着急、责备起小杨来。

“对不起，陆总，我……”小杨试图解释什么，可一时间竟不知如何说下去。

“唉，算了，我也知道你经验不足，你得赶紧学习啊。”

“嗯，陆总，我知道了。听说公司要办一次店长培训班，我很想参加啊。”

“是啊，我让培训部抓紧操办此事。你，还有好几个新提拔的店长，真得好好培训培训。”陆总沉吟了一会儿，自言自语道。经小杨提醒，他才想起来，上个月培训部对一些店长进行了调研，向自己提交了一份培训方案。可是，他认为有些不理想，培训内容及课程安排并不符合自己的期望，可是自己又忙，没有时间和他们一起梳理培训内容，也就一直压着没有批复。看来，这事不能再拖了。

……

一个月后，小杨和二十几位店长兴高采烈地参加了新任店长培训班。公司从外面请了一位据说有丰富行业经验的培训师，课上得倒是很热闹，老师也很幽默，像说相声一样，课堂上笑声不断。可是，这位老师讲的大都是另外一些行业或公司的做法，与小杨他们的实际工作有很大差异，而且老师讲的并不具体，同学们都不知道怎么做。加上大家工作忙，经常有电话进来，虽然小杨记着陆总的叮咛，很想好好听课，但也忍不住经常“溜号”，听得半半拉拉。

培训结束之后，小杨仔细回想了一下，好像学到了一些东西，但许多似乎又模模糊糊。曾有两三次，当小杨遇到了棘手的问题时，他感觉老师在课上讲过，也曾找出讲义，想应用课上学的方法，但简略的讲义和潦草的笔记实在帮不上太多忙。他给当时一起上课的同学打电话，他们也说不明白，想请教老师，也无法联系，只好作罢。久而久之，课上学的东西都忘得差不多了。虽然在干中学，也摸索出了一些经验，但小杨进步的速度仍然让他自己不满意。

对此，陆总心里也充满了矛盾："业务迅速发展，就需要一大批合格的新人快速成长起来。培训吧，要占用时间，可能影响业务，资金投入也不少，但有时候效果不尽如人意，你看小杨和其他几位去参加培训的店长，也不知道学了啥，回来后没什么长进；不培训吧，光靠他们自己摸索，速度慢，跟不上业务发展需要，还会出很多错。怎么办呢？"

其实，对这次培训效果不佳的原因，陆总也是左右游移。一方面，他认为培训部不够了解业务，培训内容和方案设计不尽如人意，外请的老师也不接地气（外部的老师自然不了解公司业务实际，情有可原），听说课程讲得很生动，学员参与度不错，但似乎管用的"干货"不多；另一方面，他也有些自责，虽然自己有些想法，但一直忙于业务，无暇动手修改培训方案，连讲义也没审核。其实，培训课上讲的东西，到底有哪些付诸行动了，他也不清楚，培训部搞的那个课后评估只不过是走过场。

后续培训还搞不搞？怎么搞？陆总心里一片迷茫。

练习 5-4　请使用“思考的罗盘®”，列出案例 5-3 中的相关实体，梳理各方面影响培训效果和人才成长的关键要素，确定它们之间的关联关系。

定义系统的边界

对于系统思考初学者来说，认识和把握系统的边界既是一项困难的挑战，又是一个绕不过去的“坎儿”。因为在系统中，并不存在一个明确、清晰划定的边界，而是要我们根据自己的需求和实际情况去设定。边界设定不当，很可能会带来一些问题。

如果边界设定得太窄，一些对系统行为有显著影响的因素可能就会被忽略，我们也将无法充分把握系统的整体，失去系统思考应有的整体观。相反，如果把系统边界设定得太宽，将导致分析过于庞杂，反而容易让人迷失在复杂性之中，无法把握关键。你本来是想分析一个微观的小问题，却把国家大事、世界和平都牵扯进来，只是徒增烦恼。

弗勒德在《反思第五项修炼》一书中指出，系统思考的第一任务就是为思想划定界限，从而使观点既切合实际又可以把握。梅多斯也认为，系统最大的复杂性也确实出现在边界上。

那么，如何定义系统的边界呢？

设定边界的辅助工具

如上所述，“思考的罗盘®”可作为界定系统主要构成要素的参考框架。从实际操作的角度看，我们也可以使用“实体关系图”“输入输出图”等一些简单而有效的辅助工具，作为设定边界的参考。它们可以为我们使用“思考的罗盘®”进行更为深入、详尽的分析提供基础或前提。

1. 实体关系图

实体关系图显示了系统中所有相关的主体（利益相关者）及其之间的关键反馈关系。[㊀]与系统的构成要素相对应，它通常包括两类要素：实体和实体之间的反馈。

例如，就企业内部管理系统而言，可能包括销售部、生产部、研发部等实体，这些实体之间可能存在订单、产品、资金等反馈；就市场竞争问题而言，可能包括两个以上法人主体、顾客、供应商等实体，它们之间存在价格、供需等反馈；医院系统包括病人、医生、护士等实体，它们之间存在病人需求、诊治与服务水平、病人满意度等反馈（见图 5-5）。

参考马尔科姆·克雷格博士的看法，实体关系图包括四个重要的功能部件。

㊀ 马尔科姆·克雷格博士将其称为“系统布局图”，参见马尔科姆·克雷格．看清你的思维图谱［M］．程云琦，译．北京：机械工业出版社，2003.

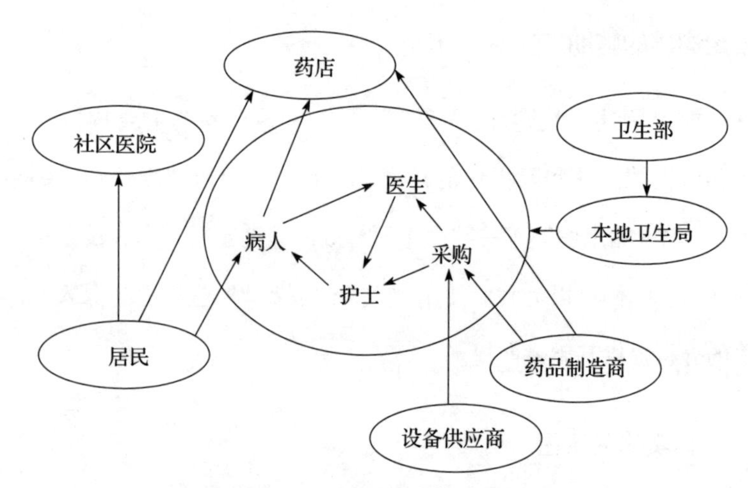

图 5-5 医院系统实体关系图

第一，边界。对于特定的事物，通常都有一些存在或特征，将系统的有机组成部分与其他部分分隔开来。这可能是物理上的界限，例如围墙、壕沟或其他障碍物等，也可能是概念上的，例如不同的单位或分类、集合等。

第二，环境。大多数社会系统都不是孤立存在的，与其他事物存在多样化的联系。因此，边界之外的事物通常被人们定义为环境。事实上，如果没有环境，边界就没有存在的意义。当然，环境也不是包罗万象的，只有与边界内的事物存在关联或影响的人、事物等，才能构成“环境”。凯斯·万·德·黑伊登进一步将其区分为“交易环境”和“背景环境”两类。前者是与组织有直接交易的实体或有直接、紧密关系的因素；后者则是对组织有影响或起较为间接作用的因素，如法律、社会文化等。

第三，要素。要素（elements）是系统中相对完整的、无法或无须继续细分的人或物，它们是系统的基本构成因子。对要素的划分取决于研究和控制的需要。以图 5-5 所示的医院系统为例，对于医疗主管部门而言，医院就是一个合适的要素；医院院长则需要将医院进一步细分为医生、护士、病人等。

第四，子系统。一定数量的要素组成子系统（sub-systems），它们组合起来构成整个系统，它们也可以被细分为更小的部分。有时候，要素和子系统的区分是相对的，二者会并存，统称为“组件”(components)。

比如，学校也是系统，可能包括老师、学生及家庭、管理方、社区、当地政府 / 教育管理部门等实体，它们之间存在着课程、成绩、工作量等反馈。在彼得·圣吉等人著的《学习型学校》一书中，有一个实体关系图（见图 5-6），反映了上述实体及其之间的关系。

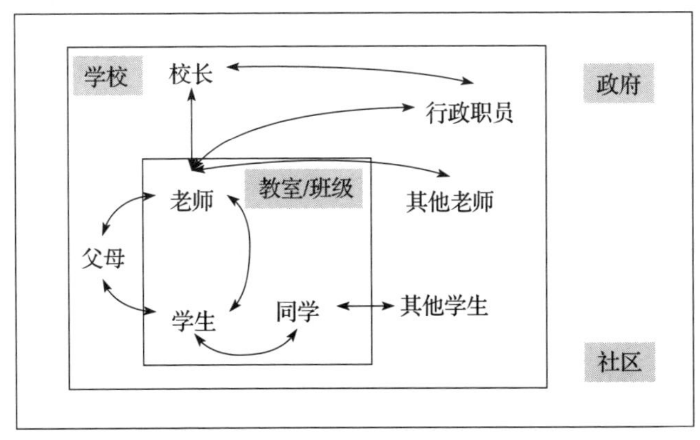

图 5-6　教育系统实体关系图

当然，教育是当代社会系统不可或缺的一环，它的构成非常复杂，不仅有传统的学校学历教育，还有成人教育、企业内部培训和非正式学习以及个人层面的终身学习等多种形式和层次；不仅有学校、家长，还有很多利益相关团体。对于不同问题，要恰当地定义系统的边界。

需要说明的是，实体关系图显示的是一个系统的大致轮廓，是主要构成部件之间的相对位置和概要关系，不必包含过多细节。同时，它勾勒出了系统与环境的边界，反映了被观察时刻的系统状况，如同一幅鸟瞰的“快照”，帮助人们看清整体。

2. 输入输出图

对于开放系统而言，它们与外部环境之间存在多方面的联系，如果把系统作为一个整体来看待，它与外部实体之间的联系就可以视为系统的输入和输出；同样，因为系统内部各要素之间存在多种相互作用，因此各个过程也存在输入和输出。在这个意义上，过程可以视为将各种输入转换为特定输出的一系列活动的组合。有时候，将系统或其内部的一个处理过程视为一个“黑匣子”，研究其输入和输出，有助于人们摆脱具体的细节，更好地聚焦于问题、明确目的，识别主要过程及其相互关系。

输入输出图是一个简单易用的工具，用途广泛。它主要包括过程、输入和输出三个部分，过程被描述为一个“黑匣子”（以方框来表示，以动词或动名词来命名)，以有向箭头来表示各种输入和输出。以项目管理为例，指导和管理项目执行被作为一个过程，它的输入输出图如图 5-7 所示。

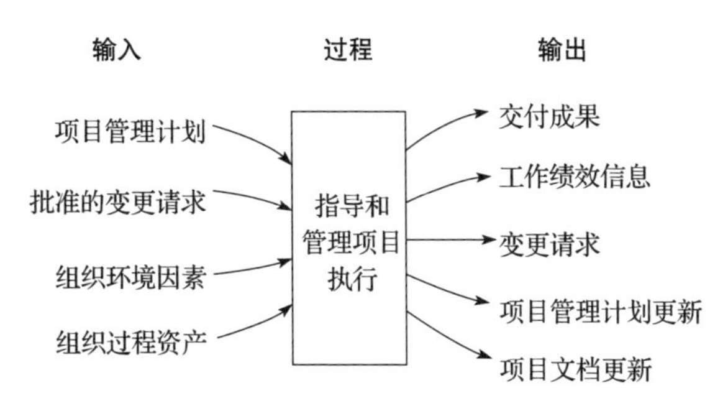

图 5-7 项目执行的输入输出图

在输入输出图中，每一个输入项都应该有其特定作用，并且至少在一个输出项中得到体现。也就是说，每一个输出项至少和一个输入项有关，是一个或一组输入项被处理以后的结果。

输入输出图常用于人们对问题缺乏深入了解的情况，我们没办法对系统边界内的各个实体及其连接展开详细分析，因而可将其作为一个“黑匣子”，把握主要的输入、输出，梳理、确定边界，勾勒出系统的大致轮廓。此外，还可以结合流程图或数据流图，对组织业务流程或工作任务处理过程进行分析，得到更为细致的信息。

划定边界的六个参考原则

很遗憾的是，在某种程度上看，设定系统的边界需要较高的艺术性。人们在这方面尚未确定清晰的标准或明确的方法，大家需要勤加练习、用心揣摩。

在这里，我给大家提示一下可以参照的若干原则或方法。

1. 时刻提醒自己：我感兴趣或要研究的问题是什么

梅多斯指出，在系统中，并不存在一个明确、清晰设定的边界。所以，设定系统边界的首要法则是：我们需要根据自己的需求和实际情况去设定系统边界。

比如，如果你要研究一头大象或者治好一头大象的病，那么你应以大象本身为边界；如果你将大象作为一种社会性动物来研究，或者想探究一个象群内部的关系，那么问题的边界就是象群，你无须过多探究一头大象内部的各个器官，也不用把全球变暖等影响整个生态环境的要素考虑进来；如果你要研究的是西双版纳亚洲象栖息地的生态系统，大象只是其中的一员，那么问题的边界就是整个生态系统。

再比如，假如你得了肝病，医生通常会主要针对你的肝脏来治疗，不会太关心你的心脏或肺（虽然它们位于同一个层级上，都是人体的器官），也不会考虑你的个性或者肝脏细胞核里面的脱氧核糖核酸，因为它们分别位于更高或更低的层级上。当然，也有很多例外，也许的确需要上升到更高的层级去考虑整个系统的结构，或许是你的工作使你长期接触某种化学物质，从而损害了肝脏的健康；或者需要深入到更低的层级去探究根源，或许你的肝病要归因于遗传因素。

2. 不要被物理的或有形的、政治上的界线所迷惑

如第 1 章所述，任何系统都有相对明确的边界。

在思考一个系统性问题时，正确地设定边界和物理上的边界（比如，你们公司有一栋办公楼或一堵围墙、一道大门将你们公司和其他组织及外部环境区隔出来）以及政治上的边界，并不是一个概念。

比如，两个国家之间有天然或人为的界线，如河流、山川、铁丝网、界碑等，但空气、水源、经济及人文交流等并不一定严格地遵循这些边界。如果我们在分析后面这些问题时，也以有形或政治界线作为边界，那么结果就可能不尽如人意。梅多斯曾讲过这样一个例子：在规划国家公园时，人们以前只是划定了一个物理的边界，认为把这里面保护起来，问题就解决了。然而，在保护区之外，野生动物会定期迁徙、四处游荡，河流水系（包括地下水）也会流入、流出，人员往来穿梭，因此界线之外的人类活动、经济发展也会影响到保护区。同样，包括酸雨、温室效应引发的全球变暖、气候变化等，也不会因为你打下了界桩、拉起了铁丝网就不产生影响。因此，要想有效管理国家公园，必须把系统边界设定得比法定边界更宽。

这样的例子屡见不鲜。对于气候变化、大气或海洋污染来说，国家之间的边界几乎没有任何意义。

3. 对于每一次新任务，都要重新考虑边界的设定

请记住：所谓的边界，只是人为的区分，是人们出于观察、思考、理解、表达、交流等方面的需要，在心理上设定的或社会上一般公认的虚拟边界。因此，在理想情况下，对于每一个新问题，我们都需要并且应该忘掉在上一次任务中行之有效的边界划分，针对当前具体的问题或目的，创造性地设定最合适的边界。

对很多人来说，这都是一个不小的挑战。一旦我们在头脑中设定了一些边界，它们就会逐渐变得根深蒂固，甚至理所当然。为此，很多争斗都是与边界有关的，比如国家之间的战争、贸易战、文化差异、企业内部各部门的协作、你与他人等。

为了有效地解决问题，每一次重新考虑一下“我设定的边界是否合适”是十分必要的。

4. 广泛征询并聆听利益相关者的意见或团队研讨

正如梅多斯所说：我们永远无法完整地理解这个世界，也没有人拥有对这个世界完整的认识。不管你的分析多复杂，都可能不是系统的全貌。因此，面对系统，我们应该永远保持敬畏、谦卑、谨慎，以开放的心态，进行广泛的探询。在设定系统的边界时，也要多去征询一下利益相关者的看法，或者与团队成员一起

讨论，大家集思广益往往胜过一个人“苦思冥想”，不要把自己局限于思维定式之中。

当然，为了充分、有效地理解他人的看法，绘制边界者应掌握并运用聆听和团队对话（圣吉称之为“深度汇谈”）的技能。

5. 面对庞杂或混乱不堪的图表需要反思

在我看来，全面思考并不等同于越多越好。在确保没有遗漏重要实体（或利益相关者）的前提下，我们也应该把握关键。我们要根据自己的目的，设定合适的尺度。就像你乘坐直升机，看到的只是轮廓和明显突出的事物，看不到那些枝枝叶叶的细节。

一般而言，简洁的图表更容易传递关键的信息。如果图形太复杂或混乱不堪，则应提醒自己反思是否准确地定义了系统的边界。

此外，一些实用的建议是：尽量保持图表中变量之间的连接箭头不相互交叉；连接箭头表示为圆或椭圆状的曲线，以便醒目地标示出闭合的回路；对于不同回路，可以用不同颜色或线条来标注。

6. 使用“悬摆”或“云”

人们通常通过悬摆（dangles）来定义其感兴趣的系统的外部边界。所谓悬摆，指的是一些特殊的变量，它们虽然不在闭合的回路之上，却会影响回路上的变量或受其影响。

一般地，悬摆分为以下两类。

- 输入悬摆，通常用来表示期望达到的目标、隐含的标准、政策；或者是系统外部的驱动或限制因素，以及用以确定外部变量数值的参数。
- 输出悬摆，表示整个系统运作的结果。

悬摆在因果回路图中扮演着目标、政策、外部驱动力或者系统结果的角色，它定义了我们感兴趣的系统的边界。

比如，我们感兴趣的系统是倒一杯水，“目标水位”就是悬摆。从理解调节回路如何运作以达到目标这一点来看，“目标水位”是我们不能忽略的要素，因为它是系统行为最终达成的状态。如果你愿意，可以进一步探究“为什么要达到这样一个目标水位”，也就是说，什么东西会影响我们设定这样一个“目标水位”，从而引入类似“口渴”“天热”“习惯”等概念。在某些情况下，这些因素可能非常关键，但是就本例而言，我们关注的就是水位如何达到目标，因此这些因素是多余的，“目标水位”作为悬摆，为我们设定了合适的系统边界，可以让我们把握关键。

此外，在使用存量一流量图（或“水管图”）这一工具时，你经常会看到一朵朵“云”。这些“云”表示流量的源头或去处、终点。如果需要，你也可以进一步展开去研究它们是怎么来的或者去了哪里，但是为了保持简洁、便于讨论，人们就用一朵“云”

进行简化处理。事实上，这些“云”和“悬摆”一样，都起到了标记系统边界的作用。

练习 5-5　请参考上述原则，思考：要解决下列问题，如何设定系统的边界？

- 一个国家总体人口的变动。
- 一个水库蓄水量的变化。
- 你的家庭团结。
- 一个部门的士气。
- 一家公司的销售收入或者客户满意度。

第 6 章
系统思考的“新语言”：因果回路图

“下雪啦！”

看着地面上厚厚一层雪，你兴冲冲地抓起一团雪，把它们揉成一个雪球，然后推动它，随着雪球沾上的雪越来越多，雪球就变得越来越大，从而沾上更多雪……不一会儿，你就堆成了一个大雪球。

在这个简单事件的背后，有一个反馈循环在起作用，而时间成了你的朋友。

同样，对于传染病来说，一个人被感染了，就有可能传染给另外几个人，这几个人再传染给更多人……对于一些传播力比较强的病毒来说，过不了几天，就会造成大规模的感染。

同样，在这个事件背后，也有一个恶性循环在起作用。

不只是这两件事背后存在反馈回路，几乎每一个有动态变化的行为背后，都可以找到类似的“结构”，因为系统的基本特性之一就是“结构影响行为”。

因此，要想有效地理解系统行为动态背后的机制，我们需要深入、全面、动态地思考，搞清楚有哪些关键要素在起作用，它们之间是怎样相互作用的，按照这样的“结构”，系统行为可能会有哪些变化态势。

具备类似智慧的人，一定是“得道高手”，不管他处在什么行业，均是如此。

如果他是一个屠夫，他就是“庖丁”。

牛作为一个有机系统，无疑是复杂的，包括筋骨、肌肉、经络等，它们相互关联，因此一般人很难洞悉牛的身体结构和内在肌理，解起牛来费心费力，“每月都要换一把刀”。如果像“庖丁”那样，能够做到“目无全牛”，也就是说，不只是看到牛的表象，而是透过表象看到内在的构成要素及其关联关系，就可以“顺势而为”，不仅轻松、游刃有余，而且优雅、曼妙，堪称艺术。

如果他是一个棋手，他就是“阿尔法狗”(AlphaGo)。

在有着天文数字级可能性的围棋棋盘上，它自己和自己对弈，无数次地模拟、推演各种可能性，并且在这些对弈过程中进行“深度学习”，逐渐摸清楚对弈的“诀窍”，最终轻松打败了世界顶尖的“九段高手”。

如果他是一位大侠，他就是“张三丰”。

面对对手，他不仅洞悉身体的内在结构，而且能够摸清招式的“套路”，做到“以柔克刚”和“借力打力”。

对于企业管理者和各级决策者而言，他们要处理的事务的复杂性比牛、围棋和武术不知道要高多少倍，不仅影响因素众多，而且其相互之间的关系非常微妙、复杂，甚至实时处于不确定的变化之中。因此，他们需要具备一双“慧眼”，可以透过纷繁复杂的事物表象，把握住关键要素（如同“点穴”或“针灸”），通过整合与调配资源，推动企业走上持续发展的快车道（如同滚动的雪球）。这一技术，我称之为发现、设计并维持企业的“成长引擎®”（参见第8章），可以激发驱动企业成长的“增强回路”，这是系统思考的重要应用场景之一。

同时，就像有光明的地方就有黑暗一样，任何成长都会遇到各种各样的问题：没人、没钱、执行不力、出现偏差或事故……事实上，也有人讲：企业家的核心工作就是解决问题。为此，具备系统思考技能，解决复杂问题，制定睿智决策（参见第9章），是企业家另外一项必备的技能。

要想做到这几点，我们需要整合“思考的魔方®”中三个维度的转变，并且使用一种相对于“环形思考法®”更为精致的“国际标准语言”——因果回路图。

认识因果回路图

因果回路图（causal loop diagrams，CLD）有时也被称为系统循环图，以因果关系链路的形式来描述影响系统行为的结构。它是系统思考的基本工具，也是其他一些工具的基础，应用范围非常广泛。

我们先来看一个例子。

案例 6-1 “莲雾大王”是怎样炼成的

莲雾是一种热带水果，台湾屏东是莲雾的重要产地，当地有很多人种植高品质的莲雾。由于市场价格较高，大部分农民都在当地摆个摊子来卖，虽然卖得不错，但是难以形成规模，也容易出现削价竞争或被水果商盘剥的情况，收益并不高。

有一个果农知道不能只有好的水果，还得积极开发通路，让消费者吃到高质量的水果，这样才能卖出好价钱。于是，他和一些便利店签订直销协议，避开了中间商的盘剥，并提供送货到家的服务。于是，有他家注册商标的莲雾，在最佳熟度时被采摘下来，直接配送到便利店，并在最短时间内被客户买到、食用，口感颇佳，受到很多客户的欢迎。便利店也很看好这种模式，不断追加订单。

一段时间以后，便捷的服务和新鲜可口的水果，在客户中形成了“一传十,十传百”的“口碑效应”，越来越多的客户到签约便利店去订购他的莲雾，也有越来越多的便利店和他签约，因此形成了一个良性循环。这位聪明的果农因此赚到了丰厚的利润，不断扩大产能，提高供应能力，逐渐发展成为台湾知名的莲雾大王。

案例 6-1 中的主人公是一位果农，他发挥创造性思维，改变传统营销及供应模式，启动了两个相互增强的“成长引擎”（见图 6-1）。

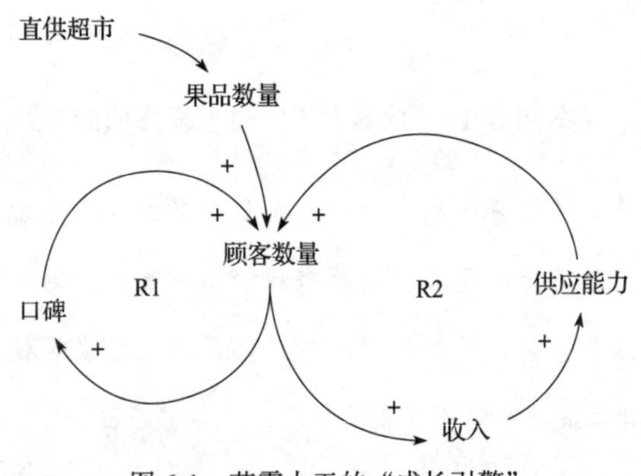

图 6-1　莲雾大王的“成长引擎”

图 6-1 就是我们在本章中要讲的“因果回路图”，它是以动态的观点来表述系统结构、进行深入思考的基本技术。

什么是回路

在梅多斯看来，我们人类思考的信息流主要是由语言来组成的，而人们的心智模式也大多是通过词语来表达的。因此，如果我们日常使用的语言不符合系统的特性，就可能造成相应的问题。就像圣吉所说：现实世界是由种种循环所组成的，我们却只看到直线。这是妨碍我们成为系统思考者的首要障碍，产生这种片段式思考方法的原因之一，就是我们所使用的语言。为此，想办法扩展我们思考的语言，才能更有效地谈论复杂性。

在系统思考领域，人们通常用一系列相互连接的变量所构成的闭合回路（loops），来表示系统中关键影响因素及其之间的相互联系、重要反馈，从而反映复杂事物之间的因果关系，即系统的结构与本质。所谓“回路”，就像电流或水流一样，从一个地方出发，经过一系列环节，最后反作用于自身，形成了一个闭环。

在图 6-1 中，有两个回路：R1 代表的是客户因莲雾质量优异而竞相购买，并引发了“口碑效应”，导致客户数量进一步增长的循环；R2 代表的是公司因销量、收入增长，而更有实力进一步提高供应能力，满足更多客户需求的循环。这两个回路相互促进、紧密联结，共同推动了这位果农业务的成长，最终使其成长为“莲雾大王”。

在现实生活中，真实系统通常由很多相互作用的反馈回路共同构成，但从结构上看，所有的回路（不管是非常简单的，还是极度复杂的）均由两类要素构成：变量和连接。

变量

变量（variables）是系统中实体的属性、特征或要素，它们有不同的状态，会影响其他变量，也受其他变量的影响。

关于变量，一个令人惊奇的结论是：任何一个变量，不是存

量（stocks），就是流量（flows），除此以外没有其他类型。[⊖]

存量和流量是系统思考中的两个基本概念。要理解这两个概念，最简单的一个例子，就是你们家的浴缸。

毫无疑问，浴缸是一个系统，它由水龙头、浴盆和下水道三个部分构成。

晚上要洗澡时，你会打开水龙头、堵住下水道的塞子，这样，浴盆里的水就会慢慢积累起来，水位逐渐上升。当水注满了浴盆之后，你就会关上水龙头。洗完澡之后，你会拔出塞子，让水流入下水道，此时，浴盆里的水位会逐渐下降，直到全部清空。

在这个例子里，浴盆里的水量就是存量。从水龙头流入的水量和从下水道流出的水量就是流量（见图 6-2）。

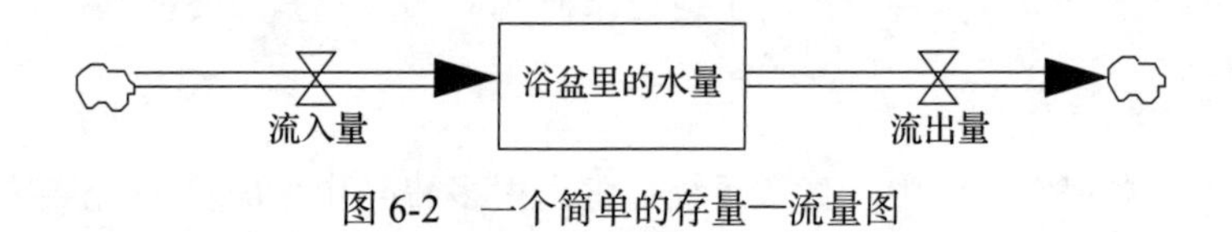

图 6-2　一个简单的存量—流量图

简单来说，所谓存量，就是随时间而累积的变量，在每一个时间节点都可以被测量、感知、计数或观察。就像你可以实时观察或测量浴盆里的水位，每一时刻都对应一个刻度。

⊖ 在利用系统动力学进行仿真建模时，要使用存量—流量图（或称“水管图”），对于一些关键变量，需要明确它们是存量还是流量。此外，在模型中，还会有一些辅助变量，不必刻意区分它们的类型。但是，即便对于那些辅助变量，如果认真展开分析，仍然可以分清它的类型。在因果回路图中，无须严格区分变量的类型。

现在，请你对照这个标准，想一下，在你身边有哪些存量？

事实上，我们身边的存量非常多，像手机电池的电量、体重、银行里的存款、信用积分、部门或企业的员工人数等，所有这些都是存量。

另外一种变量就是流量，也就是一段时间内改变的状况。它们会导致存量发生变化，只能在一段时间内被测量。比如，你打开水龙头往浴盆里加入的水量，或者你拔下浴盆出水口的塞子后流出的水量。对于这些变量，在每个瞬间去测量它并没有多大意义，但是测量它们一段时间内的变化量是有意义的，可以帮助我们了解它对存量的影响。

通常，任何存量至少都有一个输入流量和一个输出流量。很多实际的存量都有多个输入流量和输出流量。

应该说，理解存量和流量的概念并不难。真正困难的是，如何找到或确定系统中的关键变量。

案例 6-2　疯狂的病毒[㊀]

冠状病毒是一大类病毒，已知会引起疾病，患者的表现从普通感冒到重症肺部感染各不相同，例如中东呼吸综合征（MERS）和严重急性呼吸综合征（SARS）。新型冠状病毒（nCoV）是一种先前尚未在人类身上发现的冠状病毒，如 2019-nCov。据国家卫

㊀ 作者根据 2020 年 1 月 31 日相关报道改写，数据来源为国家卫健委和各省卫健委通报。

生健康委员会（简称卫健委）官方网站报道，2020年1月30日0～24时，31个省（自治区、直辖市）和新疆生产建设兵团报告新增确诊病例1982例，新增重症病例157例，新增死亡病例43例（湖北省42例、黑龙江省1例），新增治愈出院病例47例，新增疑似病例4812例。截至1月30日24时，国家卫健委收到31个省（自治区、直辖市）和新疆生产建设兵团累计报告确诊病例9692例（四川省累计确诊病例核减1例），现有重症病例1527例，累计死亡病例213例，累计治愈出院病例171例，共有疑似病例15 238例。

练习6-1　请找出案例6-2中包含的变量，并指出哪些是存量，哪些是流量。

连接

连接（links）反映的是变量之间的关系及其变化方向，以有向箭头（由原因指向结果）及其极性（同向变化（+）或反向变化（–））来表示。有向箭头反映的是两个变量之间的因果关系，在图6-3中，“原因”（A）处于连接箭头的起点，“结果”（B）位于箭头的尾部。这表示，“A影响了B”，或者是“A的变化导致了B的变化”“如果A，则B”。

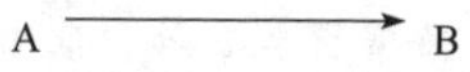

A ⟶ B

图6-3　一个连接

连接的概念普遍存在于人们的日常生活中，比如，“树大招风”这一成语实际反映的是“树”与“风”之间的连接；“因噎废食”反映的是“噎”与“食”的连接；“滴水穿石”反映的是“水”与“石”的连接；“熟能生巧”反映的是“练习”与“技巧”之间的连接。

更进一步地，人们通常在箭头末端标注“+”或“–”来表述该有向箭头连接起来的两个变量之间的变化关系是同向变化，还是反向变化。也就是说，所有原因的增长导致结果也增长的连接，或者原因的减弱导致结果也减弱的连接，都是同向连接（也被称为正反馈），以“+”来表示；相反，如果原因的增长导致了结果的下降，或者原因的减弱导致了结果的增强，这样的连接就是反向连接（也被称为负反馈），以“–”来标注。

关于连接，一个令人惊奇的结论是：有且只有两种连接，要么是“同向连接”(+)，要么是“反向连接”(–)。换言之，所有的连接不是同向连接，就是反向连接，除此之外没有其他的类型。

1. 同向连接

$A \xrightarrow{+} B$ 表明变量 A 的变化会影响到变量 B，而且二者之间的变化是同向的。例如，销量会影响收入：销量越多，收入越多；销量越少，收入越少。这表述为：

$$\text{销量} \xrightarrow{+} \text{收入}$$

2. 反向连接

A —$-$→ B 表明变量 A 的变化会影响到变量 B，而且二者之间的变化方向是相反的。比如，成本会影响利润：在收入及其他费用不变的情况下，成本越高，利润越少；成本越低，利润越多。这表述为：

成本 —$-$→ 利润

练习 6-2　确定变量之间的关系

请按照一般规律假设，以连接的规范描述方式确定下列变量之间的连接类型：

产品质量	客户满意度	
疲劳程度	工作效率	
饥饿感	进食	
价格	销量	
出生人数	总人口	死亡人数

辨认回路的特性

关于回路，一个令人惊奇的结论是：所有闭合的反馈回路，要么是增强回路（reinforcing loops），要么是调节回路（balancing loops，也可称作“平衡型回路”）。[1]

事实上，舍伍德曾指出：无论一个系统多么复杂，组成它的基本构造模块（building blocks）都只有两种：增强回路和调节回路。增强回路对系统中的事物有增强其原有变化态势的作用；调节回路会自我调整，抵消并阻止变化。所有系统，不论其多么复杂或简单，都由这两种反馈回路组成的网络构成，系统中所有的动态变化都只产生于这两种反馈回路相互间的交互作用。

在较为复杂的因果回路图中，可以用“R+编号”的方式（例如R1、R2……）来标识不同的增强回路，以“B+编号”的形式（例如B1、B2……）来标识不同的调节回路。

那么，如何识别回路的特性呢？我认为有两种方法。

基于动态行为的基本模式来判断

按照系统思考的基本原理：结构影响行为，动态系统的基本行为模式是由产生它们的反馈结构决定的：增强回路会导致加速增长或加速衰落；调节回路会产生寻的行为；调节回路加

[1] 在有些文献中，也有人把它们称作“正反馈”和“负反馈”，但是，这跟我们在系统思考实践里面，大家普遍采纳的说法是不符合的，因为人们一说到“正反馈”“负反馈”，往往都带有一些特定的状态，有时候也会跟所谓的“好的”或“坏的”价值判断等混淆，容易产生歧义。所以，更为精准的说法，就是增强回路和调节回路。

上时间延迟会导致减幅震荡、有限循环；增强回路加上调节回路会导致S形增长、过度调整并崩溃等。因此，有经验的系统思考者可以根据动态行为的变化模式来大致判断其背后的基本结构。

例如，你研究的是人口问题，你可以把历年的人口总量、出生人数、死亡人数等变量的变化情况绘制成图形（即“行为模式图”），然后根据其变化模式来考虑背后潜在的结构。

根据回路的结构特性来判断

如果能够画出因果回路图，那么识别回路的特性就非常简单：对于任何连续的闭合回路，沿着环完整地走一圈，数数一共有多少个“-”型连接。如果有零或偶数个“-”型连接，那么这个回路就是一个增强回路，每运转一周就增强自身原有的变化趋势。如果有奇数个“-”型连接，那么这个回路就是一个调节回路，整个回路似乎在寻找或力求实现某一目标。

因果回路图是由一个或多个回路构成的，所有回路要么是增强回路，要么是调节回路，它们的不同组合就是系统的结构，会影响系统的行为；回路又由变量和连接构成；与此同时，在某些变量之间的连接上可能存在时间延迟，也会改变系统中相关变量的变化态势。因此，人们往往把增强回路、调节回路和时间延迟视为因果回路图的三个基本构造模块。

增强回路

成长是自然界的一个基本主题。驱动成长的反馈过程（系统结构）就是增强回路。因此，不论在何种情况下，只要你发现事情在持续成长，你便可以肯定其背后有一个或多个增强回路居于主导地位。

案例 6-3　青蛙与睡莲

一群青蛙幸福地生活在一个大池塘的一角。

池塘的另一边是一片睡莲。

它们的生活如此平静恬适，相安无事。青蛙们偶尔还游到睡莲那边，跳到睡莲那舒展的叶片上嬉戏。

一天，池塘里面流进了一些刺激睡莲生长的化学污染物，它们可以让睡莲每 24 小时增长一倍。

这对青蛙而言是个问题，因为如果睡莲覆盖了整个池塘，它们就会无处容身。

睡莲会在 50 天内覆盖整个池塘，如果青蛙有一种阻止睡莲生长的方法，需要花 10 天时间来将这个方法付诸实施，那么什么时候池塘会被覆盖一半？在池塘被覆盖的面积达到多少时，青蛙采取行动才有可能去挽救自己？

这个小故事看似简单，其实隐含着深刻的道理。

第一个问题很简单：睡莲 50 天覆盖整个池塘，而且它们每天增长一倍，那么第 49 天结束时，池塘就将被覆盖一半，而不是在第 25 天。因为这种增长是指数级增长，而不是线性增长。

对于指数级增长而言，开始的时候非常缓慢，一旦指数增长开始表现出要快速增长的迹象，它的增长速度就会非常快。因此，第二个问题就特别强调了这一点。

这个问题指出，青蛙们可以阻止睡莲的增长，但是需要 10 天时间才能完成这项工作。因此，如果它们希望自己的工作能够收到效果，则最迟要在第 40 天结束之前开始行动。那么，第 40 天的时候池塘会被睡莲覆盖多少呢？

回答这个问题的最简单方法就是倒推。我们知道，到第 50 天结束时，池塘会被睡莲完全覆盖；第 49 天，池塘将被覆盖 1/2；第 48 天，被覆盖 $1/4=(1/2)^2$；第 47 天，被覆盖 $1/8=(1/2)^3$，依次类推……在第 40 天结束时，也就是青蛙们能够采取行动的最晚时间，池塘被睡莲覆盖了 $(1/2)^{10}$。

$(1/2)^{10}$ 是一个非常非常小的数字——只是 0.000 98，不到千分之一。这意味着，如果青蛙们想要避免陷入无处容身的危险境地，它们得在睡莲覆盖的面积还不到整个池塘的千分之一时就采取行动。也就是说，它们必须对在很远的地方发生的非常非常小的事情保持足够的警惕并及时采取行动。如果它们在危险降临（比如它们突然发现睡莲已经覆盖了池塘的 1/4 甚至是 1/2）之前没有采取行动，那么一切都晚了。

按照系统思考的观点，指数级增长是所有增强回路的自然行为。在初期，它增长得如此缓慢，以至于你很难注意到它的增长。但是，突然之间，它就可能变成一个庞然大物，从而实现局面的逆转，无可挽回。

当然，增强回路的影响可能是正面的，也可能是反面的。也就是说，增强回路可能导致加速衰败的变化态势：一个偶然事件引发的些许下降，如果触发了一个增强回路，每隔一个周期，这个下降的趋势就会被扩大、增强，最终变成不可收拾的下跌。

增强回路广泛存在于我们的生活之中。比如：

- “世上本来没有路，走的人多了也就成了路。”
- 各种上瘾行为，如网瘾、烟瘾、毒瘾等。
- 一棵小树的根扎得越深，其吸收的养分就越多，长得就越高，根扎得就更深……如此循环，逐渐长成一棵参天大树。
- 熙熙攘攘的街头，突然有几个人抬起头来往一个地方看，有些路过的人感觉好奇，也往那个方向看，这使更多人感到好奇，加入了仰视的人群……如此一来，人越聚越多。
- 甲型 H1N1 流感的传播也是一个增强回路：由于病毒可经由密切接触或呼吸道传播，使染病的人越多、传染性越强，而这进一步导致染病的人越来越多……最终酿成全球性的疾病。

- 挤兑或抢购。
- 我们经常听说“千里之堤，溃于蚁穴”，说的也是这个道理。一开始，蚁穴很小，非常不明显，但它发展得很快，如果没有被及时发现并被堵住，蚁穴就可能迅速扩大，从而酿成灾难。

在以上几个例子中，虽然有的成长非常缓慢（比如树木要十几年或者几十年才能成材），有的发展非常迅猛（比如传染性很强的流感病毒），但从原理上讲，它们成长的背后都隐藏着一个或几个“增强回路”。

所谓增强回路，指的是具有自我增强特点的回路。正是增强回路的存在，驱动了系统行为的成长。

增强回路的行为特性

根据触发情况不同，所有的增强回路要么表现为指数增长，要么表现为指数衰败（见图 6-4）。也就是说，增强回路将强化其自身的变化趋势：如果表现为增长，则增长会以加速度的方式持续得到加强；如果表现为衰败，则衰败会以加速度的方式持续恶化。

想象一下本章开头提到的“滚雪球”案例。起初雪球很小，但是滚了一圈，就会沾上一些雪，使雪球体积变大，再滚一圈，就会沾上更多雪，使雪球变得更大……不一会儿，你就会得到一个大大的雪球。这就是一个增强回路（见图 6-5）。

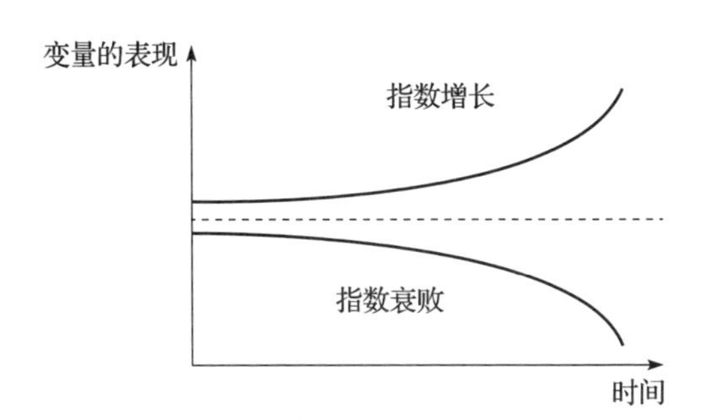

图 6-4　增强回路的行为特性

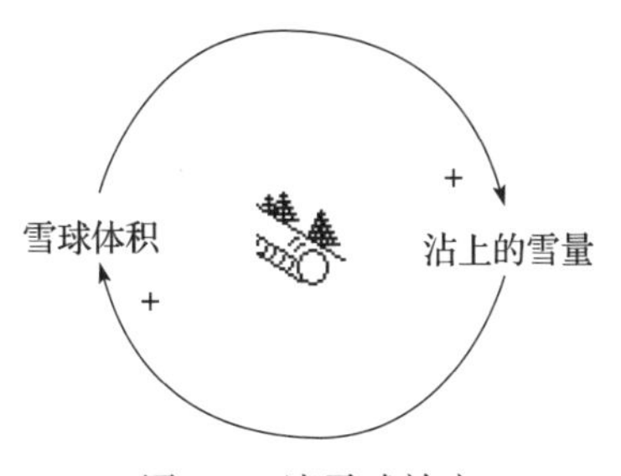

图 6-5　滚雪球效应

或者，再想象一下以复利方式计息的存款。如果某一年你往银行存入 100 元，并约定好以复利方式计息（假设年利息为 7%）。那么，一年之后你连本带息将有 107 元的存款；第二年，这 107 元将变成 114.49 元……每一年，你的存款金额都会比上一年增加。10 年后，你的存款会翻一番……99 年后，你的存款将变为 86 771.6 元（见图 6-6）。

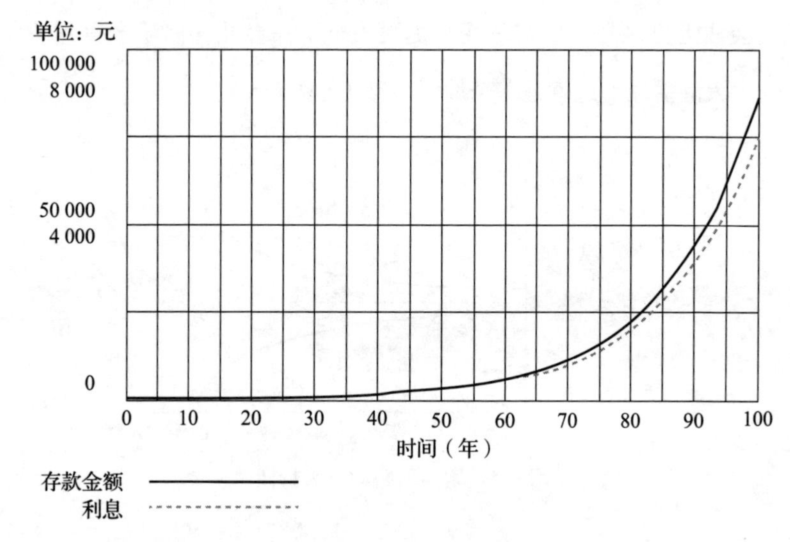

图 6-6　银行存款的变化趋势

在这样一个指数级成长的背后，也是一个增强回路（见图 6-7）在起作用。

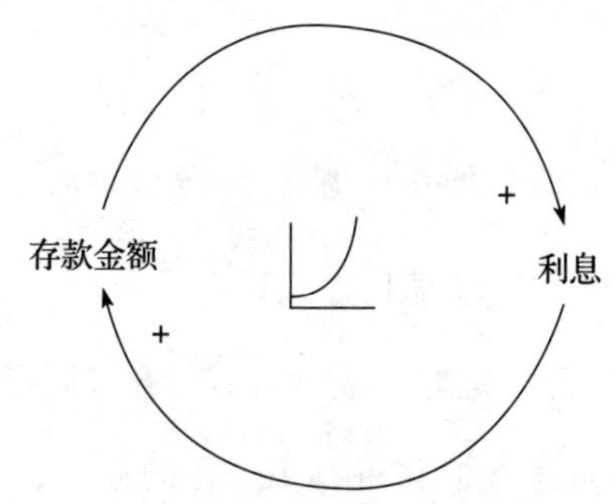

图 6-7　银行存款的因果回路图

增强回路的结构特性

用系统动力学的语言来讲，增强回路有结构特性吗？

答案是肯定的。

以上述两个案例来看，其因果回路图具有一个共同特点，即它们都没有反向（“-”）连接。事实上，如果一个闭合的回路上没有或有偶数个反向（“-”）连接，该回路就是一个增强回路。

我们再看一个例子。

案例 6-4　繁忙的交易处理中心

某证券公司的交易处理中心负责执行所有客户的各种交易。在“牛市”时，每天要处理的交易量大而且种类繁多，这导致大家的工作负荷都很大，由于熟练的交易员人数有限，交易需求超出了有效的处理能力，因而导致错误频发。大家不得不花额外的时间去处理和纠正错误，而这进一步加大了管理压力和工作负荷，导致更多错误发生……一时间，整个交易处理中心如同战场一样忙乱无序。

等到股市进入“熊市”时，交易量小且种类少，业务需求在有效服务能力之内，因而大家工作负荷小，错误极少，管理压力也不大，还可以组织员工培训和业务技能研讨，提升交易员的能力，导致工作负荷进一步减少……一时间，整个交易处理中心一派太平盛世的景象。

在以上案例中，无论是“牛市”还是“熊市”，虽然具体的表现迥异，但其内在的系统结构是一致的（见图 6-8），导致二者差异的只是触发条件不同。

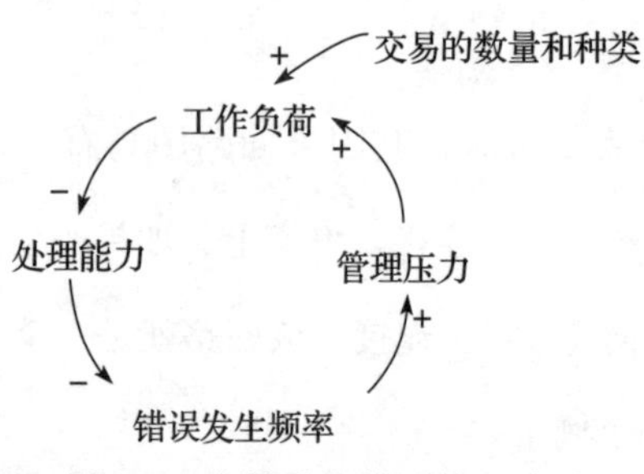

图 6-8　交易处理的因果回路图

在图 6-8 中的回路上有两个“-”，因而其是一个增强回路。由增强回路的行为特性可知，根据触发条件（“交易的数量和种类”）的不同，它要么表现为指数级增长，要么表现为指数级衰败——在“牛市”时，“交易的数量和种类”很多，因而该增强回路会导致“工作负荷”“错误发生频率”“管理压力”越来越大；在“熊市”时，“交易的数量和种类”很少，因而该增强回路导致“工作负荷”“错误发生频率”“管理压力”越来越小。

因此，系统结构是客观存在的，不存在什么纯粹的“好的回路”或“坏的回路”。所谓的“良性循环”或“恶性循环”，表达的只是回路的运转方向是否符合人们的期望或价值导向而已。

增强回路的表现征兆

在现实生活中，我们常能从下列字眼中找到增强回路的“身影”。

1. 越来越……

如“富者愈富，贫者愈贫”（“贫富差距越来越大”）、“城乡

（或东西部）差距越来越大”“举杯消愁愁更愁”等都反映了其背后隐藏的增强回路。

2. 良性循环，恶性循环

从行为表现上看，增强回路只能有两种行为方式：要么是越来越好（人们通常称之为“良性循环”），要么是越来越差（人们通常称之为“恶性循环”）。在实际中，一个增强回路具体表现为恶性循环还是良性循环，取决于回路被触发的运转方向以及人们的期望、标准与价值观。

3. 连锁反应

作为闭合的回路，增强回路往往体现为连锁反应（即一系列相互关联的事件），如同多米诺骨牌一样。

4. 进一步 / 再次……

事情的变化态势被再次巩固、进一步强化，往往也是增强回路的体现。

练习 6-3　用因果回路图表述下列问题背后的增强回路

---

1. 都市流浪狗

在一些大都市，一些宠物因各种原因被遗弃，由于其中一些没有做过绝育手术，因而繁衍出了下一代，而这些下一代本身就是流浪动物，等它们成年后又会繁衍出更多的下一代……如果管控不到位，一段时间以后，都市里流浪动物泛滥成灾。

2. 排队去加油

当汽油短缺的谣言传出来的时候，一些人怀着“宁可信其有，不可信其无”的心理开着汽车去加油。很快，很多加油站门前排起了大队。这更坚定了司机们对于汽油不足这一消息的信心，并开始给更多的朋友打电话、发短信，告知他们赶紧去加油，这导致更多的人去加油。一些加油站很快汽油售罄，而这更印证了缺油的消息，如此一来搞得形势越来越紧张。

3. 练习钢琴

小明最初出于爱好开始学习弹钢琴。刚开始，小明很用心地学习，有时间就练习，结果进步很快，这使小明弹琴的技能迅速提高，其倍受鼓舞，因而更加勤奋地练习。

4. 公司的快速成长

某公司研发出了一种创新性的产品，深受客户欢迎。随着销售收入的增加，公司获得了丰厚的利润。公司领导随之扩大了资金投入，用于产品开发、市场营销、广告、渠道扩展或其他经营性活动。这进一步增加了销售收入，增加了利润，从而提供更多可投入的资金……良性循环周而复始，公司也就蒸蒸日上、快速成长。

扫描二维码，关注“CKO学习型组织网”，回复“增强回路”，查看参考答案。

调节回路

没有任何一个增强回路可以独立存在，在不同时间或条件下，它都会碰上一些限制因素，使其成长趋势受到限制或逆转。在多数时候，一个增强回路都有多重限制因素。对于上述限制因素，可以用调节回路来表示。

调节回路的行为特性

调节回路可以导致系统向某一目标靠近。具体而言，如果某一变量上升，它上升的幅度随时间的推移而越来越小，最终达到一种相对稳定的状态（目标）；如果某一变量下降，它下降的幅度随时间的推移而越来越小，最终达到预期目标（其行为表现如图6-9所示）。

作为一种基本的回路类型，调节回路也广泛地存在于我们的日常生活、工作之中。为了形象地理解调节回路的动态行为特性，我们仔细考虑一下往杯中倒水的情形。

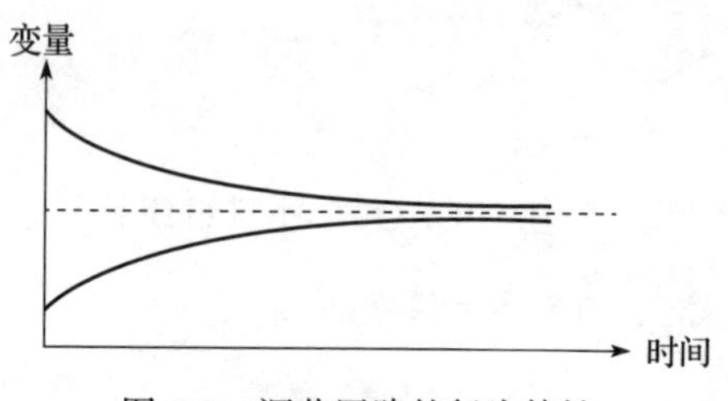

图 6-9　调节回路的行为特性

首先，你对往杯中倒多少水有一个期望（目标水位），因为目前杯中没有水，所以你打开了水龙头开关。随着水的注入，杯中的水位逐渐升高。几秒钟之后，水位离你的期望的差距越来越小，于是你将水龙头的开关稍微调小了一些。当然，水还在继续注入杯中，水位也在缓慢上升，这意味着差距越来越小。最后，水位达到了你的期望，你将水龙头关掉了。

以上的例子在生活中一再发生，人们已经司空见惯了。它其实是一个由你的手、脑、眼和杯子、水龙头等要素构成的系统。如果你的动作非常稳定，可以测量，杯中水位的变化趋势就如图 6-10 所示（图中的直线代表你期望的水位）。

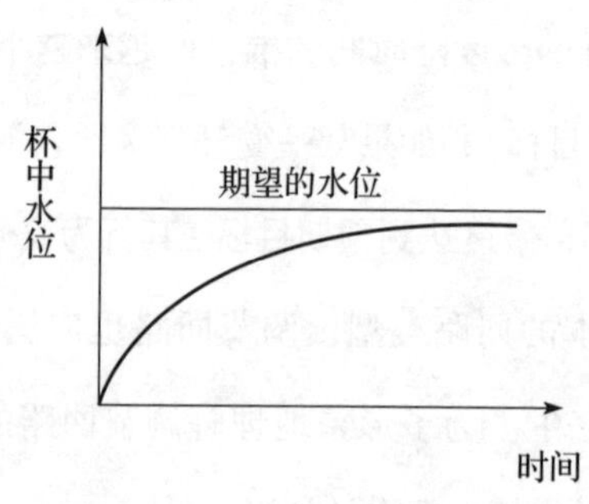

图 6-10　杯中水位的变化趋势

从该行为模式可以推测出，这是一个典型的调节回路。它的系统结构如图 6-11 所示。

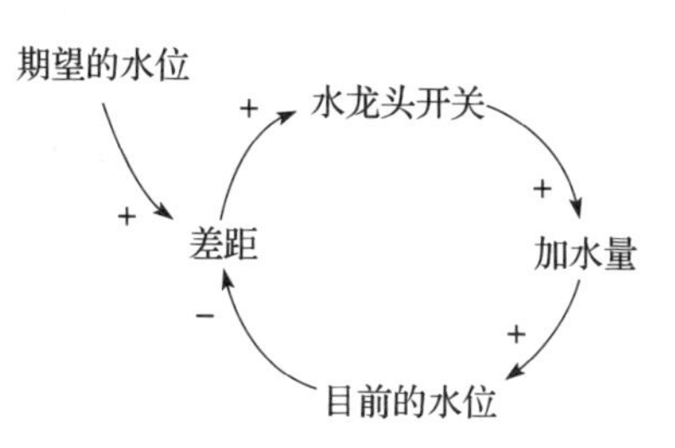

图 6-11　往杯中倒水的调节回路

调节回路的结构特性

与增强回路相反，调节回路上“－”型连接的个数为奇数（见图 6-11）。这是快速辨别调节回路的方法。

调节回路上“－”型连接的个数为奇数，调节回路每运转一圈就会产生一种与原有变化趋势相反的力量，使系统的变化方向被修正或调节了。

调节回路的作用机理

从作用机理上来分析，调节回路有以下三种作用。

1. 阻力或限制因素

如上所述，任何增强回路都不可能单独存在，必然存在多种限制因素。比如滚雪球，雪球的体积会越来越大，但它不可能永远大下去。到了一定程度之后，你可能就推不动了（见图 6-12 中的 B1），或者离心力加大导致雪球碎裂（见图 6-12 中的 B2）等。

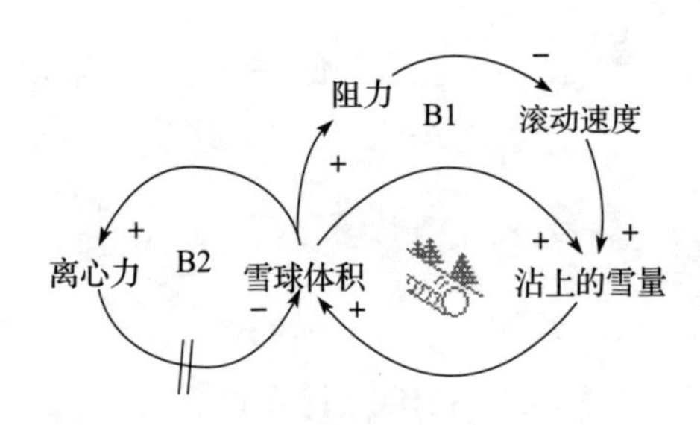

图 6-12 滚雪球的调节回路

在系统中，有些阻力或限制条件是易于察觉的，另外一些则是内隐的、不易察觉的，比如惰性、抗拒心理或隐含的假设。

梅多斯指出，系统中多个参与者有不同的目标，可能会对系统行为产生不同的影响，就容易产生“政策阻力”（policy resistance），也就是说系统自身结构具有内在的惯性，对外界施加的变革力量会产生一定的阻力或对抗。任何新政策都可能遭遇某些参与者的抵制。这和我们通常所讲的“上有政策，下有对策”或者医学上的“耐药性”有相似之处。从本质上看，这就是限制系统发展的调节回路。

2. 干预或问题解决

既然调节回路具有修正系统运转方向的作用，它就常被当作解决问题的机制，因为问题通常被人们定义为事物的状况偏离了目标，而解决问题需要修正系统行为使其走向目标。比如，当企业出现质量问题时，人们就会强化质量教育，这一方面提高了员工的技能，弱化了质量问题（见图 6-13 中的 B1）；另一方面强化了员工的质量意识，使质量得以改善（见图 6-13 中的 B2）。

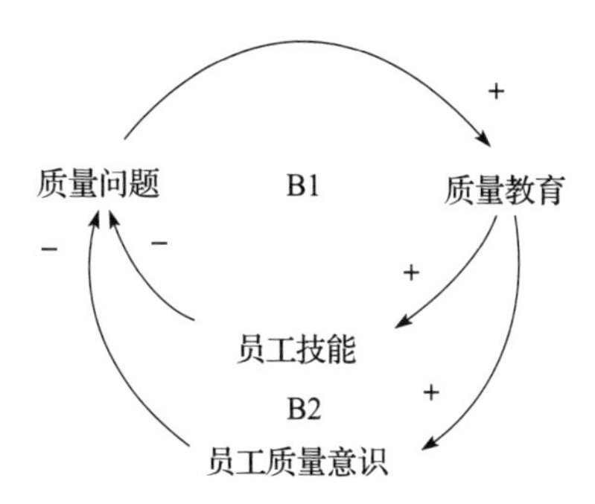

图 6-13　通过质量教育解决质量问题的调节回路

3. 平衡或实现目标

调节回路总是朝目标迈进（“寻的”）——通常是由系统力量所决定的稳定状态或外在限制、预期目标，因而它事实上起到了一种追求平衡或实现目标的作用。比如，人体系统中包含很多自我调节机制（天冷加衣、饥饿进食、疲累休息），企业、社会、经济、生态系统中也存在很多自我平衡的调节机制。

请参考以下案例。

案例 6-5　波动的门诊部

某社区医院门诊部开业初期，病人不多，医护人员对待来就诊的病人非常热情，服务精心而周到，赢得了病人的交口称赞。

一些病人开始推荐其他人来就诊。慢慢地，来就诊的病人多了起来，诊室也变得拥挤，医生不得不快速处理一个又一个病人，而护士在繁重的工作压力下也没有了往日的热情和笑脸。来就诊的病人开始有了怨言，一些人就到其他地方就诊去了。慢慢地，诊所又恢复了往日的平静。

在这个案例中，系统自身具有自我调节功能（见图6-14），使就诊人数维持在与诊所的服务容量相称的水平上。“诊所的服务容量”是一个外在的约束条件，也就是系统追求的相对稳定的状态。

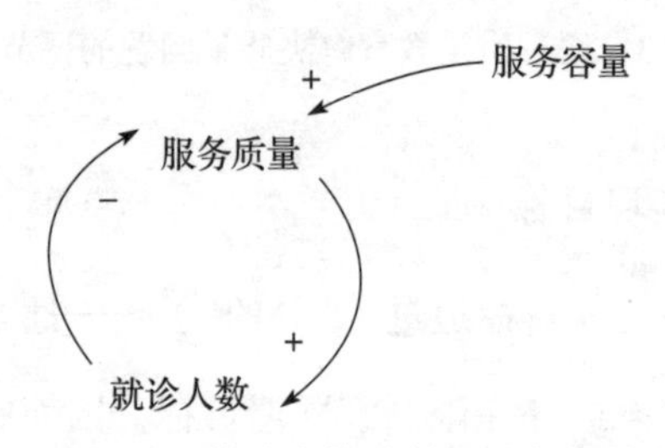

图6-14 就诊人数受制于服务容量

当然，这种波动不仅出现在上述案例提及的医院门诊部，还广泛存在于饭店、商场、银行、加油站、航空公司等服务型企业。

练习6-4 用因果回路图表述下列过程或现象背后的调节回路

1. 公司人力调整

很多公司都在年初制定各个部门的人员编制预算。如果某个部门“缺编”（现有人数少于预算编制数），则该部门会招聘人员，从而使部门人数达到预算编制数。相反，如果某个部门“超编”了，则需要减员（裁员或将员工调岗至其他部门）。

2. 预算与成本控制

很多公司每年都要编制预算，同时通过季度或月度的成本分析来对预算执行情况进行分析和控制。如果预算超支了，则会采取从严审批的政策来控制成本或费用支出；如果项目或工作进度不力导致成本或费用支出落后于预算，公司也会要求责任人采取措施以推进项目或工作进度，以尽可能地实施计划，达成预定目标。

3. 天冷加衣 / 饥饿进食

人类是恒温动物，人体是一个高度敏感的自我调适系统。当外部气温低于人类的舒适温度时，人们就会添加衣物以保暖；气温过低时，打寒战也是产生和释放能量、抵御寒冷的方法。当外界温度过高时，人们就会脱掉多余的衣物，并通过出汗等方式来散热。人类通过这些方式，将体温保持在相对恒定的水平。

同样，当人们饥饿时，就会寻找食物、进食，而进食量达到一定程度后，分布在胃中的神经就会向中枢神经系统报告“已吃饱”的消息，从而停止进食。

4. 通过抽烟喝酒缓解工作压力

对于很多人而言，抽烟喝酒似乎具有解压的功效。当工作压力大或疲劳时，抽上一根烟或喝上一杯酒，疲劳和压力似乎就减轻了。

无所不在的时间延迟

无论是植物的生长，还是公司的经营，都需要时间。在动态系统中，变量之间的相互影响或作用在时间上也或多或少有一定延迟，也就是说，这种反馈或作用需要经过一段时间才能表现出来。其中，有些延迟会明显改变系统的行为。我们将其称为“时间延迟”(time delay)。在因果回路图中，人们经常在两个变量的连接箭头中间画一条短的平行线（“=”）表示时间延迟。

在梅多斯看来，在系统中，时间延迟比比皆是，它们决定了系统的反应速度、达成目标的准确性，以及系统中信息传递的及时性。改变延迟的长短可以彻底改变系统行为，它们也常常可以作为敏感的政策杠杆点。

时间延迟对系统行为的影响

时间延迟既可能存在于增强回路上，又会出现在调节回路上。

时间延迟似乎显得微不足道（短短的一条平行线或“半拍

儿”)，经常被人们忽略或低估，也有可能被想当然地认为事情本该如此——正是由于它们被忽略，它们可能对系统的行为产生巨大的影响，并且不断加重其他力量的变化。

1. 时间延迟对增强回路的影响

当时间延迟出现在增强回路上时，它虽然没有改变成长的基本态势，但使增长不如预期的那样迅速，似乎慢了“半拍儿”(如图 6-15a 所示，虚线为假设不存在时间延迟的情况下变量应有的变化状态，实线为存在时间延迟的情况下变量实际的变化趋势)。因此，时间延迟有可能使人们麻痹、放松警惕，从而造成意想不到的后果。

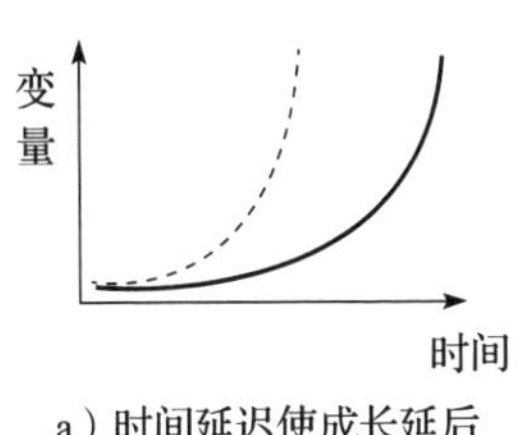

a）时间延迟使成长延后

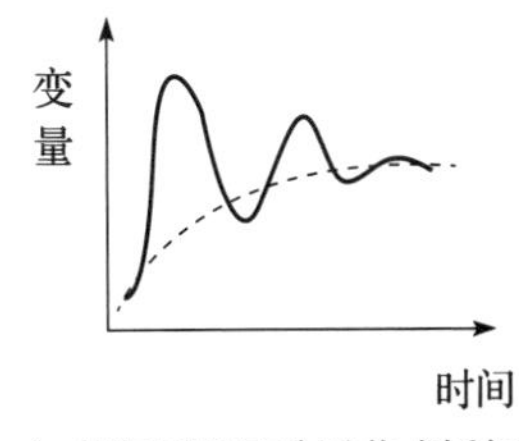

b）时间延迟导致震荡或矫枉过正

图 6-15 时间延迟的行为特性

在我们的生活中，类似的事例很多，包括著名的“蝴蝶效应”“千里之堤，溃于蚁穴”“温水煮青蛙”的故事、全球变暖，以及古老的谚语“蹄铁卸，战马蹶；战马蹶，士兵跌；士兵跌，战事折；战事折，国家破”“失之毫厘，谬以千里”等，都是时间延迟对增强回路的影响。中国古代成语“见微知著”“防微杜渐”就是系统思考智慧的睿智体现。

2. 时间延迟对调节回路的影响

与时间延迟对增强回路的影响相比，时间延迟对调节回路的影响更富有戏剧色彩。请考虑以下案例。

案例 6-6 陌生旅馆里的淋浴器

你刚经过一段漫长的旅途，住进了一家不熟悉的旅馆，想使用淋浴器洗个热水澡。你将调温器设到“温”，并让淋浴器运行一会儿，觉得水太冷了。然后，你就将调温器设到了“热”，让水再流一阵子，你不耐烦地试了试水温——水仍然太冷。于是，你将调温器转到了“非常热”，这时水温正合适。你站到淋浴喷头下面，几秒钟后，你又跳了出来——水太烫了。你现在遇上麻烦了，调温器被淋浴器喷出的热水挡在了后面，而水热得能烫掉皮。因此，你只好找了一块毛巾包在手上，将调温器拧到“冷”……反复几次，水温终于合适了。

上述场景虽有些夸张，但大家应该并不陌生。图 6-16 是反映该情景系统结构的因果回路图。由回路上“-”型连接数量的奇偶性可知，这是一个调节回路。在图中，“水龙头的调节”会导致“实际水温”的变化，但淋浴器的工作机理，使二者之间的影响不会立竿见影，而会有一定的延迟。因此，二者之间的连接箭头中间被标注上了表示时间延迟的符号。

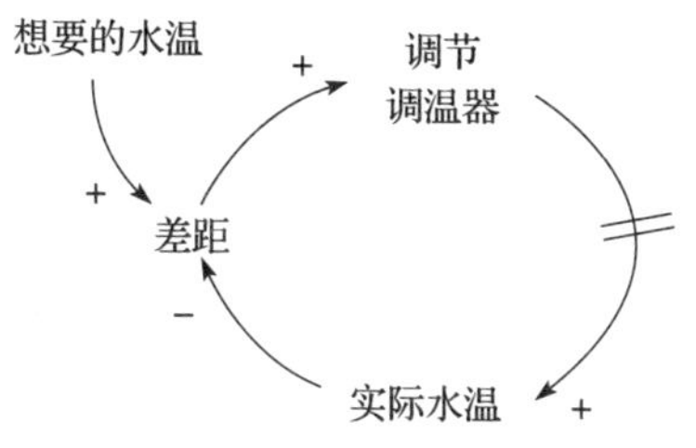

图 6-16 水温调节的回路

根据上面的分析，时间延迟出现在调节回路上，将使系统行为产生震荡（水温忽冷忽热），而你的干预措施（调节调温器）往往矫枉过正。

一般来说，当时间延迟所在的回路为调节回路时，它容易使解决方案似乎不奏效，导致人们为了得到想要的结果而做出更大幅度的努力，从而引发震荡，或矫枉过正（如图 6-15b 所示，图中虚线为假设不存在时间延迟的情况下变量应有的变化状态，实线为存在时间延迟情况下变量实际的变化趋势）。

在这方面，著名的“啤酒游戏”是最明显的实验性例证。

案例 6-7 啤酒游戏㊀

啤酒游戏是由美国麻省理工学院斯隆管理学院在 20 世纪 60 年代开发的一款经营模拟游戏。它是参照实际的产销系统设计的，

㊀ 欲了解啤酒游戏的详细情况的读者，可参考彼得·圣吉所著的《第五项修炼：学习型组织的艺术与实践》第三章“从啤酒游戏看系统思考”。

但对真实情况进行了大幅简化。

- 整个系统只有一种产品（“啤酒”），且无保质期和运输中的损耗。
- 整个系统仅包含四个角色：零售商、批发商、分销商和制造商，且每个角色只有一家厂商，没有任何竞争或欺诈。
- 每个角色每周只需做一项决策（即向上游订购的数量）。
- 每个角色没有任何产能或存储容量的限制，也不计制造和运输费用，只计存货和欠货成本（存货成本是每周每箱 0.5 元，欠货成本是每周每箱 1.0 元）。
- 每个角色完全可以自由地做出任何决定，但唯一的目的是追求本身利益的最大化，尽可能扮演好自己的角色。最后，以整组总成本最低者为优胜。

做这些简化的目的在于去除一些外在因素的干扰，观察我们的决策思考方式与彼此间的互动关系造成的影响。

彼得·圣吉指出，上万次的实验结果都显示，不同的人处于相同的结构之中都倾向于产生性质类似的结果：首先是库存枯竭、大量欠货，然后是库存数量暴增，因存货 / 欠货曲线形状类似“牛鞭”，人们也常将这种震荡或波动称为“牛鞭效应”。因此，问题必定超乎个人因素以上，而深藏于人类思考与人际互动的基本习性之中，它超过了组织与政策特性的影响。

同样，时间延迟也真实存在于商业世界之中，诸如房地产、能源、造船、汽车制造、半导体等行业，都多次出现或重复类似订单与存货暴涨之后暴跌的悲剧。例如，在《情景规划》中，黑伊登以世界石油产能与需求的波动、世界油轮的需求量等数据，对此做出了强有力的论证，并且指出：大多数组织对环境的变化做出反应，都需要很长的时间。如果一家公司能够有更敏锐的组织学习力，可以意识到时间延迟对市场的影响，并以快于竞争对手的速度针对市场变化做出调整，它就可以获得竞争优势，历经危机生存下来，甚至实现逆袭，就像壳牌石油公司的故事那样。㊀

当然，很多变量之间都可能存在时间延迟，正如圣吉所讲，实际上所有回路都有某种形式的时间延迟。因此，你可以选择标记出不止一个时间延迟，但是从实用的角度分析，一般人们仅标记出那些最明显的时间延迟（时间最长或作用环节最为间接、缓冲效应最显著）。

时间延迟的类型

在系统中，时间延迟是普遍存在的，几乎任何两个变量之间的影响关系要发挥作用都需要时间，信息经由反馈回路的传递也需要时间。在系统中，存量的变化或实体做出的反应，在行为与

㊀ 详情请参见凯斯·万德·黑伊登．情景规划（原书第2版）[M]．邱昭良，译．北京：中国人民大学出版社，2007.

结果响应之间经常会有延迟。

概括而言，梅多斯将这些时间延迟分成了两大类：信息延迟和物理延迟。

1. 信息延迟

所谓信息延迟，指的是人们感知信息、做出反应或产生反馈，都有一定的延迟。

- 感知延迟：与人们的主观认知或检测装置有关。比如，有些人比较迟钝，察觉不到某些变量的微小变化，需要变化积累一段时间或者达成某种程度才会感知到，如在病毒感染和症状发作与去就医之间存在延迟（有时候也称为“潜伏期”）。
- 反馈延迟：信息的传导需要时间，这主要取决于信息传递的机制或途径。
- 反应延迟：系统中的实体要对某些变化做出反应，有时需要一定的时间。比如，某家房地产开发公司，对于市场变化的感知与做出反应之间可能存在时间延迟。

2. 物理延迟

相对于信息延迟，物理世界中也存在大量的时间延迟，这可能包括：

- 建造或开发：房地产商要建设一个小区，从做出决策到把小区建成、交付给客户，需要时间。
- 运输：在案例 6-6 中，淋浴喷头喷出的水的温度之所以会波动，主要是由于水温调节开关与实际加热的装置之间存在管道，导致热水传输延迟。任何商品从在工厂中被生产出来，到送到消费者手中，也要经历很多环节，耗费很长时间。
- 成熟：庄稼不可能一夜之间成熟；一个人从出生到长大成人，也需要时间；一个社区、一项新技术或新产品，从开发出来到逐渐被接受、越来越多人使用，可能需要好几年的时间。

时间延迟可能是重要的干预“杠杆点”之一

如上所述，由于时间延迟对于反馈回路的行为会产生显著的影响，因此，如果我们增加、减少或消除时间延迟，就可能显著改变系统的行为动态。因而，它也是干预系统的重要“杠杆点”之一。

我们来看一个实际案例。

案例 6-8　电表的位置真的这么重要吗[㊀]

在荷兰阿姆斯特丹市郊的一个地方，有一些同一时期建造的独栋别墅，样子几乎一模一样。但是，统计发现，在这个地区，

㊀ 本案例选自德内拉·梅多斯．系统之美：决策者的系统思考［M］．邱昭良，译．杭州：浙江人民出版社，2012．略有修改。

有些家庭的用电量比其他家庭少 1/3。

对此，没有人可以给出合理的解释，因为所有家庭都是类似的，用电价格也一致。

那么，为什么会有这样的差别呢?

经过调查、分析，人们发现：差别取决于电表的安装位置。出于某种未知的原因，一些房屋的电表被安装在了地下室，另外一些则被安装在前厅里。这些电表都有一个透明玻璃罩，里面有一个小的水平金属圆盘。家庭用电越多，小圆盘转得越快，电表的刻度盘上显示累积的用电度数。

研究发现，用电多的家庭，电表都安装在地下室，人们很少看见电表；用电少的家庭，电表则安装在前厅里，每当人们走过，都能看到电表的小圆盘在转动，提醒人们本月的电费在不断增加。

对于案例 6-8，因为一些家庭可以及时获得用电信息（也就是缩短了信息感知延迟），所以他们的用电行为改变了。

不仅如此，大量的系统动力学仿真模拟显示，时间延迟的长短对于反馈回路的行为模式会产生显著的影响，通常是造成震荡、波动的主要原因。

同时，之所以会出现“成长上限”“舍本逐末”以及“饮鸩止渴”等系统基模（参见第 7 章），部分原因也是时间延迟的存在。比如，对于“舍本逐末”这一基模，人们为了解决一个问题，可以采取两种对策：一种是仅能消除症状，但可快速见效（换言之，就是时间延迟比较短）的“症状解”；另外一种就是那些能够从根本上较为彻底地解决问题产生根源的干预措施或者方案，即“根本解”，但是它们实施起来往往比较艰难，或者见效比较慢、存在比较明显的时间延迟。很多人会采用那些可以快速见效，但治标不治本的“症状解”。这样，症状在短期内会有所缓解，从而加大感知延迟和反应延迟，导致一段时间之后问题恶化，或者降低了参与者采用“根本解”的意愿和能力，使之更加依赖“症状解”。

客观地说，时间延迟并不是越短越好。时间延迟越短，就越容易造成反应过度、“风声鹤唳”“草木皆兵”，并且可能因为过度敏感而导致震荡被放大。当然，时间延迟过长会导致反应迟钝，使震荡衰减或突然爆发（这取决于延迟的时间到底多长）。对于存在某个临界值或危险水平的系统来说，一旦超过了一定限度，过长的延迟将造成不可逆转的伤害。所以，时间延迟对于系统的行为有显著影响，调节时间延迟也会显著改变系统行为。

因果回路图的价值与用途

为什么要使用因果回路图

在系统思考培训中，一些学员经常会产生一个困惑：进行系统思考，一定要使用类似因果回路图或者是存量—流量图这样一些工具和方法吗？

我的答案是肯定的。

虽然对于一般人来说，定义边界、识别变量、确定变量之间的连接等技能可能会稍显陌生，甚至有一些困难，因为它们和传统的分析与解决问题的方式有较大差异，但在我看来，要学习系统思考这样一种新的思维模式，就必须掌握一种新的语言。

为什么呢？

就像梅多斯所说：系统中的信息流主要是由语言构成的，而我们的心智模式，大多数是通过语言来表达的。所以，你用什么样的语言，就决定了你有什么样的心智模式，决定了你收集、处理和传播信息的质量。比如，你要想看到因果之间的互动，如果不用“环形思考法®”或者因果回路图、存量—流量图这些工具，只用文字的方式（本质是线性的）表达，实际上是很难做到的，不仅效率低，效果也比较差。

为此，我们中国人经常讲：言为心声，指的就是，言语是思想的表现形式。你使用什么样的语言，就反映了你关心什么。比如，你是否经常用“适应力”“自组织”“承载能力”“反馈”“结构”“回路”等系统思考的词？

如果你经常使用一些笼统的或“大而化之”的语言，就说明你的思维可能不是特别精准。

如果你说话颠三倒四、没有逻辑，就说明你可能还没有把这些事情真正想清楚。

梅多斯也指出，为什么因纽特人能够用那么多词语来描述雪，那是因为他们对雪有特别丰富的体验和认识。

所以，我们要小心自己正在使用的语言，不要让它们污染信息、限制你的思维，并且学着用更加符合系统特性、更具系统特色的“新语言”来锻炼、提升自己的系统智慧。这是一条学习系统思考的必经之路。

因果回路图的用途

具体而言，因果回路图的主要用途包括下列五个方面。

1. 梳理个人思路

因果回路图是一种非常重要的基础性工具，为我们应对复杂性的挑战提供了一种结构化、视觉化的分析方式，可以帮助我们有条理地分析、处理真实世界中的复杂问题，有助于个人梳理对于复杂系统性问题的思路。如果缺乏这种图形化的工具，我们可能需要相当多的文字来解释自己的思想，而且由于文字表述方式固有的缺陷，其效率和效果都会非常逊色。因此，包括圣吉等在内的一大批系统思考专家将因果回路图称为一种“新语言”。

在我看来，因果回路图之所以有效，是因为它符合“思考的魔方®”所倡导的三重转变。

第一，深入思考。

因果回路图以变量和连接两种要素来表述系统的结构，符合系统的定义（由相互连接的实体构成的整体），能有效地表述系统的特性（例如总体大于部分之和、因果互动、反馈、结构影响行为等），而且按照理解世界的“冰山模型”，它有助于人们看到系统行为背后的驱动力及其相互关系，可以深化人们的思考层次。

第二，动态思考。

因果回路图以特定符号（“+”/“-”）来表述连接的方向，可以很方便地通过识别反向连接（“-”）数量的方式来确定回路的行为特性。因此可以说，因果回路图以看似静止的平面图形精致地“呈现”了系统的动态，使得大家可以实现动态思考，进行各种预想和推演。

第三，全面思考。

在实际应用时，因果回路图可以和“思考的罗盘®”无缝组合起来，不仅让我们看到整体，把各个利益相关者的观点整合起来，而且可以直观地显示出各个利益相关者之间的互动和关联关系，有助于人们突破局限思考，实现全面思考。

因此，几乎可以说，如果不使用因果回路图，系统思考将只能停留在意识或认知层面，缺乏有效的落地方法。

2. 找到根因，为睿智决策提供参考

在舍伍德看来，因果回路图经常受到两方面的挑战和质疑：第一，它们太微不足道了，没有展示出任何新东西；第二，通过因果回路图获得的“见地”（包括各种理解、政策的形成，以及各种动态行为）似乎都不言自明，根本不需要辛辛苦苦地绘制出因果回路图就可以轻松得到。

在系统思考培训中，学员经常提出的两个问题是：第一，使用因果回路图，是否把问题搞复杂了？第二，画出因果回路图之后，应该如何决策呢？

在我看来，这几个问题既有联系，也略有区别。

首先，从某种意义上说，舍伍德提到的第一项挑战确实成立：绘制因果回路图的目的就是捕捉、反映现实，好的因果回路图，必须能够反映现实。因此，它无法包含任何“新东西”。实际上，如果一幅因果回路图为你提供了“新东西”，那么它要么没有遵从实际，要么不合乎逻辑，或者根本就是一幅错误的图。

如实地反映现实并不意味着因果回路图没有价值。相反，它不仅有利于人们梳理自己的思路，展示自己对系统结构的洞察力，而且可以作为深入学习与反思的工具，以及团队交流、汇集集体智慧的基础。

其次，因果回路图并不会把问题搞复杂了。你画出来的因果回路图可能非常复杂，但是如果你能确保自己识别出来的变量及

其连接都是客观存在的，也是有道理、经得起推敲的，那么事实本身可能就这么复杂，只不过在没有使用这一工具之前，我们并没有有效的工具把这种复杂性揭示出来。

第三，认为绘制因果回路图对决策没有多大价值的看法，似乎有些过于苛刻了。正如很多人看到的那样，以“事后诸葛亮”的观点看，很多睿智的政策好像都是很明显的，但是当我们作为“局中人”面临抉择，尤其是面对那些纷繁复杂的局势，需要我们在各种同样“好”或者差不多“差”的选择中挑选其一时，事情就变得不那么简单了。

根据我个人的经验，**“没有复杂的简单，是鲁莽；没有简单的复杂，是迂腐”**。也就是说，如果问题本身就非常复杂，我们想不到这些相互联系，凭着直觉，匆忙地选择一个对策，当然有可能“蒙对了”，但也很可能会“治标不治本”，或者产生很多副作用，把问题搞得更加复杂，这样做就是“鲁莽”的；当然，如果你把各种因素都考虑到了，却不能跳出这种复杂性，把握关键、找到解决问题的“根本解”和“杠杆解”，就是“迂腐”的。

也许有人会说，历史上睿智的人在做决策时并没有绘制因果回路图。确实如此，但是历史上又有多少人能和那些睿智的人相提并论呢？对于大多数普通人来说，因果回路图是非常有帮助的。绘制并使用好的因果回路图可以使你“化繁为简”“见树又见林”，对那些在茂密的丛林中穿行的经理人、决策者来说更是如此。

3. 检视、改善心智模式

就像心理学家史蒂芬·平克所说：我们的思维是一个没有自检装置的设备。我们很难察觉自己思维过程中存在的各种假设，也不太擅长把它们都列出来，更不愿意别人质疑或者挑战我们自己的一些假设，一些根深蒂固的信念或原则更是被我们视为天经地义、不容商量的。因此，要想改善自己的心智模式，前提条件就是能够觉察到自己的心智模式。对此，因果回路图是一项有用的技术。

在我看来，每一幅因果回路图都是参与者心智模式的“投射”或视觉化呈现，因为人们在定义变量的过程中隐含着自己的关注点和价值取舍，对变量之间连接关系的判断也包含着自己的知识、经验、假设以及取舍。因此，因果回路图可以说是一个非常好的个人反思、改善心智模式的辅助工具，为个人提供了揭示、反思深藏于自己思维背后的心智模式的大好机会。不管你有多强的自律性和独自思考的能力，把思考落实到纸面上，就更加容易看到其中不合逻辑或疏漏、错误之处。

与此同时，我们也可以利用这一技术和他人进行深入交流，共同探讨每个人观点背后的假设和规则。

4. 与利益相关者深度交流，汇聚集体的智慧

作为一种结构化、图形化的思维工具，因果回路图不仅可以

用于个人的思考、反思和睿智决策，更是一种高效的团队交流工具，便于利益相关者“有理、有据、有节”地深入交流，激发集体的智慧。

事实上，因果回路图对于促进团队成员共同思考、凝聚并激发团队智慧具有重要作用。由于每个人的价值观、思维模式、知识、经验等不尽相同，因此每个人对于同一个问题的看法都存在差异。如果没有一种有效的沟通语言，团队成员就不能一起思考。但是，因果回路图作为一种图形化的辅助思考工具，可以作为团队集体对话的交流工具和“共同语言”，促进团队成员真正深刻地共享彼此对事物的理解，并将团队成员的“目光”集中于一点，从而促使大家一起思考。经由高质量的交流，可以更好地做出高质量的决策，并有助于高效地协同执行，从而取得令每个成员都认可的结果，进一步增进彼此之间的关系和对团队的信任与认同，更加有利于提高交流的质量。事实上，这就是打造高效能团队的“成长引擎”(见图 6-17)。

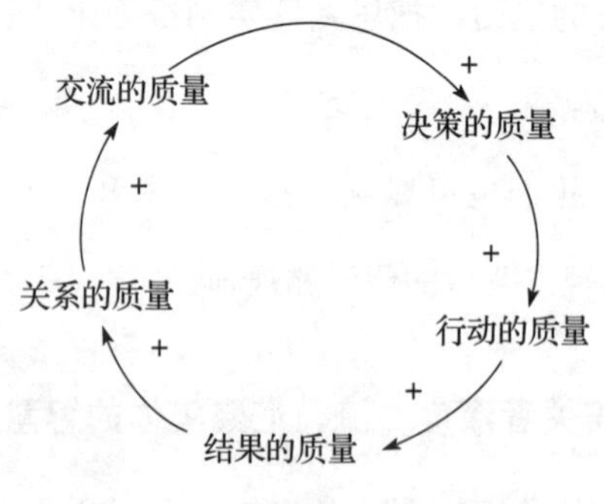

图 6-17　团队的“成长引擎”

我自己无数次的实践证明，因果回路图是一种便于团队成员“共同思考”的工具。虽然每个人脑子里都有对世界或事件的一整套看法（相对完整的一幅图像），但是因为我们传统的沟通方式（语言、文字）都是线性的，每个人讲出来或写出来的东西，只是整个图像的一个片段或侧面，如同“管中窥豹”或“雾里看花”，沟通效果必然大打折扣。系统思考的工具（如因果回路图）则可以以图形化的方式，表述个人对某个事件或系统相对完整的看法。即便每个人都是“盲人摸象”故事里面的一个“盲人”，但通过使用这种更加注重整合与连接而不是分析的语言，我们也能够把一幅幅图片拼接成一幅“全景图”，让我们看到整体、互动与本质性的驱动力。

对此，圣吉认为，尽管很多人认为系统思考是一种强有力的解决问题的工具，但将其作为一种扩大和改变人们的思考并一起谈论复杂问题的通用“语言”更为有用。系统思考专家丹尼尔·金也曾讲过，在一些跨国公司中，讲不同母语的人们运用因果回路图或系统基模，以每一个参与者都能理解的符号或标记来深入地讨论复杂问题。即使大家都不能很好地理解彼此的语言，也不影响大家对复杂问题的交流。

5. 推演未来，分析各种决策可能产生的“后遗症”

在绘制出因果回路图之后，我们可以看到关键要素之间的相互影响，为了找出有效的对策，我们可以进行广泛的推演，分析各种干预措施可能产生的结果，看看有哪些“副作用”或“后遗症”，包括它们对各方的影响，以及各方可能做出的反应。

在此基础上，我们还可以进一步进行定量分析，通过系统动力学建模，更加精准地推演各种可能的变化，以及各种政策的潜在影响。

综上所述，系统思考对于凝聚集体智慧、构建高效团队、提高团队效能至关重要。更进一步地，系统思考与创建学习型组织也是直接相关的。

如何绘制合格的因果回路图

在我看来，绘制因果回路图作为一项技能，如同我们学习骑自行车或者游泳一样，需要反复练习，方能熟能生巧。当然，其中还有一些“诀窍”（know-how）。预先学习并谨记这些诀窍，对于初学者而言，其价值不言而喻。

根据我自己的经验心得，绘制因果回路图的“诀窍”包括但不限于下列四个方面，从另一方面讲，它们也是初学者常遇到的一些“误区”或“陷阱”。

- 从哪里入手？
- 如何定义变量？

- 如何识别关键变量?
- 何时确定连接的关系?

下面，我将结合自己的教学心得，对这几个问题进行探讨，给大家的学习和实践提供参考或借鉴。除此之外，我还会给大家提出另外一些实践忠告。

从哪里入手

面对一个复杂问题，初学者往往不知从何处下手。

对此，我的经验是：从你感兴趣的任何地方入手就可以。

就因果回路图所研究的主题而言，其中的每项要素都和其他要素联系在一起，因此原则上无论从哪个环节开始绘制因果回路图都没有影响。如果你沿着因果链追根究底，或迟或早你都能看清系统的全貌。

尽管事实确实如此，然而每幅因果回路图都会有一些地方比其他地方更“有趣”。因此，通常人们都会从这些“有趣”的地方开始绘制因果回路图。

下面是一些可以帮助你决定从哪里入手的问题。

- 你最关心的问题是什么?
- 系统最关键的驱动力是什么?
- 系统的关键成果是什么?

- 在与我们希望解决的问题相关的因素中，哪一个是最关键的？

如何定义变量

变量作为回路的基本构成要素，它定义得是否准确，无疑是因果回路图合格与否的关键。不幸的是，对于初学者而言，变量定义是最难以把握的一项技能，他们要么定义得过细，过于技术化，陷入“一堆乱麻”之中，要么定义得过于抽象，没有反映出多少有意义的信息，还有的是变量之间不一致，或相互嵌套，混乱不堪。

根据舍伍德的经验，定义变量的规则包括下列六项。

1. 问“它将驱动什么”以及“它的驱动力是什么”

因果回路图中的所有元素都被因果关系链连接到了一起。任何两个被箭头连接在一起的元素都存在一定的因果关系，而且位于箭头尾部的元素是箭头指向元素的驱动力。换句话说，箭头指向元素被位于箭头尾部的元素所驱动。

因此，一旦你找到了一个元素，你就可以通过询问“它将驱动什么”，来顺着因果回路前行。类似地，你也可以通过不断地询问“它的驱动力是什么”，来逆着因果回路回溯。

2. 把握关键，不要穷究细枝末节而陷入混乱

很多初学者在绘制因果回路图时，几乎会不可避免地陷入混

乱，因为任何一个因素都可能驱动很多其他因素，或者被很多其他因素所驱动；只存在一一对应关系的情况非常罕见。

假设你正在寻找什么因素是驱动你业务增长的根本引擎，而且你第一眼就看到了“利润”——没问题，这是一个完全正确的开始点。依次回溯，当你考虑“它的驱动力是什么”这一问题时，你可能会列出一大堆因素，诸如产品的销量、价格以及各项花费。不可否认，一些费用（如差旅费）最终也会影响利润，但它们往往并不起决定性作用。因此，你要有强大的毅力来抗拒各种各样让你进一步追根究底的诱惑。系统思考既要深入探究系统内部的要素及其作用机理，又不能事无巨细、穷究细枝末节。这在某种意义上讲也是一门艺术。

对于初学者而言，坚持并应用简化原则可能是一项既需要勇气又充满睿智的抉择。这意味着两个方面：第一，除非必要，不随意添加变量；第二，随时提醒自己，对于相似或存在关联的变量，能否合并或用一个更高层次的概念或变量来替代。

3. 保持一致性

在系统中，很多变量往往是有层次的，比如“费用”这一变量可能包含“差旅费”“工资福利”“水电费”等；“企业发展”这一变量也可以用“企业人员规模”“销售额”“市场份额”等更为具体的变量来表示。因此，在一个模型或同一幅图中，使变量保持相同或相当的层次是非常重要的。

如何确保各个变量层次一致？对此，没有一个明确的通用法则，这取决于你所分析的问题。在某种程度上，这是自然的还是思维训练的结果。当然，可能有一些法则可以借鉴，比如麦肯锡公司倡导的 MECE 法则。

4. 不要使用动词，请使用名词

我们在绘制因果回路图时，不能随随便便使用词或短语。词语的选择非常重要，因为我们必须使用简明扼要而适当的词语，才可以确保任何浏览这些图的人都能迅速而准确地理解其中的含义。

人们通常倾向于使用动词而不使用有不同状况或变化可能性的名词来描述相应的行动。但是，以动词来表述，得到的往往并非系统的结构，而更像是以叙事的方式描述或呈现一个故事。

当然，在动词的背后往往隐藏着真正的变量，因此请用名词或名词短语来表述影响系统行为的变量。

5. 不要使用“在……方面增长”“在……方面降低”这样的说法

在绘制因果回路图时，你会不可避免地受到诱惑而在描述中使用这两种方式。比如，“成本增加”“利润上升”等。无论这种诱惑多强，你一定要坚决抵制。因为在描述中使用“上升”或“下降”、“多”或“少”这些词，就意味着你已经在潜意识里认为这个因果关系只会带来单向上升（或下降）的后果，下降（或上升）的可能性则在漫不经心间被忽略掉了。这不仅不能反映系统潜在的结构，而且扭曲了系统的动态发展。

在因果回路图中，为了表述变量之间的因果关系及系统的动态，我们会使用“有向箭头”及其“极性”（“+”/“-”）。实际上，上例所讲的因果关系只是“成本”直接驱动了“利润”；至于后者是上升还是下降，完全依赖于“成本”的上升或下降，以及二者之间相互作用的强弱。如果“成本”下降，在其他变量不变的情况下，“利润”就会上升；如果“成本”上升，在其他变量不变的情况下，“利润”就会下降。

如果在某些情况下你仍然认为“上升”或“下降”是对这些情况最本质的描述，那么你可以尝试使用如下三个短语：第一个短语是将二者合而为一的“上升或下降”；第二个短语是“……的压力”；第三个短语毫无疑问最简单，即“……的变化”。这三个短语的优点是它们并没有预先假设某种单向的变化，而是包含双向变化的可能性。实际上，在某些情形下，使用“……的变化”可能是最好的选择。

6. 不要害怕从未出现过的名词

系统思考的好处之一是它能公开地讨论一些敏感内容。比如，一些因果回路图通常会包括“关于……的政策”或“关于……的投入”、“服务容量”或“处理能力”等字眼，虽然人们在工作或书面文件中很少提及它们，也没有对它们进行测量，但它们作为影响人们的工作或系统行为的重要变量真实存在着。因此，不要害怕从未出现过或不常使用的名词，而是应该尽可能准确地描述你要表达的真实想法——有时候，你甚至需要创造出一些新的名词或概念。

如何识别关键变量

对于初学者而言，首要难题之一往往就是如何界定变量，尤其是找出关键变量。

首先，定义变量或识别关键变量需要你对系统有深刻的了解，并掌握大量信息。

其次，识别关键变量的过程是一个反复研讨、提炼的过程。为了汇集不同的视角，较好的方式是团队研讨。可以让团队中的所有成员，在互不交流的情况下写下他们的答案。可能有些人会长篇大论，涉及从产品质量到竞争对手的宣传活动等各种细节，有些人则可能简要地写下几个关键点。没关系，这两种方式都很好，顺其自然吧。之后，再邀请每个人将他们所列清单中的每项因素按照重要性排序。

现在，你可以将这些结果放到一张挂图上；之后，你很可能会发现每个人的回答各有不同，难以取得一致，而且和你预计的一样，每个人的反应都和他们的角色相一致：销售部门的成员倾向于挑出宣传、定价策略和促销作为最关键的因素；新产品开发部门的成员可能会选择产品质量和创新；生产部门的成员会倾向于产品质量和技术规范；人力资源部门的成员则辨识出企业文化和销售人员的培训力度；公司战略部门的成员则坚信同行业其他公司的活动和公司整体竞争优势是其中的关键所在。不同的人对这个世界的运转方式有着不同的观点，而且每个人都坚信自己观点的正确性。如果你不愿冒险，选择了所有因素，那么最终你很可能会绘制出一幅混乱不堪的因果回路图，其中的每个元素都和其他元素有所联系——因为所有的元素都包括在内了！这时你的眼中只有一棵棵大树，根本看不到森林。这种方式不会给任何人带来好处。那么，如何决定应该包括什么，应该排除什么呢？

对此，没有通用法则，只能坚持一个基本指导原则：既不遗漏重要的利益相关者，又恰当地设定了系统边界。通常可以在小范围内（至多八个人）进行一次或多次讨论，并尽力就最重要的因素达成共识。

何时确定连接的关系

在绘制因果回路图时，经常会出现这样一种情形，即“究竟是哪一种连接？这个问题先放一放，我最后再做决定。”同时，确实有些人喜欢把所有的变量都列出来之后，再逐一定义各变量之间的连接关系。对此，我认为更适合的做法是：**随着你的思考脉络和进展，及时确定连接的类型。**

推荐这种做法的原因有三个。

第一，随着进度及时确定连接的类型，可以保持思维的连贯性和清晰性（因为你确实是这么想的，它们肯定是有道理的），否则有可能导致连接过于错综复杂，看着谁跟谁似乎都可以关联起来。

第二，如果你对某两个变量之间的连接类型把握不准，要么说明这两个变量之间的相互影响关系或作用机理不清晰（有可能缺少某个关键变量，也有可能存在多种作用或传导途径），要么说明某个变量的定义不准确。这两种情况对于因果回路图的品质都是有影响的。因此，无论哪种情况，你都需要搞清楚，而不是让其“蒙混过关”，有时候灵感可能稍纵即逝，所以要把它们及时记下来。

第三，如果及时确定了连接的类型，你就可以很容易地找到回路并辨别回路的特性，这有助于利用行为模式图等工具来验证你所界定的回路的动态行为特性。因为增强回路和调节回路具有本质的不同，人们很容易对二者有不同的直觉判断。你及时定义了变量的连接关系后，可以根据回路的结构特性来判断它是增强回路还是调节回路，再与你的直觉判断或事实资料进行对比，就可以进行必要的验证。

五点实践忠告

以下五点源自实践的忠告，希望对大家掌握这样一种实用的技能有所帮助。

1. 坚持就是胜利

俗话说“知易行难”。从本质上讲，因果回路图的原理和规则是简单明了的，大多数人（不管其专业或学历水平、人生阅历如何）经过训练，都可以理解和掌握因果回路图的用法，在培训师的指导下也可利用该种方法对一些问题进行分析。但是，它实际上并不简单。现实中的问题往往非常复杂，把握住复杂性背后的本质也不是轻而易举的。因此，刚开始进行系统思考练习时，你通常会充满自信：“我肯定没问题，它很简单，不是吗？”你参加了几次讨论，并就感兴趣的话题有了不少心得，然后你试图独立利用因果回路图来分析、解决问题。但不幸的是，你往往会陷入泥潭、不可自拔——你的因果回路图变得越来越混乱、越来越糟糕，似乎它对于驾驭现实中的复杂性完全无能为力。于是，很多人就放弃了。

依我的经验看，现实世界中的复杂性是可以被驾驭的——只要你足够用心和勤奋！不要放弃，继续前进吧！尝试一下忽略那些细枝末节，看看会发生什么；尝试一下，看看能不能找到一个更高层次的概念，来涵盖那些较低层次的变量。请记住：“世上无难事，只怕有心人”“只要功夫深，铁杵磨成针”。只要你用心和勤奋，就能慢慢领悟到其中的“诀窍”，从而真正提高自己的思考能力。当然，要是能得到高人指导，或者能激发团队的智慧，你会进步得更快。

2. 从简单的问题开始

因果回路图作为一种工具，要熟练使用它，必须多练习。但是，如果选择的问题过于复杂、系统过于庞大（比如股市或社会性问题、生态系统等），初学者则很难驾驭，结果往往是令人沮丧的。因此，以我的经验看，初学者最好选择一些简单的问题，先易后难，逐步培养利用因果回路图来解决问题的信心。

下列标准供选择问题时参考。

- 范围或规模相对较小（少量实体）。
- 关系相对简单、明确。
- 边界清楚或范围有限。
- 自己比较熟悉或了解。

3. 不要爱上你的图表

一幅漂亮的因果回路图，布局简洁、箭头整齐，总体形象令人喜爱，这样的因果回路图是一种威力无法想象的交流工具，与那些箭头线条四处飘舞、错误或漏洞百出、到处是胡乱涂抹的痕迹、匆匆草就的图相比，无疑具有更大的冲击力。然而，绘制一幅漂亮的因果回路图所需的细心、努力总是意味着，在绘制者的心中，这幅图在某种程度上已经成了一件艺术品。因此，“艺术家”们自然而然地就会产生一种不愿让它变动的想法。当有人说“……地方怎么样”的时候，绘制者就会不自觉地流露出拒绝的倾向，他会回答“我知道你在说什么，但是……”

对于这种情况，请谨记：任何因果回路图都只是绘制者对世界认知的一种反映。世界是复杂、多变的，因此无论你能力有多强，你对世界的认知都是有限的，都不可能是全面而透彻的，所以不要拒绝改变——那样的话，反而不符合系统思考的基本要求了。相反，应该勇于改变，欢迎并接纳改变。只有这样，才能获得对世界更多、更深刻的认识。

4. 没有已完成或完美的图表

舍伍德认为，因果回路图其实是绘制者心智模式（思维模式）的反映。在现实世界中，由于大家的思维模式存在差异，有些人从一个角度剖析这个世界，有些人却从另一个角度，因此因果回路图不是唯一的，不存在所谓的“正确答案”。没有一幅因果回路图是完成了的、完美的或不可修改的。毫无疑问，这是一条非常重要的法则。

事实上，真实世界非常复杂，因此任何因果回路图，无论它包含了多少真知灼见，都总是在强调某些因素，而忽略了其他一些因素。由于世界在变化，可能片刻之前的次要因素现在已经变得非常重要了。就像这个世界一样，因果回路图也是有生命的东西。

5. 不要一个人奋战

如前所述，因果回路图是一种有效的团队交流工具，它可以让大家沟通对于世界的不同认知，因此不要一个人单枪匹马、孤军奋战，而是应该汇集团队的力量。毫无疑问，个人的力量总是有限的，任何一个人都不可能拥有完整的信息，也必定存在思维定式与偏见，因此我建议：有条件的话，初学者可以组建一个学习团队，在大家都了解、掌握了因果回路图的基本规则以后，选择一个共同感兴趣的话题，集思广益，群策群力。即使没有这样的条件，在你有了一些想法以后，也要及时征求别人的看法或意见，并尽可能多地了解所有利益相关者的观点。

我坚信，因果回路图会因为团队的共同参与而变得更加富有智慧和洞察力。

第 7 章

复杂背后的简单之美：系统基模

“这么多问题，相互缠绕在一起，就像一团乱麻！到底怎么解决呢？”

对于一个复杂问题，在使用“冰山模型”“思考的罗盘®”和“因果回路图”等技术，进行了结构分析后，面对复杂的图表，许多人不知道下一步该怎么办。

这的确是一个很重要的问题，也是应用系统思考的关键环节。就像梅多斯所说，理解了如何修补一个系统和实际动手去修补它，完全是两码事。其实，这就是“知易行难”的具体体现。即便你能够熟练地使用各种系统思考的方法与工具，深入、透彻地理解系统的结构和动态（“知”），但是能否找到并真正有效地采取恰当的措施（“行”），仍然是一个巨大的挑战。

根据我的经验，要想找到有效的对策，有以下三种途径。

- 利用行为模式和对系统的经验，研讨、确定系统的主导结构。
- 参考“系统基模”，把握关键及对策建议。
- 利用系统动力学建模软件，进行定量仿真模拟和推演。

其中，第一种途径需要参与者具备大量的经验，没有固定的法则，较为微妙；第二种途径简单易用，但有一定的风险；第三种途径则需要参与者具备专业的技能，而且要有大量的数据，也有一定局限性。

下面，我们就来认识一下系统基模。

什么是系统基模

“基模”（archetypes）这个词源于希腊语“archetupos”，意思是“同类中的第一个”，因此，“系统基模”指的是系统的基本模型，它给出了我们在工作、生活中总能看到的一些一再重复发生的结构形态。

我们拿人来打比方，人吃五谷杂粮总是会生病，病也有各种各样的状况，但是一些常见的病会一再出现。系统也是这样的，也会表现出各种各样的行为变化动态，但是总有一些常见的行为模式或者特征、状况，一些人就把导致这些常见状况出现的系统结构总结、提炼出来，称为“系统基模”。

如果说“增强回路”“调节回路”和“时间延迟”是系统思考

的三个基本构成要素，那么“系统基模”就是一些被重复传诵的“典故”或“成语”。

系统基模的由来

系统基模的前身是20世纪六七十年代系统动力学创始人杰伊·福瑞斯特及其弟子丹尼斯·梅多斯、德内拉·梅多斯等人，从研究中总结、发现的一些一再出现的通用系统结构，但他们并未明确提出“基模”这一概念。

到了20世纪80年代，迈克尔·古德曼、查尔斯·基弗、詹妮弗·凯梅尼和彼得·圣吉等人，基于前人的成果，并部分参照约翰·斯特曼的笔记，开发了八种“系统模板”，试图以更简单的形式让人们发现并理解系统内在的基本结构。在此之前，人们在应用系统思考时主要借助基本的因果回路图和更为复杂的系统动力学软件建模技术（事实上，到现在为止，仍然大致如此），而古德曼等人认为，这在某种程度上限制了系统思考的推广和应用。为此，他们努力试图让更多的人以更容易的方式来理解这些概念。1990年，圣吉出版的商业畅销书《第五项修炼》收录了九种系统基模，并使这一概念流行起来。

对基模的争鸣

正如古语所说：成也萧何，败也萧何。基模开发的初衷是简化复杂的系统思考技术，因而自它面世的那一天起，对它的赞扬和怀疑之声就一直并存。

赞成者（如圣吉）认为，系统基模揭示了管理复杂现象背后的单纯之美，有助于我们领会一些基本的系统法则，或看出某一问题背后的结构。因此，系统基模的主要目的是用简明扼要的模型来描述最常见的那些行为模式，是学习如何看到个人与组织生活中结构的关键所在。掌握系统基模有助于我们了解系统本身的行为规律，由此提高我们的规划能力、决策能力、应变能力和学习能力。

也有一些人并不看好系统基模，如丹尼斯·舍伍德。他指出：我并不认为彼得·圣吉等人描绘的系统基模对人们特别有帮助……使用基模可能带来的问题之一是……可能倾向于“强迫”真实世界的行为去符合特定的基模，而不是按照真实呈现的现象去解决问题。[㊀]

也有一些人持有比较中立的看法，比如约翰·斯特曼教授认为：作为理解系统的入门方法，基模是有价值和启发性的。但是，基模也有不足之处。单独运用基模，把系统思考看作“填空”的倾向以及凭借简单模型预测系统行为的努力都是危险的。

虽然人们质疑系统基模的价值，但根据经验，我认为：对于初学者而言，系统基模仍然是有价值的。虽然大千世界是纷繁复

㊀ 参见丹尼斯·舍伍德．系统思考［M］．邱昭良，刘昕，译．北京：机械工业出版社，2005.

杂的，但的确存在一些常见的结构，把它们总结出来，作为“常见病速查手册”，确实可以在一定程度上起到化繁为简、提纲挈领的作用。

当然，系统基模也有局限性或不足，我们必须正确地对待和使用系统基模，以扬长避短。

系统基模家谱解构

由于系统基模主要是系统思考研究者、实践者总结、提炼出来的，不同的人有不同的归纳、分类方法。比如，凯梅尼和古德曼等人提出了 8 种基模；圣吉在《第五项修炼》及其与他人合著的《第五项修炼 · 实践篇》中讲到了 9 种基模，后来又增补了“意外的敌人”，达到 10 种；梅多斯在《系统之美》中提到了政策阻力（治标不治本）、公地悲剧、目标侵蚀、竞争升级、富者愈富（竞争排斥）、转嫁负担（上瘾）、规避规则、目标错位这 8 个“陷阱”。

从构成上看，所有系统基模都是由增强回路（R）、调节回路（B）和时间延迟（=）三种要素组合而成的。解构其组合关系，我认为基模主要包括 10 种，分为两大类：以增强回路为基础的基模和以调节回路为基础的基模。前者关注的焦点是推动成长，后者关注的焦点是解决问题。它们相互之间的逻辑关系如图 7-1 所示，我将其称为“系统基模家谱”，因为它显示了不同基模之间的衍生和组合关系。

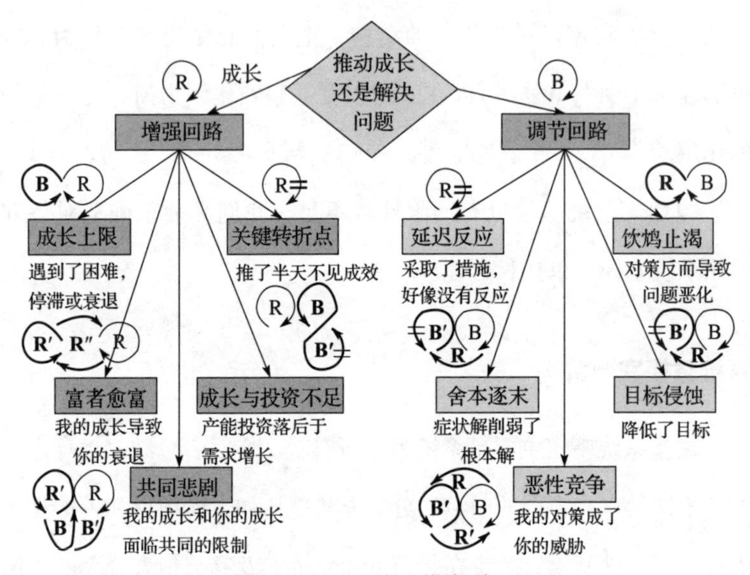

图 7-1 系统基模家谱

资料来源：笔者参考迈克尔·古德曼、阿特·克莱纳提出的框架（载于彼得·圣吉等.第五项修炼·实践篇［M］.张兴，等译.北京：东方出版社，2002:161.）改编。

注：1. 图中以“R（或 R'、R''）”标示的回路表示增强回路，以“B（或 B'）”标示的回路表示调节回路。

2. 本书所讲的 10 种基模与彼得·圣吉所称的 10 种基模不完全一致。

虽然彼得·圣吉等人在《第五项修炼》和《第五项修炼·实践篇》两本书中对系统基模进行过概要介绍，但限于这两本书的篇幅和定位，它们并未系统而全面地阐述系统基模，也未给出具体的应用指南。为使读者深入了解系统基模，以便将其应用于实际问题，本书将以图 7-1 所示的“系统基模家谱”为蓝图，分两类对 10 种系统基模逐一进行介绍，并给出应用系统基模的注意事项。

对于每一种系统基模，本书主要从六个方面进行描述。

- 状况描述：这一系统基模的主要状况（事件）如何？
- 行为模式：这一系统基模所涉及的主要变量的动态变化态势（模式）如何？
- 结构分析：这一系统基模背后潜在的系统结构如何？
- 典型案例：这一系统基模有哪些典型的应用案例？
- 预警信号：有哪些信号或症状预示系统结构符合这一基模？
- 管理原则：对于这一基模，有哪些应对的策略或管理原则？

以推动成长为基础的系统基模

常见的以推动成长为基础的系统基模包括五种，分别是关键转折点（增强回路＋时间延迟）、成长上限（增强回路＋调节回路）、富者愈富（两个增强回路）、共同悲剧（两个增强回路＋调节回路）、成长与投资不足（增强回路＋两个调节回路）。它们之间的逻辑关系如图 7-2 所示。

关键转折点

1. 状况描述

这是一个自我增强的过程，但行动与结果之间有时间延迟，使得初期变化很小，成长很缓慢。但是，当变化积累到一定程度、达到一个“临界值”或“引爆点”（the tipping point）之后，明显的变革就会迅猛发生，几乎势不可挡。当然，如果意识不到延迟的存在，往往等不到成长行动产生明显效果就放弃，导致“功亏一篑”。

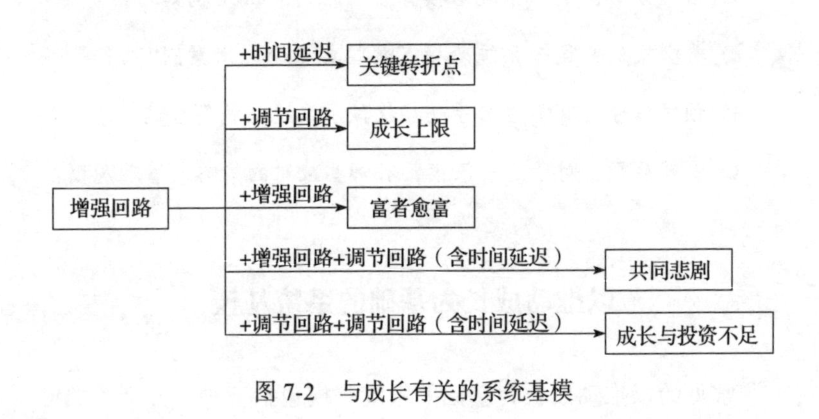

图 7-2　与成长有关的系统基模

2. 行为模式

这是一个被延迟了的指数级成长或衰退。其行为变化模式如图 7-3 所示。

3. 结构分析

成长是由增强回路驱动的，但时间延迟的存在使成长的变化趋势变缓（被延后）。因此，关键转折点的基本结构就是一个有明显时间延迟的增强回路（见图 7-4）。

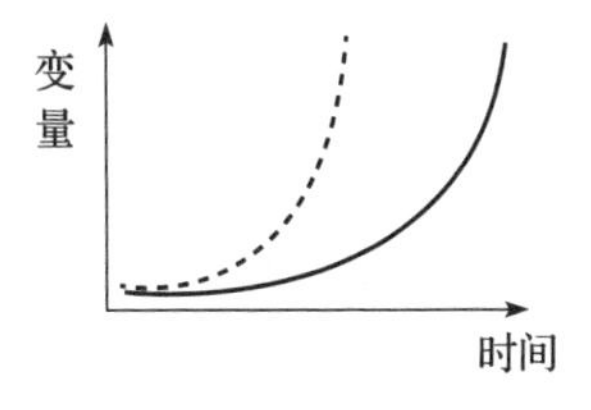

图 7-3　关键转折点的行为模式

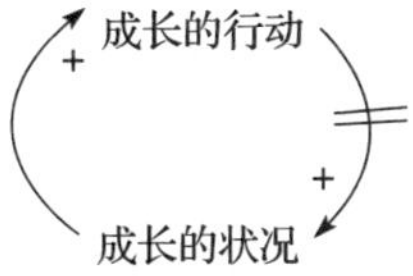

成长的行动
+
+
成长的状况

图 7-4　关键转折点的系统结构

4. 典型案例

管理学中流传甚广的“温水煮青蛙”的故事即本基模的典型案例。在这则故事的背后，隐藏着一个增强回路（水温越来越高），但是水温的变化很缓慢（时间延迟作用很明显），导致“局中人”察觉不到正在发生的变化趋势，引发了悲剧。

在商业世界中，一项新业务的成长往往不是立竿见影的，而是大都存在时间延迟。因此，关键转折点的基模也广泛存在。请参考案例 7-1。

案例 7-1　新业务“功亏一篑”

某咨询公司拟拓展企业内部培训业务。为此，他们聘请了一位很有能力与激情的合伙人，并很快明确了一个能持续发展的业务模式（通过深入了解企业的培训需求，为企业提供长期的深度服务和综合解决方案）。于是，公司开始招聘人才，进行市场开拓。但是，由于一些客户暂时还不接受此项理念，加上新业务知名度低，因此一开始业务进展并不顺利。半年多过去了，除了少数几次利润不高的培训之外，公司未能成功签订长期的客户合同；收入和投入（成本）相差悬殊，亏损严重。公司承受风险的能力偏弱，鉴于这种状况，公司合伙人决定终止这项新业务。

具有讽刺意味的是，半年之后，原来培训业务团队接触的一些客户开始找上门来，并成功签订了数单长期合作协议，为企业赢得了长期而丰厚的利润。可惜的是，由于原有人才已经遣散，因此该公司再也无力开拓其他业务，可以说是“功亏一篑”。

练习 7-1　请思考上述故事背后的系统结构，并思考你作为公司老板和新业务负责人应采取什么对策。

扫描二维码，关注“CKO学习型组织网”，回复“新业务”，查看参考答案。

---

5. 预警信号

“怎么推了半天，没有什么效果？”

对于一些成长或变革而言，如果确有成长或进展，但成长或变革的进展状况未达预期，则需要反思其是否符合关键转折点这一基模。

6. 管理原则

对于推动成长而言，要意识到并了解系统中存在的时间延迟，做好心理准备。如果确有成长，要保持镇定、坚持下去，直到成长的“关键转折点”来临。

此外，如果可能，也可以改造系统，使其成长更迅速。

成长上限

1. 状况描述

一个过程开始加速增长，然后成长开始趋缓（系统里面的人往往未察觉），逐渐停滞或反复震荡，甚至可能逆转，加速下滑并崩溃。

2. 行为模式

对于处在成长上限中的系统行为而言，常见的行为模式有以下三种状态。

- 一开始快速成长，然后成长停滞，似乎有一个无形的“天花板”，难以突破（见图 7-5a）。
- 一开始快速成长，然后开始震荡，既未大幅衰败，也无法突破上行，犹如在一个“箱体”中震荡（见图 7-5b）。
- 一开始快速成长，然后成长逆转，开始加速衰败，犹如

"高台跳水"(见图 7-5c)。

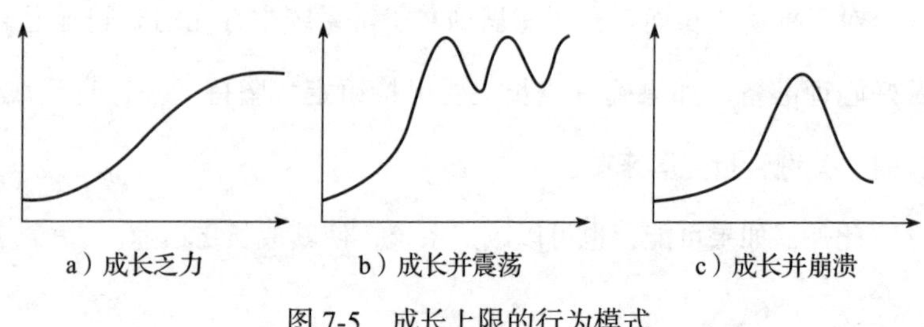

图 7-5　成长上限的行为模式

3. 结构分析

按照系统思考的原理，成长是由增强回路推动的；成长减缓、震荡是因为开始出现或遇到了一些限制因素（调节回路），包括资源、能力、组织内外部其他因素等，如果增强回路和调节回路势均力敌，成长则陷入停滞状态，如果二者此消彼长，则出现波动或震荡；加速下滑是由于增强回路逆转成为"厄运之轮"。因此，成长上限的一般系统结构包括一个增强回路和一个调节回路（见图 7-6）。

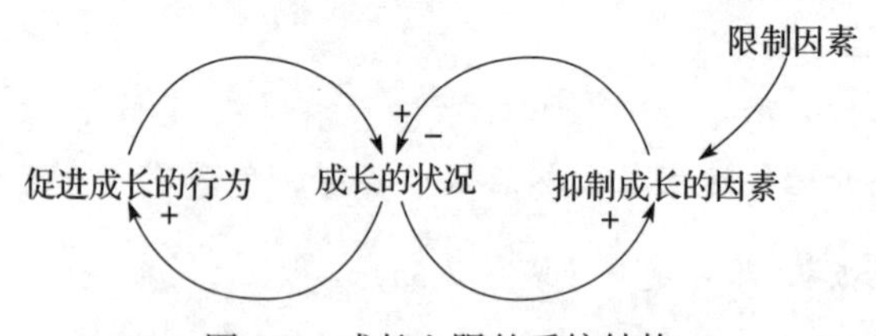

图 7-6　成长上限的系统结构

成长上限是动态系统的基本存在状态。就像梅多斯所讲，任何一个动态性复杂系统，包括人口、植物生长、经营与经济发展等，都会受到多重限制因素的制约。随着系统的发展，成长本身会改变各种限制因素之间的强弱对比，从而让系统与其限制因素构成了一个相互影响的动态系统。

4. 典型案例

成长上限是一种基本的、最常见的基模，几乎所有的成长都无法永续，常会碰到这样那样的限制因素，这就是“成长上限”。

案例 7-2 是一个典型的成长上限的案例。

案例 7-2　人民航空公司[㊀]

人民航空公司成立于 1980 年，定位于对美国东部的旅客提供价格低、品质高的空运服务，它在五年之中，成为全美第五大空运公司，取得了令人瞩目的成功。然而，到了 1986 年 9 月，人民航空被得克萨斯州的一家航空公司接手，单是当年前 6 个月就亏损了 1.33 亿美元。

人民航空公司的急速成长以其快速扩充飞机和航线数量，以及前所未有的低票价为基础。由于创办人唐·布尔（Don Burr）极具个人魅力，他塑造了一套令人振奋的企业哲学，并率先采取了许多具创新性的人力资源政策，包括工作轮调、社团管理、全面持股制，以及扁平式的组织（整个公司只有四个薪级）等，员工的服务

㊀ 关于本案例的详细描述，详见彼得·圣吉所著的《第五项修炼》第八章“见树又见林的艺术”。

热情与质量也令顾客满意。这些因素使乘客数量剧增，口碑效益带来了更多的乘客，为其带来可观收入，使其进一步扩大机队规模。

然而，随着乘客的增多，超出了服务容量，致使服务品质下降，导致顾客流失。当竞争对手也降低票价时，人民航空公司的市场竞争力开始下滑（各项指标如图 7-7 所示）。

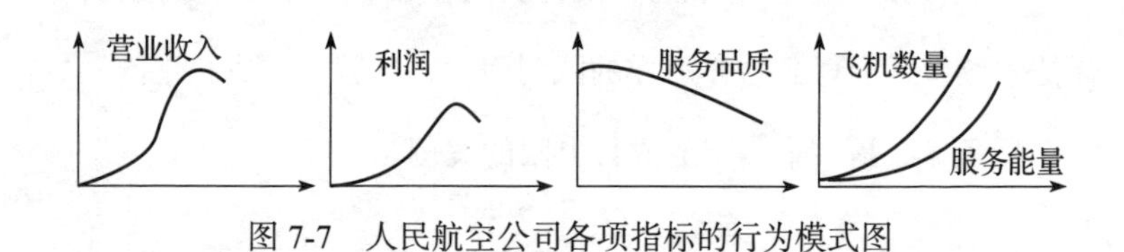

图 7-7 人民航空公司各项指标的行为模式图

练习 7-2 请使用因果回路图，描绘出人民航空公司的“成长引擎®”以及“成长上限”的成因，并思考解决此挑战的关键对策。

除此之外，成长上限常见的表现还包括以下几种。

- 一项新业务或一家新公司初期快速成长，但当其达到一定规模时，成长往往趋缓。
- 一个新团队组建初期能快速融合、运作优异，但随着时间的推移，各种矛盾和问题暴露出来，导致团队效能降低。
- 企业在推行一项新的管理变革项目（如“全面质量管理”“学习型组织”等）时，初期进展很快，但随着难度的加大或受各种限制因素的影响，变革项目遇到很多挑战，从而进退维谷或不了了之。

- 一个城市持续发展，但后来，可供开发的土地资源越来越少或者人口越来越多，导致房地产价格上升、交通拥堵加剧、生活质量下降，致使城市不能继续发展。
- 一种动物或植物在它的天敌减少之后会迅速繁殖生长，结果数量超出生态系统可容纳的上限，导致此种动物或植物因缺乏必要的生存资源而大量减少。

5. 预警信号

一开始："没有什么好担心的。我们正在快速成长。"

稍后："确实是有一些问题，但我们能够应对。"

再后来："我们努力地跑，但好像一直在原地踏步。"或者"我们越用力推，系统的反弹力量越大。"

以上三个阶段的反应是成长上限的预警信号。一开始，人们很自然地倾向于关注成长，很少有人能提前考虑到未来可能遇到的障碍因素，因而人们普遍充满了乐观情绪；稍后，虽然人们已经发现了问题，但未真正重视，反而更加努力地推动成长；再后来，限制因素已经开始发挥主导作用了，使得成长的努力受到制约或抵消，甚至发生逆转。

6. 管理原则

大多数人在遇到成长受阻的情况时，往往会更加努力地推动成长，但由于调节回路是内生于增强回路上的，因此越是用力地推，调节回路对成长的制约就越强烈，不仅使推动成长的努力徒劳无功，甚至有可能使增强回路逆转成为恶性循环。例如，当新产品销售量减少时，越是降价促销，越有可能导致潜在购买者“持币待购”或形成“降价心理预期”，从而导致销售量更少。

因此，应对成长上限的原则是：首先，要主动管理自身的成长，平衡各项要素，实现持续成长。同时，预防胜于救火，要预见到可能存在的障碍因素以及哪一项因素居于主导地位，即将开始逐渐发挥作用。为此，要周密设计，提前采取措施，“防患于未然”。

其次，若系统已经处于成长上限的结构，不要强去推动“成长”，应设法去除或减弱限制性因素的影响。只要居于主导地位的限制性因素被解除了，成长就会启动。

当然，必要时，可能要主动降低成长的速度，以换取解除成长上限的时间（这往往与人们的直觉相反，有时候很难主动实施）。

富者愈富

1. 状况描述

两项活动争夺有限的支持或资源。较为成功的一方将获得更多的支持，或利用积累起来的财富、权力、能力等资源，创造出更多的资源，从而表现更好；另一方则陷入资源越来越少、表现越来越差的恶性循环。就像《圣经》所讲：凡有的，还要给他，使他富足。

在生态学领域，这一概念被称为“竞争排斥法则”，指的是争夺相同资源的两个不同物种，不能共生于同一个小生态环境之中。

2. 行为模式

“富者愈富”这一基模至少包含两个相互竞争的实体，其中一个的绩效或表现行为模式是指数级增长（越来越好），另外一个则陷入指数级衰败（表现越来越差）的恶性循环之中（见图 7-8）。

3. 结构分析

从甲乙双方的行为模式可以很清楚地得知，甲乙双方均处于一个增强回路上，只不过甲所处的是良性循环，乙则处于恶性循环之中。其一般系统结构如图 7-9 所示。

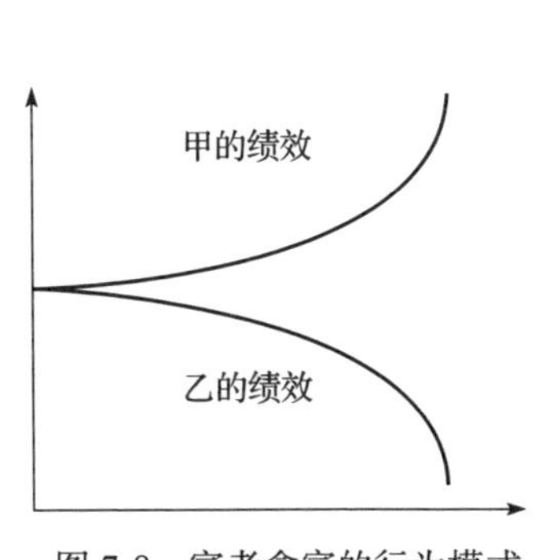

图 7-8　富者愈富的行为模式

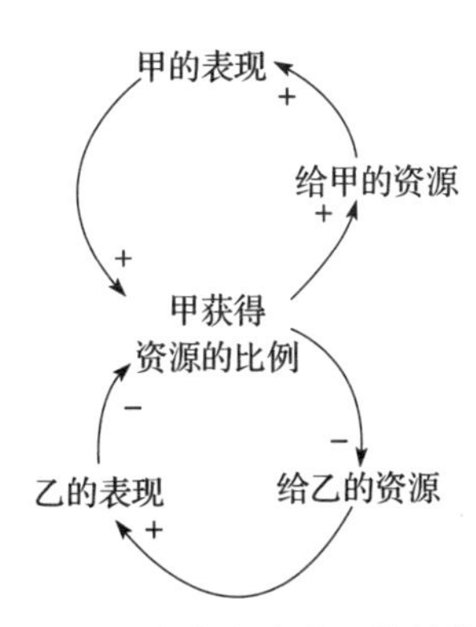

图 7-9　富者愈富的系统结构

其实，图 7-9 中还有两个隐含的假设，即①资源是有限的；

②对资源的分配标准是既往的成功表现。如果资源是无限的，甲乙均可以不受限制地自由发展，自然不会出现上述局势。同样，如果资源的分配标准不是既往的成功表现，而是其他准则，甲乙双方就未必会陷入富者愈富这一基模之中。

4. 典型案例

富者愈富也是一种常见的系统形态，在社会生活、企业经营、竞争以及生态、经济中普遍存在。比如，教育学领域著名的“皮格马利翁效应”就是“富者愈富”基模的一种典型表现（参见案例 7-3）。

案例 7-3 皮格马利翁效应

在古希腊神话中，皮格马利翁（Pygmalion）是塞浦路斯国王。相传，他性情非常孤僻，喜欢一人独居，擅长雕刻。他用象牙雕刻了一尊他理想中的少女像，并天天以雕像为伴，把全部热情和希望放在自己雕刻的少女雕像上，少女雕像被他的爱和痴情所感动，从架子上走下来，变成了真人。皮格马利翁娶了这名少女为妻。

这则神话在西方一直被传诵至今，也引起了近代心理学家的注意。1968 年，美国心理学家罗森塔尔和雅各布森做了个实验：他们来到一所小学，选取了几个班，煞有介事地对这些班的学生进行智力测验，然后把一份名单交给有关教师，宣称名单上的这些学生被鉴定为“最有发展前途者”，并再三嘱咐教师对此“保密”。名单中的学生有些在老师的意料之中，有些却不然，甚至是水平较差的学生。对此，罗森塔尔解释说：“请注意，我讲的是发展，而非现在的情况。”鉴于罗森塔尔是知名的心理学家，又似乎有智力测验的结果作为依据，老师对这份名单深信不疑。其实，这份名单是随意拟定的，根本没有依据智力测验的结果。八个月后，他俩又来到这所学校，对这些班级的学生进行“复试”，结果出现了奇迹：凡被列入此名单的学生，不但成绩提高得很快，而且性格开朗，求知欲强烈，与教师的感情也特别深厚。

对于这种现象，罗森塔尔和雅各布森借用上述希腊神话，将其命名为“皮格马利翁效应”，它也被称为“罗森塔尔效应”。

练习 7-3　请使用因果回路图描述这一现象背后的系统结构，并思考如何利用这一结构。

扫描二维码，关注“CKO 学习型组织网”，回复“富者愈富”，查看参考答案。

与此类似的案例如下。

- 家庭生活与工作之间的冲突。当工作很忙或职责很大时，在工作上投入的时间和精力很多，从而忽略了家庭，导致家庭关系恶化，使回家更成为一件令人烦心的差使。

- 一个部门难以容纳两个旗鼓相当的下属（“一山不容二虎”）。如果其中一个获得更多的机会，表现越来越好，从而获得更多的资源，由于机会是有限的，另外一个就会陷入机会越来越少、表现越来越差的“恶性循环”。
- 公司内部产品线或业务之间对市场资源、管理支持、财务预算的争夺。如果其中一个产品因在市场上收到立竿见影的效果而获得更多的资源，另外一些产品可用的资源则越来越少，陷入困境。
- 在大多数社会中，贫困家庭会越来越贫穷，富裕家庭会越来富裕。
- 中国东部沿海一些一、二线城市人才、机会越来越多，愿意留下来的人就越来越多；相反，一些中西部城市会陷入一个恶性循环之中。

5. 预警信号

“一山不容二虎”；“一个越来越好，另外一个越来越差”。

两个相关的活动、团队或个人，其中之一由于做得好而蒸蒸日上，另外一个则会陷入挣扎求生的状态。

6. 管理原则

为了应对富者愈富基模，应采取下列对策。

第一，如有可能，尽量增加资源的供应量。

第二，如在一段时间内资源供应有限或确属稀缺资源，应设法寻找或建立平衡双方绩效表现与发展的上层目标，以更大的目标来引导双方实现合作而不是竞争。

第三，在一些情况下，可改变双方成功的评价标准，引导双方往不同的方向发展，打破或弱化双方对同一有限资源的竞争关系，避免“千军万马挤在独木桥上”。

第四，可以通过植入一个反馈回路（如设定游戏规则、制定反垄断法等），定期“校准”竞技场，避免任何一个竞争者“一家独大”，使局面处于可控的状态；如形势紧急或对立局势严重，需将双方分开，令其各自发展。

共同悲剧

1. 状况描述

许多个体基于各自的利益，共同使用有限的资源。一开始，大家都能得到回报；逐渐，收益日趋减少，这导致大家更加努力，加剧了资源的消耗；最后，资源耗尽或枯竭。

2. 行为模式

对于共同悲剧，个体活动的收益一开始快速增加，然后迅速减少（类似“成长上限”）；全部活动的收益以更快的速度增加，但是在一段时间的延迟之后，会以更快的速度减少（见图 7-10）。

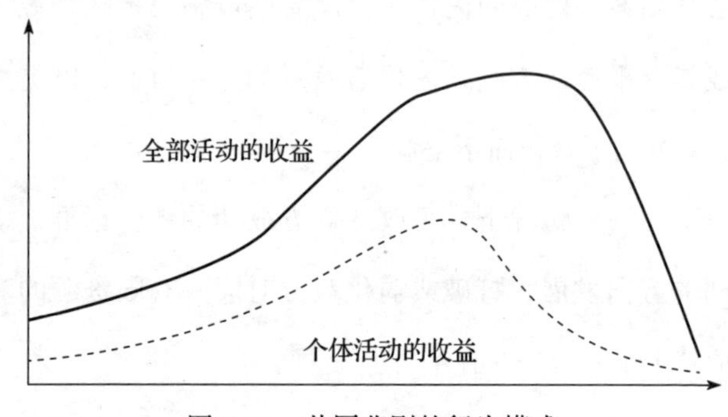

图 7-10　共同悲剧的行为模式

3. 结构分析

这个基模的基本含义是每个个体都基于理性的原则独立决策，以实现个体的成长（本地的增强回路），由于公共资源是免费使用的，而且每个人都希望实现自身利益的最大化，因而活动越多，收益越大；为此，活动总量会迅速增加，对资源的使用量也越来越大。一开始，对资源的总需求量还在资源的承载限度之内，大家都有回报、维持各自的成长，但很快，将不可避免地遭遇资源的极限，这将对各自个体活动的收益造成负面影响（调节回路，从个体的角度看类似“成长上限”），并将使资源枯竭。

共同悲剧的系统结构如图 7-11 所示。

由于在现实世界中，有很多相互竞争的个体（有时候个体之间甚至意识不到彼此之间的竞争关系），因此大家很难看见整体，也意识不到公共资源的限制。

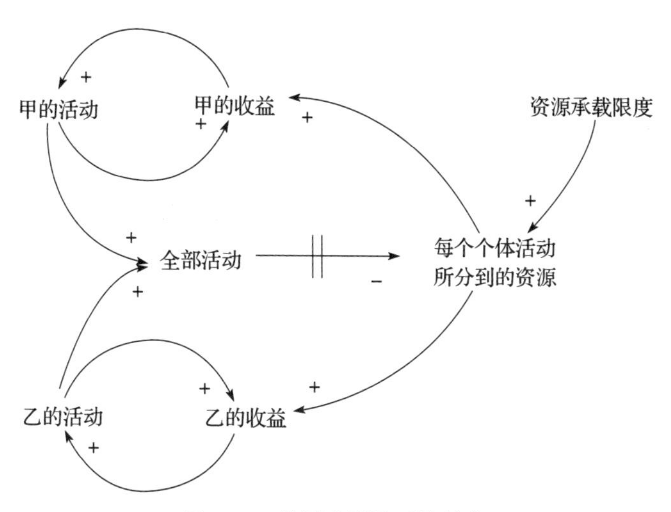

图 7-11　共同悲剧的系统结构

4. 典型案例

在这方面，最知名的当属加勒特·哈丁（Garrett Hardin）提出的“公地悲剧”(参见案例 7-4)。

案例 7-4　公地悲剧

1968 年，美国《科学》杂志发表了加勒特·哈丁的《公地悲剧》(The Tragedy of the Commons）一文，可以视为首次提出了这一系统基模的理论框架。哈丁在文章中讨论了公共牧场的使用与管理问题。他说，假定有一个免费向所有牧民开放的牧场，那么每个牧民都将在此牧场上放牧尽可能多的牲畜。

哈丁指出，作为理性人，每个牧民都希望自己的收益最大化。在公共草地上，每增加一只羊会有两种结果：一是获得增加一只羊的收入，这将由牧羊人独享；二是加重草地的负担，并有可能使草地过度放牧，造成的危害则由全体牧民分担，个体只承担全体牧民平均分担的那一小部分。于是，经过思考，牧民决定不顾草地的承受能力而增加羊的数量，他便会因羊的增加而获得更多收益。

看到有利可图，许多牧民纷纷加入这一行列。其结果是全体牧民落入了一个在面积有限的公共牧场上无限增加牲畜的陷阱。很快，牲畜的数量超过了牧场的承受能力，导致牧场被过度使用，草地状况迅速恶化，悲剧就这样发生了。

大家都利用自己使用公共牧场的自由，奋勇奔向资源枯竭、集体毁灭之途，这就是哈丁所称的“公地悲剧”。

练习 7-4　请使用因果回路图描述这一现象背后的系统结构，并思考如何利用这一结构。

扫描二维码，关注“CKO 学习型组织网”，回复“公地悲剧”，查看参考答案。

同样，“共同悲剧”基模也广泛存在于企业内部。比如，丹尼尔·金、迈克尔·古德曼等提到了福特汽车公司内部的一个实际案例，这是一个典型的“共同悲剧”。

案例 7-5 电力供应悲剧㊀

1994 年，在研发福特汽车林肯大陆车型的过程中，为这种车型设计的耗电零件所需电量超过了电池的供电总量。零件工程师们都有充足的理由，没有一个愿意做出让步以减少耗电量。更出人意料的是，在认识到电力的限制后，设计师反而都在他们自己的零件上增添了更多功能，为的是争取分配到更多的电能。

练习 7-5 请使用因果回路图描述这一现象背后的系统结构，并思考应对这一窘境的对策。

此外，其他一些案例如下。

- 在有多个产品线或业务部门的公司，如果各产品线或业务部门共享销售、行政、研发平台，而这些平台的能力是有限的，各业务部门为了各自的利益，都会最大限度地使用这些资源，从而很快超过这些公共资源的负荷能力，导致服务质量下降，使各业务部门和公司整体的利益都受到损害。

㊀ 资料来源：彼得·圣吉，等. 第五项修炼·实践篇：创建学习型组织的战略和方法［M］. 张兴，等译. 北京：东方出版社，2002：152.

- 对各种矿产、地下水、石油、天然气、农林牧渔业资源的“掠夺式”开发，导致“涸泽而渔”。
- 对城市公共资源（道路等）的使用，每个人都从自己的利益出发，很快导致交通拥堵不堪。
- 各种污染问题，比如湖泊水质恶化、地下水被污染、酸雨、臭氧层被破坏、温室效应等。

5. 预警信号

“过去，大家都很富足。现在，形势严峻了。我必须更加努力，才能获得一些收益。”

要发现共同悲剧的预警信号，最容易的途径是察觉个体感受到的状况。从个体的感受来看，以上的变化是共同悲剧最典型的写照。

6. 管理原则

从系统的结构可见，共同悲剧中有两类实体：多个独立的个体、资源供给。导致“悲剧”的根本原因在于三方面：一是个体的独立性，使得个体看不到整体，整体也难以有效地约束个体；二是资源的公共性，使得个体可以不受限制地、免费使用公共资源——可能是自然资源、公共设施，也有可能是资本、人力资源、生产能力或市场资源等；三是资源供给的有限性，不管是不可再生的资源，还是再生性资源，它们的供给都有一定的限度，不可能无限制地被使用。

因此，要想有效地应对共同悲剧这一基模，需要针对上述三方面原因，采取一些干预或控制措施。主要措施如下。

第一，加强教育，强化自律，使个体能够看清自己的行为对整体的影响，看清资源的有限性及整体对自己的影响，自觉地调整个体的行为，以实现可持续发展。个体越清楚系统的结构，越能采取合适的对策。当然，这很不容易，而且需要全体成员遵守合理使用资源的规则，至少是大多数成员遵守并有力量约束不遵守规则的成员，使得总体资源消耗不超过资源再生额度。

第二，通过建立法定的或有约束力的监管和惩罚措施，控制对公共资源的平衡使用，使资源的使用不超出承载的限度。

第三，可考虑通过资源税、将公共资源私有化等方式，建立起资源的合理使用和补偿机制。

按照梅多斯的看法，相对于教育与劝诫，私有化的方案更为有效，但很多资源不能简单地进行分割和私有化，因此比较可行的措施似乎只剩下哈丁所称的“达成共识、强制执行”的策略。

成长与投资不足

1. 状况描述

在公司或个人的成长接近上限时，可以通过投资扩充产能，突破限制，再创新高。但这种投资必须早于、大于成长陷入衰退的局势，否则就不起作用。通常的情况是企业未能提前扩大投资，以至于成长因能力不足受到制约。对此，企业往往会降低关键目标或绩效标准，来接受这种状况并使其“合理化”。如此一来，较低的期望导致产能投资不足、滞后于需求的增长，使绩效越来越差，失去了快速发展的大好势头，最后甚至有可能使成长逆转，加速衰败。

2. 行为模式

成长与投资不足基模中有若干个变量的行为模式，其中表现成长的指标与“成长上限”类似，与产能相关的绩效指标（比如服务质量、及时供应率、客户满意度等）则逐渐下降。

3. 结构分析

根据状况描述和行为模式可知，本基模建立在“成长上限”的基础上，表明存在一个成长引擎（增强回路），且已经受到产能不足的制约（调节回路）。同时，绩效标准被降低，使得对投资的认知和需求减弱，这进一步制约了产能的提升（调节回路），加剧了成长限制因素的制约作用。

本基模的系统结构如图 7-12 所示，它可以被看成由“成长上限”与“舍本逐末”组合而成的。

4. 典型案例

虽然案例 7-2 是典型的“成长上限”，但也符合“成长与投资不足”的情形，因为从本质上讲，“服务品质”下降源于“服务能量”的提升滞后于乘客的快速增加。

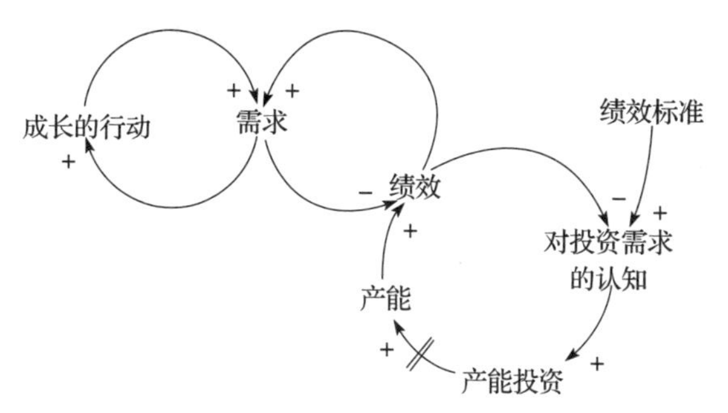

图 7-12　成长与投资不足的系统结构

圣吉指出，即使该公司发现自己的服务能量无法满足急速增加的服务需求，但并未投入更多的资源用于招聘新人与教育培训，也未减慢成长速度，反而降低了服务标准，越来越多地依赖临时的解决方案。这进一步制约了服务能量的提升。其结果是服务品质恶化，客户满意度降低，导致乘客人数锐减，并使增强回路逆转，酿成了人民航空公司的悲剧（见图 7-13）。

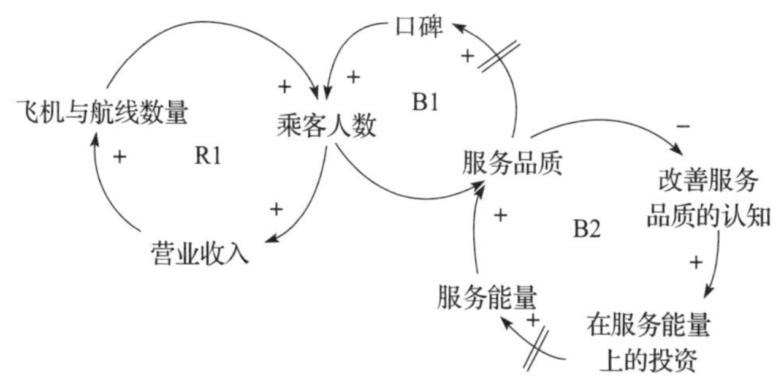

图 7-13　人民航空公司的“成长与投资不足”

同时，造成投资不足的原因还在于产能的提升不是立竿见影的，而存在一定的时间延迟。如此一来，“慢牛”式的产能扩张进度难以应付“一阵风”式的需求增长，使得绩效越来越差，对成长的制约也越来越严重。

此外，该基模的其他案例包括以下几类。

- 一些公司快速成长导致产品或服务品质下降，只一味抱怨竞争激烈或销售队伍不够得力，未意识到应增加投资以扩充产能。
- 空有远大目标，却不现实地评估付出的时间和努力。
- 某些地区在快速开发过程中，未能及早投资于电力、道路、通信等基础设施建设，进行人力资源储备和政策以及法律方面的规范，反而只注重“招商引资”。
- 某些学校盲目扩招，但未能持续增强教育实力，导致授课质量日渐下降。
- 一些医院就医人员过多，导致医疗设施和医护人员长期超负荷工作，使得服务质量越来越差。
- 个人事业快速发展，但并未在学习、健康、家庭等方面进行“投资”，以至于后来无法继续支持事业的发展，甚至妨碍事业的发展。

5. 预警信号

“我们过去一直是快速成长的，并且保持领先地位。但现在，我们似乎心有余而力不足。”或“我们过去一直都是最好的，我们将来还会更好，但是我们现在必须储备资源，不要过度投资。”

这一基模比其他基模更为复杂，但其关键在于未能提前扩大产能导致的成长障碍，因此其预警信号有两个：在成长之初，管理者未能意识到提前扩大产能的需求，投资不足；在成长后期，感觉到产能对成长的限制，“心有余而力不足”。

6. 管理原则

如上所述，本基模从本质上讲是由“成长上限”和“舍本逐末”两个基模组成的，因此应对成长与投资不足的对策包括如下三个方面。

第一，为了克服“成长上限”，如果确有成长的潜能，应采取创造需求的战略，提前投资，使产能超前于需求。

第二，坚持关键绩效标准不放松，避免目标逐渐受到侵蚀，仔细评估产能能否支持潜在的需求。

第三，如果成长已经开始减缓，此时切忌再努力推动成长，而是应致力于扩充产能，解除限制性因素。必要时，可能需要降低成长的速度。

以解决问题为基础的系统基模

常见的以解决问题为基础的系统基模包括五种，分别是延迟反应（调节回路＋时间延迟）、饮鸩止渴（调节回路＋增强回路）、舍本逐末（两个调节回路＋增强回路）、目标侵蚀（两个调节回路＋增强回路）与恶性竞争（两个调节回路＋增强回路）。它们之间的逻辑关系如图 7-14 所示。

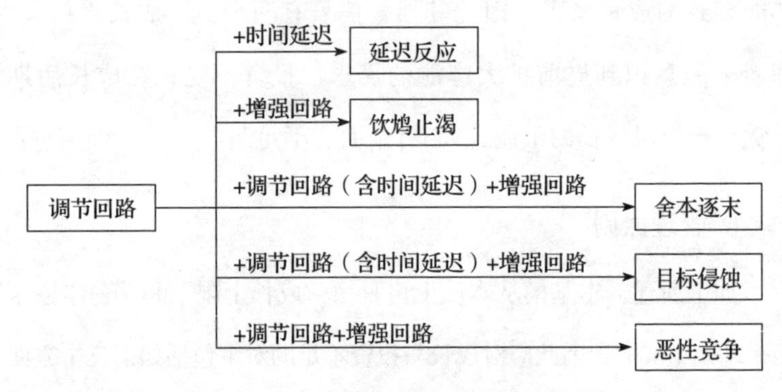

图 7-14 与解决问题有关的系统基模

从图 7-14 可知，舍本逐末与目标侵蚀、恶性竞争三个基模从结构上来看是相似的，但具体症状略有区别。

延迟反应

1. 状况描述

个人、团队或组织，根据其既定目标，采取对策，调整其行为，但行动与结果之间有时间延迟。如果意识不到延迟的存在，往往不等这个行动产生效果就采取下一个行动，导致过多的矫正行为，或者干脆放弃。

2. 行为模式

延迟反应的行为模式如图 7-15 所示。

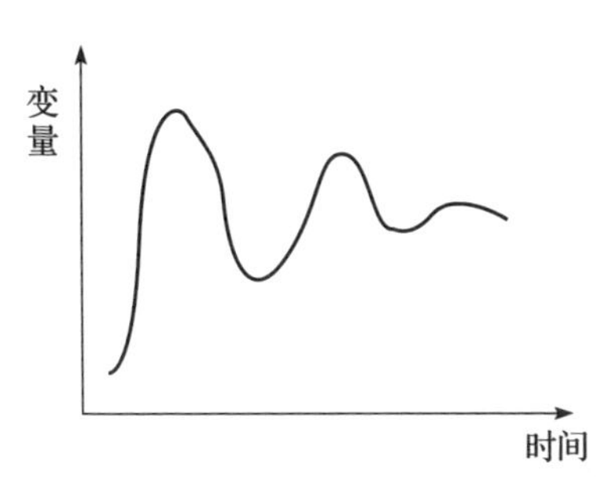

图 7-15　延迟反应的行为模式

大家对图 7-15 应该并不感到陌生。事实上，它就是我们在第 4 章中讲到的时间延迟作用于调节回路上导致的震荡并逐渐趋向目标。

3. 结构分析

延迟反应的基本结构就是一个调节回路加上时间延迟（见图 7-16）。

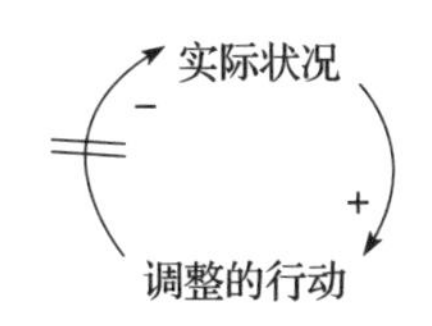

图 7-16　延迟反应的系统结构

4. 典型案例

作为一种基本回路类型，调节回路广泛存在于人们的工作、生活之中。同时，如上所述，很多变量之间都存在时间延迟。因此，延迟反应在社会、企业以及人们的日常生活中普遍存在。

比如，在经济景气时期，房地产公司投入巨资大量开发项目，试图满足强劲的客户需求，但项目建设从征地、拆迁到建成、开盘上市有一个相对长的周期（时间延迟明显）。因此，一旦市场疲软，大量在建项目呈“骑虎难下”之势，导致供过于求。这就是一个典型的延迟反应的案例，其结构如图 7-17 所示。

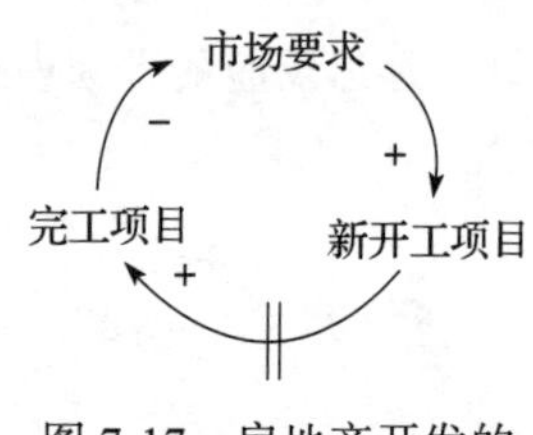

图 7-17 房地产开发的延迟反应

与此类似的案例如下。

- 如“啤酒游戏”显示的那样，多层次分销系统存在显著的时间延迟，往往导致制造商无法对客户需求做出及时反应，导致“牛鞭效应”出现。
- 造船业、飞机制造业或房地产业等开发或建设周期长的行业，往往对市场变化反应迟钝，导致“紧缺—过剩”的周期性震荡。
- 当积极的改革者碰上反应迟缓的组织成员，好强而心急的父母碰上改善缓慢的子女时，也有可能反应过度。

5. 预警信号

“我认为我们能处于平衡状态，但后来发现行动过了头。”（可能另一个方向也会“过头”。）

延迟反应的最典型症状是震荡或矫枉过正（俗话说就是“过了头”）。

6. 管理原则

在反应缓慢的系统中，激进反而导致不稳定。因此，对于延迟反应，要么保持耐心，沉稳应对，不过度反应；要么改造系统，使其反应更迅速。从长期而言，后者是“根本解”。

饮鸩止渴

1. 状况描述

为解决一个问题，采取了一项短期内见效的对策，但长期而言，会产生越来越严重的后遗症，使问题恶化，不得不更多地使用这项对策，难以自拔。

2. 行为模式

对于饮鸩止渴，往往可以从问题症状的活跃程度来识别。如图 7-18 所示，问题症状先是恶化，然后因采取了相应的对策而得以缓解，但是因对策并未真正奏效（甚至产生了“副作用”），因此一段时间之后问题症状再次恶化……如此一来，问题症状在震荡中逐渐升高。

3. 结构分析

从图 7-19 中可见，问题症状的变化趋势有两方面：一是阶段性的缓解，这是因为有一个调节回路，可以短暂地解决问题；二是长期来看，问题症状持续升高，这是因为问题并未得到根治，而且产生了一个使问题恶化的增强回路。饮鸩止渴的系统结构如图 7-19 所示，其中包括一个解决问题的调节回路和一个对策的“后遗症”导致问题恶化的增强回路。

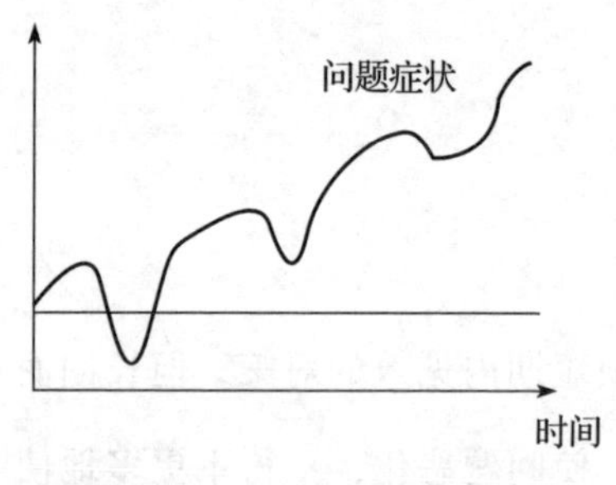

图 7-18　饮鸩止渴的行为模式

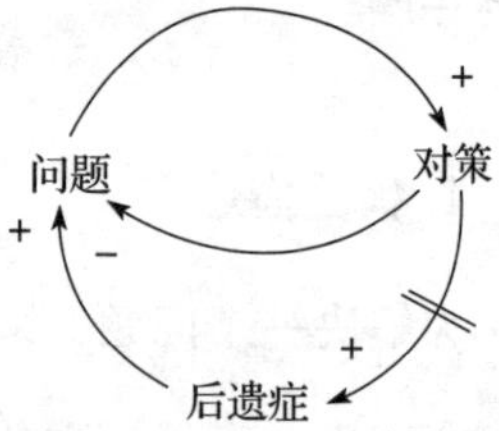

问题
对策
后遗症

图 7-19　饮鸩止渴的系统结构

值得注意的是，对策与后遗症之间有些时间延迟，往往导致人们意识不到二者的关联，致使一段时间之后，问题已经到了不可救药的地步。这就是“饮鸩止渴”基模名称的由来。[㊀]

4. 典型案例

正如圣吉所说，有时候对策可能比问题更糟。人们在生活、工作中会面临大量的决策，不幸的是很多决策都有“副作用”。因此，饮鸩止渴是最容易看到的基模之一。比如，《伊索寓言》中几乎妇孺皆知的故事“下金蛋的鹅”就是一个典型的“饮鸩止

㊀ 鸩是传说中的毒鸟，相传人喝了用它的羽毛浸的酒会被毒死，但是如果没有水，喝毒酒能暂时解渴。因此，“饮鸩止渴”这一成语的寓意是用错误的办法来解决眼前的困难而不顾严重后果。

渴”的案例。同样，中国成语“揠苗助长”“欲速则不达”以及古诗词“抽刀断水水更流，举杯消愁愁更愁”也蕴含着系统思考的智慧。

此外，在企业经营与管理运转中，管理者每天都会面临大量的决策，因此也很容易陷入“饮鸩止渴”的困境。请看案例 7-6。

案例 7-6　资金短缺的对策

由于经济危机，一家生产高级消费品的公司面临严重的资金短缺问题。他们被迫以最高利率寻求银行贷款。不幸的是，这项应急对策为其带来了不良后果，债务累积的高额利息负担使他们陷入了更严重的现金流问题。

为此，公司决定采取降价促销措施。由于该公司的产品一向维持高价格，本次降价促销大幅度增加了销售额，在一定程度上解决了公司的现金流问题。为此，公司领导颇为喜悦。

谁知好景不长，降价促销影响了产品的品牌形象，导致其产品滞销、收入减少，公司又面临资金短缺问题。与此同时，促销降低了公司的毛利率，使公司减少了新产品开发的资金投入，新产品数量大大减少，更加降低了收入，加剧了现金短缺问题。

练习 7-6　请使用因果回路图描述这一现象背后的系统结构，并思考如何利用这一结构。

扫描二维码，关注“CKO学习型组织网”，回复“资金短缺”，查看参考答案。

与此类似的案例如下。

- 通过推迟新设备的采购，来提高投资报酬率，却使企业发展受到产能的限制。
- 通过抽烟、喝酒来缓解工作压力，导致身体健康状况恶化，烟酒消费量却越来越大，逐渐成瘾。
- 依靠毒品来减轻痛苦，却逐渐上瘾、不能自拔。
- 减少定期维修保养以降低成本，却导致更多的故障和更高的成本。

5. 预警信号

“以前，这样做一直有效。为什么现在不灵了？”

对于饮鸩止渴基模而言，最明显的预警信号就是：一项做法（对策）以前有效，而现在失灵了。

6. 管理原则

为了有效防止出现饮鸩止渴基模，相应的策略如下。

第一，在寻找解决问题的对策时，应利用集体智慧，尽量列出各种可能的“后遗症”及副作用，并在设计方案中周密安排，做出睿智的决策。

第二，如果可行，摒弃短期的“修补”式方案，关注长期的“根本解”。

第三，如迫不得已，可以采用“症状解”，但尽量只将其用于赢得寻找和实施长期方案的时间。

舍本逐末

1. 状况描述

为解决一个问题，采取了“头痛医头，脚痛医脚”式的“治标”方案（常被称为“症状解”），在短期内快速见效。但如果经常使用这类方案，一些长期的根本性措施（常被称为“根本解”）就会用得越来越少；一段时间之后，使用“根本解”的能力就会萎缩或丧失，导致对“症状解”的更大依赖。

2. 行为模式

舍本逐末的行为模式如图 7-20 所示。

在图 7-20 中，存在三个变量的行为模式。首先是问题症状的表现。随着时间的推移，问题症状逐渐恶化，在采取应急措施后，症状得以改善；不久以后，问题再次出现，经采取措施后再次缓解……依此模式，问题症状时而恶化，时而缓解，但总体上，问题的症状水平越来越高。

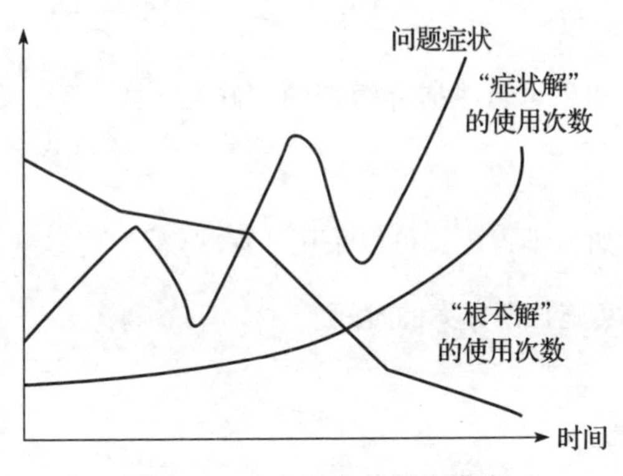

图 7-20　舍本逐末的行为模式

其次，应急措施（“症状解”）的使用次数越来越多，持续升高。

最后是“根本解”的使用次数。随着时间的推移，它们逐渐降低，说明系统自我修正、从根本上彻底解决问题的能力持续降低。

3. 结构分析

从问题症状的行为模式可知，它与“饮鸩止渴”是一致的。事实上，“舍本逐末”与“饮鸩止渴”在本质上是相通的。只不过，“饮鸩止渴”强调的是“副作用”或“后遗症”使问题症状恶化了，“舍本逐末”则是由于“症状解”可迅速见效而被经常使用，从而削弱了使用“根本解”的能力或意愿，间接地导致问题症状恶化。这也可被视为一种“副作用”或“后遗症”。

因此，“舍本逐末”的系统结构至少包括两个调节回路和一个增强回路，如图 7-21 所示。两个调节回路分别反映解决问题的“症状解”和“根本解”，而增强回路表示的是经常使用“症状解”而削弱了使用“根本解”的能力，导致“问题症状”恶化，从而更加依赖“症状解”的“副作用”。

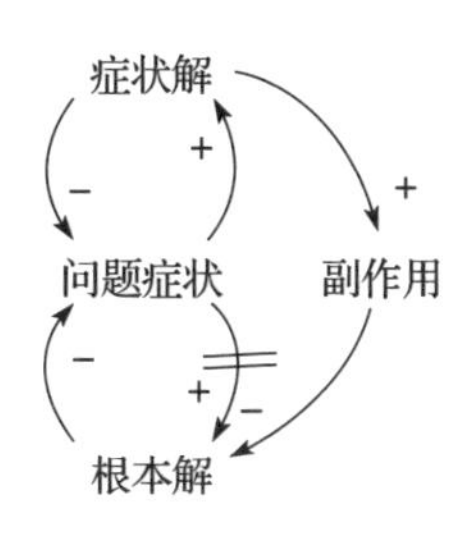

图 7-21　舍本逐末的系统结构

请注意，由于“根本解”所处的调节回路具有时间延迟，其效果往往要花较长的时间或付出更大的代价来实施才能显现出来，因此按照人性行为的基本规律“遵循阻力最小之路”可知，要采用“根本解”其实需要更多的智慧和更大的勇气。

4. 典型案例

由于“舍本逐末”与“饮鸩止渴”从本质上讲是一致的，因此它也是一种常见的模型。与此相类似的说法包括“本末倒置”“避重就轻”“转嫁负担”“治标不治本”等。

案例 7-7　借酒消愁愁更愁

早年，当工作压力升高时，小王曾想通过提高工作效率、改变工作方法，甚至减少工作量的方式来缓解工作压力。但是，这些都不容易做到。所以，他通过小酌几杯来缓解压力，短期内工作压力的确得到了缓解，但是根本问题并未得到解决。于是，工作压力再次回升。积压一阵儿以后，他再次通过喝酒来缓解压力……不知不觉，他必须通过喝更多酒才能缓解压力。

反复多次以后，由于一直未能采取解决问题的根本方法，小王的工作压力虽然短期内得到了缓解，长期来看却越来越高，而酒的消费量越来越高，健康状况越来越差，采取根本解决方法的意愿和能力也越来越低。

练习 7-7　请使用因果回路图描述这一现象背后的系统结构，并思考如何利用这一结构。

扫描二维码，关注“CKO学习型组织网”，回复“借酒消愁”，查看参考答案。

其他常见的“舍本逐末”情形如下。

- 一家原来靠创新成功的公司因担心丧失市场优势而逐渐以改良现有产品来保持竞争优势，逐渐失去创新能力，不得不更多地依赖改良策略。
- 只针对现有客户销售，而不去开发新客户群。
- “拆东墙补西墙”，而不是“量入为出”。

- 依赖外包，而不是训练自己的人员。
- 依靠补贴，而不是增强能力。
- 依靠止痛片来应对头疼。
- 通过印钞票来应对财政收支的失衡。
- 利用杀虫剂来消灭害虫。
- 通过寻求财政补贴或关税保护来应对国外竞争对手的冲击。
- 通过“代劳”而不是提高儿女或下属的能力来缓解其表现不佳的问题等。

5. 预警信号

早期：“看看，这种方案一直奏效。”

中期：“好像是出了一些问题，我们能应付。”

后期：“我们越是努力解决问题，问题好像越严重。”

与“饮鸩止渴”类似，“舍本逐末”的预警信号也有对策原来有效而现在失灵的情况，同时还伴随着问题不断恶化的状况。

6. 管理原则

与“饮鸩止渴”一样，有效应对“舍本逐末”的对策也包括三个方面。

首先，要想到你所采取的对策的各种“副作用”，尽量不要落入只消除症状的陷阱。

其次，要关注“根本解”。

最后，如果问题紧迫，由于“根本解”可能有延迟，可暂时使用“症状解”，以赢得使用“根本解”的时间，但千万要保持清醒，不要因问题症状暂时得到了缓解而放松警惕。

目标侵蚀

1. 状况描述

这是一个类似“舍本逐末”的结构，其中的短期“症状解”是放松要求，降低长期的根本性目标。也就是说，为了改变现状，人们通常会设立目标、制订计划，并采取措施去实现目标，这是主动变革的“根本解”。但是，实际情况未必总是如此。人总是有惰性的，正如俗话所说的“有志者立长志，无志者常立志”。设定目标固然可以激发人的斗志，也可能只产生“三分钟热度”。相对于目标与现状之间的差距所产生的压力而言，后者是“症状解”。

2. 行为模式

目标侵蚀的行为模式如图 7-22 所示。

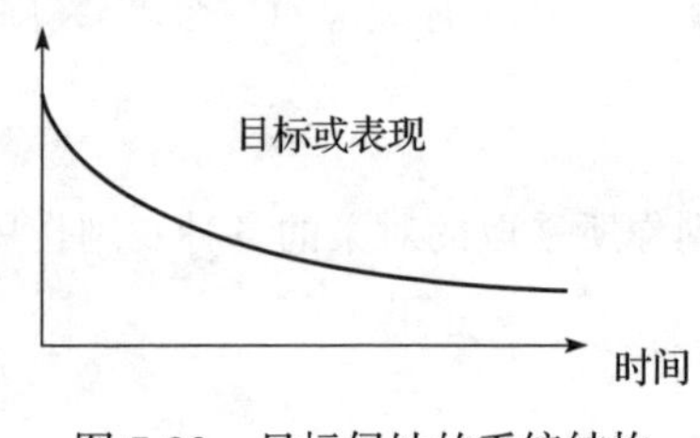

图 7-22　目标侵蚀的系统结构

参考“舍本逐末”的行为表现，目标或表现作为一个关键指标，随着时间的推移逐渐降低，最终会趋向于现状。

3. 结构分析

按照人性行为的基本规律“逃避压力”，当目标与现状存在差距时，就会产生压力——这是人们不愿意接受的。因此，人们就会想办法来纾解压力，办法有两种：要么改变现状，逐渐趋向目标；要么降低目标。圣吉把前一种力称为“创造性张力”，把后一种力称为“情绪性张力”。

按照上面所述的人性行为的另外一条基本规律“遵循阻力最小之路”，显然前一种方法阻力或难度大，而后一种方法阻力小。因此，人们在目标与现状之间的差距引发的压力面前，通常采用降低目标的“症状解”。二者均是调节回路。目标侵蚀的系统结构如图 7-23 所示。

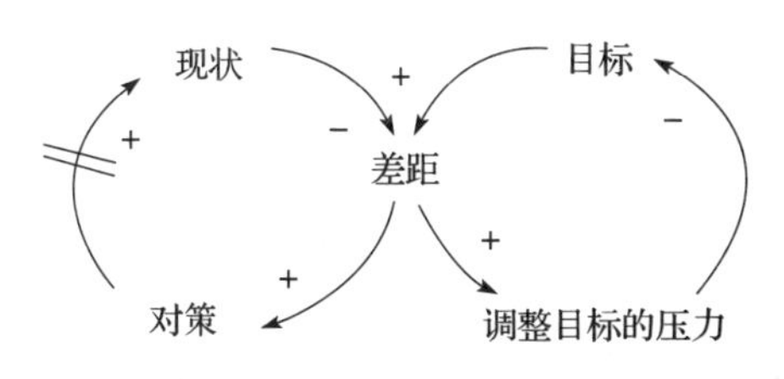

图 7-23　目标侵蚀的系统结构

同样需要注意的是，在通过采取对策来改变现状、缩小差距的回路上存在时间延迟，导致其实施相对困难。

4. 典型案例

目标侵蚀的例子在人们的生活、工作与组织管理中不胜枚举。如果没有达成目标，人们就会找出各种各样的借口来为自己开脱——长此以往，各种绩效指标（比如质量、交货期、客户满意度等）就无法达到既定或应有的高标准。

比如，对于某一个项目，在开始订立实施目标和计划的时候，大家热情高涨、目标远大；可是，在中途遇到挫折后，原本订立的目标就会慢慢“打折扣”；实施到一定阶段之后，回头再看才发现，现状与原本制定的目标相比，已相去甚远。

请参考案例 7-8。

案例 7-8　运动

因为步入中年，感觉身体每况愈下，某甲为自己定下了“每天运动半小时”的目标。第一周，他排除万难挤出时间每天运动。第二周，因为工作忙，他有两三天没能运动，于是开始怀疑是不是目标定得太苛刻了。自己工作繁忙，怎么可能天天锻炼呢？因此，他将目标调整为每周运动四天。第三周，因为工作上有突发状况，连续几天加班，他整周都没有运动。第四周，虽然工作量恢复到正常水平，但是不运动已经被他坦然接受了。

练习 7-8　请使用因果回路图描述这一现象背后的系统结构，并思考如何利用这一结构。

扫描二维码，关注“CKO 学习型组织网”，回复“运动”，查看参考答案。

与此类似的其他案例如下。

- 一家高科技产品制造公司发现自己的市场占有率下降，有调查员认为原因是公司的交货期长，导致客户转向购买竞争对手的产品，公司却拿出自己的记录来辩护：“我们一直维持 90% 的准时交货率。”所以，该公司在其他方面寻找原因和对策。然而，该公司每一次生产进度开始滞后，便将交货期的标准拉长一点。如此一来，对客户交货期的标准越来越低。
- 随着人们年龄的增大，很多人年轻时的激情与梦想逐渐消失，变得越来越务实，缺乏冲劲。
- 控制污染或保护濒危物种的目标下滑。

5. 预警信号

“把绩效标准降低一点，也没什么大问题。等危机结束以后再严格要求也不迟。”

放松要求、降低目标可能是一个瞬间而轻易的过程，也可能是一个长期而缓慢的渐进过程，无论出于何种原因，只要存在目标被降低或标准被放松的状况，就要小心并反思是否陷入“目标侵蚀”基模。

6. 管理原则

参考应对“舍本逐末”基模的管理原则，要想避免“目标侵蚀”的状况，也必须关注且只采用“根本解”，即不管绩效如何，都要保持一个绝对的标准、自己预期的目标或愿景决不放松；同时，要不断地将目标与过去的最佳标准相对照，而不是和现实的或最差的表现相比。

恶性竞争

1. 状况描述

两个人或组织都把自己的利益看作建立在超过对方的基础上，一方只要领先，就被另一方视为威胁，从而导致其更大的行动……如此对立形势不断升级。通常每一方都把自己的行为视为防卫或应对对方的进攻，最终的形势却恶化到远远超出任何一方的预想。

2. 行为模式

按照状况描述，陷入“恶性竞争”模式的双方对立的态势不断升高，其行为模式如图 7-24 所示。

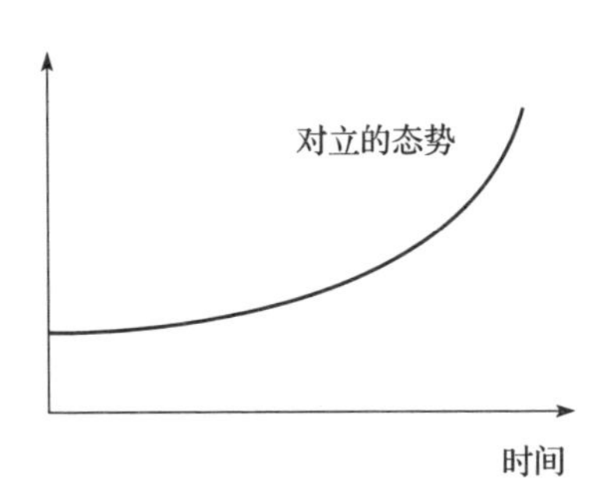

图 7-24　恶性竞争的行为模式

3. 结构分析

梅多斯认为，“以眼还眼，以牙还牙”是导致竞争升级局面出现的决策规则。从每一个参与方的观点看，自己的应对措施都是对对方威胁的回应，因此它们各自是一个解决问题的“调节回路”；双方对立的态势不断升高则是一个“增强回路”，相互竞争的参与者都试图超越对方，占据上风。因此，恶性竞争的系统结构至少包括两个调节回路和一个增强回路，如图 7-25 所示。

4. 典型案例

“恶性竞争”基模在现实世界中也是普遍存在的。在企业管理领域，恶性竞争的案例也比比皆是，比如“价格战”（参见案例 7-9)，公司内部各业务部门之间因争夺预算而导致整个公司预算膨胀的情况。

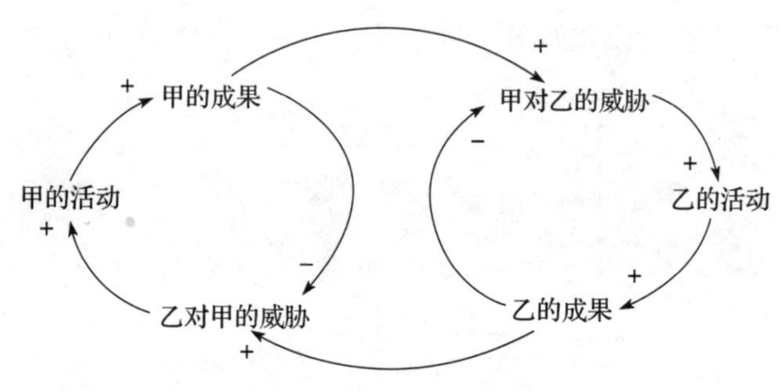

图 7-25　恶性竞争的系统结构

案例 7-9　因价格战而两败俱伤

某公司开发出一款设计精巧的婴儿车，轻便易于携带，能够同时承载两个婴儿。产品推出后，大受欢迎。此时，另外一家公司也推出了类似产品。第一家公司想要击败对手，降价 20%。过了一段时间，第二家公司发觉销售量下降，也跟着降价。第一家公司继续跟进，进一步降低了价格。第二家公司的利润虽然已经开始受到降价的不利影响，但一段时间以后，终于又采取相同的降价行动。几年之后，两家公司都只能勉强维持微薄的利润，难以开发新的产品，以图更大的发展。

练习 7-9　请使用因果回路图描述这一现象背后的系统结构，并思考如何利用这一结构。

与此类似的其他案例如下。

- 在日常生活中，夫妻之间、父母与子女之间往往因一些琐事产生矛盾，从而发生争吵，每一方都觉得自己是委屈的，是被迫应对对方的“无理”行为，因而形势往往愈演愈烈，甚至导致关系恶化、感情破裂。
- 在聚会中，一个人大声说话，就会导致其他人必须以更大的声音交谈，反过来又使那个人以更响的声音说话……如此循环，使整个聚会喧闹不堪。
- 冷战期间，美苏军备竞赛。
- 竞选中相互抹黑对方。
- 在一场展览中，一家公司的招牌比较大、广告比较炫或推销的声音比较大，另一家公司就会把招牌搞得更大，把广告做得更炫，让推销的声音更大……

当然，梅多斯指出，竞争升级的结果并不总是负面的或破坏性的，如果竞争的双方争夺的是一些符合人们预期的目标，竞争升级也可能是良性、礼貌的，会产生好的结果。

5. 预警信号

“如果我们的对手慢下来，我们就能停止这样的争斗，去做其他事情。”（另一方可能也会这么想。）

由于恶性竞争的结构包含两个以上的实体，从任何一方的角度来观察，都可以找出类似“自己只是应战，而对方步步紧逼”的状况，这是典型的恶性竞争的预警信号。

6. 管理原则

有效应对恶性竞争的态势，说起来简单做起来难。主要的思路包括以下两个方面。

第一，“解铃还须系铃人”。要想缓和竞争双方的对立态势，可以通过对话、谈判或调解，为对立的双方寻找一种“双赢”的方式，或引入一些调节回路，限制一下竞争，如引导双方追求一个更大的共同目标，或按照使用资源的数量来支付费用等。

第二，“退一步海阔天空”。在很多情况下，一方先主动采取“和平”行动，将使对方感到威胁降低，从而切断导致“竞争升级”的“增强回路”，逆转对立升高的态势。但是，按照一般常识，这一选择几乎是不可想象的，需要极大的智慧和勇气。

当然，从美苏军备竞赛的系统结构可见，每个当局都希望以增强自己的国力来缓解对方的威胁。这是一种潜在的、根深蒂固的心智模式。正是这种心智模式，使自己和对方都身陷系统互动之中，欲罢不能。要想改变这种心智模式，其实并不容易。

使用系统基模的注意事项

如前所述，系统基模作为一种入门方法，有其价值，但也存在不可忽视的局限性，需要我们对此有清醒的认识，以恰当地使用系统基模。

系统基模的价值与局限性

在我看来，系统基模的价值主要体现在以下两个方面。

第一，它们是一些系统思考方面的研究者、实践者提炼出来的，就像有经验的医生看的病多了，自然会总结出一些常见病的症状、检查与确认要点、常用对策等“经验”，对于初学者或经验不那么丰富的医生来说，有一定的参考与借鉴、指导价值。类似地，系统基模能够帮助我们透过表面的复杂现象，快速识别出系统背后的简单之美。如果没有这样的参照，我们有可能就迷失在细节性复杂里面。

第二，我们可以把系统基模当作参考，辅助我们采取睿智的对策，因为对于不同的系统结构，基于前人的经验，我们可以总结出更有效的应对策略。

坦率地讲，我认为，系统基模也有两个方面的局限性，使用不当，甚至会有“副作用”。

系统基模的第一个局限性就是过度简化。虽然就像梅多斯所讲，任何模型都是一定程度的简化，但是在现实世界中，系统的结构肯定不只是系统基模所展示的那样，只有少量几个变量和一两个回路，它们都是非常复杂的。

系统基模的第二个局限性是，它只是一些人的经验总结，并不是一个完整的列表，可能不严谨，也不可能穷尽。不同的人“功力”不同，总结出的内容也有差异。

同时，正是由于系统基模比较简单，很多人在使用过程中，也会陷入一个误区，就是“削足适履”，或者直接套用、填空。我个人认为，这是一个危害很大的陷阱，有可能让我们陷入“先入为主”“对号入座”的陷阱，没有真正看到系统的全部结构，反而让我们成为“盲人摸象”故事里面的那个“盲人”。

那么，到底应该如何利用系统基模呢？我觉得，基本思路就是扬长避短、为我所用。

具体来说，使用系统基模要注意以下三点。

- 把系统基模作为理解系统的入门方法，或者识别问题的一些线索（指引），是有价值和富有启发性的。在使用严谨、完整的系统分析方法，找到了驱动系统行为的内在结构之后，我们再结合系统动态变化趋势和模式，参照系统基模，确定系统的主导回路，并且利用相应系统基模的一些有效对策建议，找到有效干预系统的“杠杆点”，做出睿智的决策。

- 不能完全指望或只使用系统基模。它替代不了规范的系统思考流程，不可“滥用”它，尤其不能武断地“贴标签”“对号入座”或“填空”。
- 在使用系统基模时，要尽可能多地尝试一下各种可能性，不要认准一种自己熟悉的基模。否则，就会出现误导，正如西方谚语讲的那样：“如果你只有一把锤子，看什么都像钉子”。

系统基模的参考线索

根据系统的基本特性“结构影响行为”，从系统中的关键变量的行为模式可以大致推断出其背后潜在的系统结构。因此，在利用系统基模家谱图时，有两个重要的参考线索（见表 7-1）。

表 7-1 行为模式与基模类型的关系

问题的本质	行为模式	基模类型
推动成长		以增强回路为基础的各种基模
解决问题		以调节回路为基础的各种基模

首先，思考一下你要应对的系统性问题的本质：它们是有关成长的，还是试图解决问题？如果试图推动成长，则沿着系统基模家谱图的左侧寻找有相似状况的基模（均是以“增强回路”为基础的基本结构）；如果试图解决问题，则沿着系统基模家谱图的右侧寻找有相似症状的基模（均是以“调节回路”为基础的基本

结构）。

其次，观察关键变量的行为模式：它们是指数级上升或下降，还是向一个目标移动或围绕其震荡？如果关心的重要变量的参考行为模式图呈指数级上升或下降，则选取以“增强回路”为基础的各种基模；如果关心的重要变量的参考行为模式图呈现出向目标移动或围绕某一个目标震荡的情况，则选取以“调节回路”为基础的各种基模。

行为模式与系统基模的对照关系

如前所述，行为模式是识别系统基模的重要参考线索。根据系统思考专家迈克尔·古德曼等人的研究，行为模式与系统基模之间的对应关系大致如表 7-2 所示。[㊀]

表 7-2 行为模式与系统基模之间的对应关系

行为模式	解释	系统基模
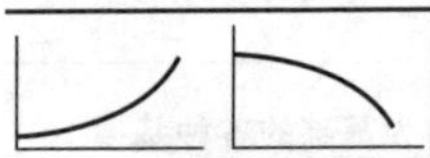	关键变量呈指数级上升或下降	关键转折点 富者愈富
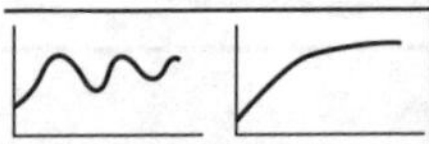	关键变量平稳或震荡地趋向一个目标，或围绕一个目标波动	延迟反应
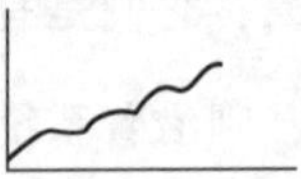	关键变量（问题症状）时而下降（问题改善），时而上升（问题恶化），并且总体趋向于上升	饮鸩止渴 舍本逐末
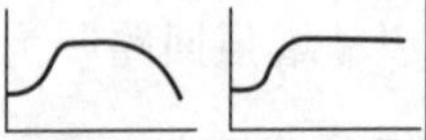	关键变量先以指数级增长，然后停顿（或波动），甚至趋向于指数级衰退	成长上限

㊀ 参见彼得·圣吉，等.第五项修炼·实践篇：创建学习型组织的战略和方法［M］.张兴，等译.北京：东方出版社，2002：129-131.

（续）

行为模式	解释	系统基模
	如果系统存在多个变量，各个变量的变化形态各异，成长、恶化、震荡三种形态并存，则表明对问题的解决存在“症状解”和“根本解”，二者的相互博弈，使得对“症状解”的依赖越来越强，并削弱了使用“根本解”的能力，从而使问题在震荡中不断恶化	舍本逐末 目标侵蚀
	某个局部主体的活动量越来越大，但边际收益越来越小，并最终可能停止；总体的变量（全部的活动）迅速增加，但最终可能导致系统崩溃	共同悲剧
	在某个共同资源方面竞争或对立的双方，长期来看敌对水平越来越激烈（增长），但单个主体的绩效或表现要么恶化，要么持续低迷	恶性竞争

当然，现实生活中的系统结构往往是非常复杂的，一些关键变量的行为模式并非如此规范，而且其可能受多个回路的相互影响，因此从行为模式来推断系统基模只能作为参考或辅助，并不是完全精确地对应，甚至可能会产生误导。这值得读者关注。

第三篇

应　　用

第8章
设计并维持成长引擎®

“如果把组织想象成一艘船，企业家应是什么角色?”

在很多场合中，彼得·圣吉曾向许多管理者提出这一问题。答案五花八门。有人说，企业家应该是船长，有人说是领航员，有人说是船主、舵手或者工程师。

对此，圣吉认为，这些都是一般的领导者角色，领导者还有一个重要的角色，即船的设计师，却很少被提及。

按照系统的基本特性**“结构影响行为”**，想要让人们产生你所期望的行为，最根本的办法是设计相应的结构。否则，即使人们短期内能改变或被动遵从，长期来看还会回复到变革之前的状态。可以说，在一个设计不良的组织中，任何创新或变革的努力，都徒劳无功，或者“事倍功半”。

因此，睿智的企业家应该成为高明的设计师，只有真正透彻地理解所处的这个系统，设计好企业的结构，才能让企业自主、顺畅地运作，无须过度地人为干预或修修补补。正如老子在《道德经》中所说：“是以圣人处‘无为’之事，行“不言”之教……太上，不知有之；其次，亲而誉之；其次，畏之；其次，侮之。信不足焉，有不信焉。悠兮其贵言。功成事遂，百姓皆谓‘我自然’。”也就是说，领导者的最高境界，就是下属几乎感觉不到他的存在，他不用说很多话，不用管很多具体的事务。因为他的核心职责就是设定系统的结构，一旦系统结构定好了，人们就会自动自发地按照设定好的结构，产生他所希望的那些行为。这样才会自然而然地成功，没有什么惊喜和意外，好像也不用付出什么额外的努力。

当然，要想达到老子所称的“无为而治”的领导境界，需要很高的修为，其核心工作就是设计好系统的结构，至少要明白这个系统中有哪些要素，知道它们之间的相互作用关系，拿捏好轻重缓急和推进节奏，才能游刃有余，否则就有可能事与愿违或事倍功半。就像柳传志先生所说：治理一家公司是一个系统设计，应该系统思考，是“拧螺丝”的过程，既不能片面重视和强调某一个环节，也不能忽视某些环节，还要注意推进节奏。

化繁为简，企业家只有两项工作

在我看来，虽然企业经营与管理中呈现出来的各种事务纷繁复杂，但其背后，从本质上讲，只有两类工作：**设计并维持推动企业发展的“成长引擎®”，以及及时预见、防范并解决企业发展过程中不可避免地出现的各种问题。**

正如《周易·系辞上》所讲：一阴一阳之谓道。前者为“阳”，后者为“阴”，二者相生相克、共生共存，是所有企业家须臾不离的两项核心职责。

我们先来看一个实际案例。

案例 8-1　重归睿智

我曾应某民营高科技公司的邀请为其进行组织诊断和管理提升方面的咨询。由于具备一些核心技术、人脉且行业的进入壁垒较高，该公司在成立7年多时间里一直高速成长，已经自发地形成了三项业务：代工（外包）、资源销售以及自有产品与服务。

为了实现公司的持续发展，并让高管团队就公司战略达成共识、促进协同，我们首先组织公司高管团队学习系统思考的技术，并应用这种“新语言”，就该公司的“成长引擎®”进行了研讨、分析，让大家明确了公司三项业务各自的竞争优势和核心能力，梳理了关键成功要素以及关联关系，形成全公司“一张图”（见图8-1）。

随着规模的扩大，越来越多的潜在风险暴露出来了，包括业务部门之间的协同问题、质量事故等。同时，正如系统思考智慧所显示的那样，在快速发展的过程中，该公司也面临着严峻的挑战，其中一些问题非常顽固而且棘手，已经威胁到企业的健康发展，成为“成长上限”。其中，主要问题如下。

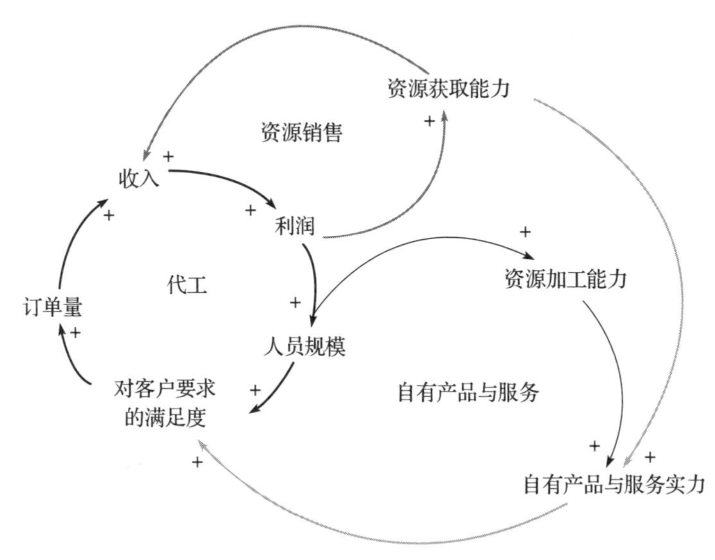

图 8-1　某公司“成长引擎®”简图

- 业务部门之间的协同：由于公司代工事业部和自有产品与服务事业部共享一个加工中心，因此在业务“旺季”，两个事业部经常要争夺资源，并和加工中心就资源调配、排产计划、交期、质量等问题吵得不可开交。
- 质量下滑：出于工期紧、操作员技能不足、管理水平欠缺等原因，公司产品质量有下滑的趋势，已经开始出现客户抱怨，甚至一些长期合作伙伴也向总经理投诉。
- 高离职率：公司发展快、项目多，导致各级员工普遍存在较大的工作压力，加之公司对企业文化建设的重视与投入不足，导致离职率居高不下。

- 管理能力不足：由于公司发展迅速，大多数管理者都是从基层提拔起来的，缺乏必要的管理训练，而且因为急着用人，很多干部都好像“小马拉大车”，力不从心，不仅压力巨大，而且阻碍了业务的发展。
- 培训不足：由于工作繁忙，各级人员普遍缺乏必要而有效的培训，更不要提系统化和标准化的教育培训。这也导致操作员技能不足、管理人员能力不足等，陷入“忙→没时间培训→能力得不到提升→工作失误或积压→更忙”的恶性循环之中。

以上只是一些显性的问题，还有更多潜在或隐性的问题，而且组织中不同层次的人表述不同、看法迥异，这样罗列和陈述问题只能使人如坠雾中，感觉各种问题如同一团乱麻，理不清头绪，看不到关键。

为此，我组织公司高管团队和相关部门的负责人，利用系统思考的方法与工具，对各种显性和隐性的问题进行了分析，清晰地梳理出了上述各种问题的相互影响关系，并经过探讨，明确了哪些是最根本而有效的措施（“杠杆解”），提出了系统化的解决方案。

虽然大家对系统思考的方法与工具使用尚不熟练，但大家都感受到了它的威力。就像公司领导所说：“这正是我想表达但是没表达出来的”“通过梳理‘一张图’，整个公司才能形成‘一盘棋’”。于是我们的方案得到采纳并付诸实施。

实践证明，经过研讨并达成共识的解决方案得到了高效的实施，成效显著。这不仅从根本上解决了制约公司发展的那些“老大难”问题，使公司得以顺利突破“成长上限”，实现快速而稳健的成长，更重要的是，也使团队与组织能力得到了显著提升。

从案例 8-1 可知，如果你掌握了系统思考的技能，就可以化繁为简，不仅可以发现、设计并维持驱动企业发展的“成长引擎®”，有效地对企业的成长加以管理，快速、稳健地推动企业的成长（见图 8-2 中的 R1），而且可以预见并提前采取措施，规避企业成长过程中必然伴生的“成长上限”(参见第 7 章)。

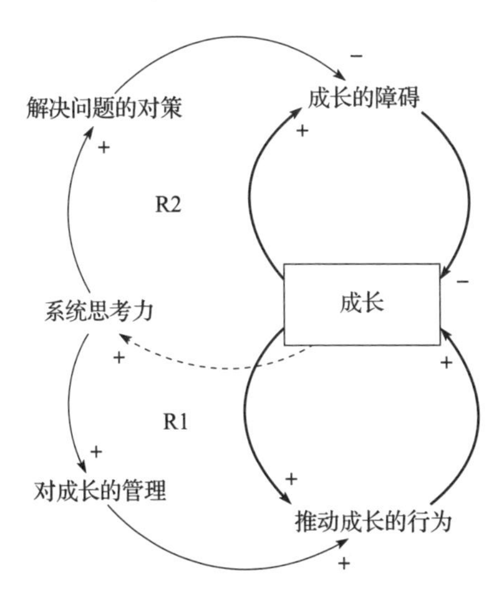

图 8-2 系统思考对企业成长与解决问题的两重价值

同样，当你在管理企业过程中遇到各种复杂问题时，利用系统思考的方法与工具，可以对其进行深入的分析，看到这些问题背后的系统结构，找到真正的“根本解”或“杠杆解”，睿智地解决问题，实现持续的根本性改善，解除成长的障碍，从另一个维度上推动成长（见图 8-2 中的 R2）。

因此，系统思考作为经营企业之“道”，是推动企业敏捷成长和解决问题的系统方法，也是企业家必须具备的核心能力。

任何成长都可以而且需要被设计

正如案例 8-1 所阐述的那样，任何企业或机构、业务的成长都不是偶然的，都涉及企业内外方方面面的因素，需要而且可以被设计、管理。哪怕你现在只是经营着一个路边摊或街角的小店，或者你只是领导着一个 3 ～ 5 个人的小团队，你都需要对自己的成长进行设计与管理。

我们来看下面这个案例。

案例 8-2　谷歌持续成长的动力

谷歌成立于 1998 年，是一家总部位于美国加州硅谷的跨国互联网服务公司，提供跨平台的多种在线服务，包括搜索引擎、浏览器（Chrome）、电子邮件服务（Gmail）、手机操作系统平台

（Android）及应用商店（Google Play）、地图服务（Google Maps）、社交平台（Google+）、协作平台（Google Docs）等，并拥有无人驾驶汽车、人工智能（AI）等多项世界领先的创新技术。

成立20多年来，谷歌一直保持着高速的成长（见图8-3），并成为全球企业学习的榜样。2015年，谷歌在全球互联网公司中名列第一，市值高达3730亿美元。那么，谷歌成功的秘密是什么呢？

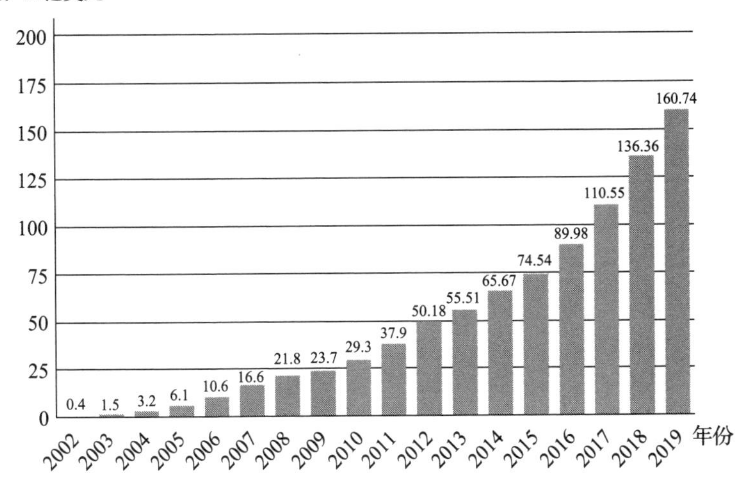

图8-3　谷歌2002～2018年全球营业收入

资料来源：https://www.statista.com/statistics/266206/googles-annual-global-revenue/。

谷歌创始人拉里·佩奇（Larry Page）在斯坦福大学攻读博士期间，在同学谢尔盖·布林（Sergey Brin）的协助下，发明了一种根据网页之间的相互超链接来计算网页排名的算法。这种技术颠覆了传统搜索引擎依靠分析网页内容来排名的方式，可以实现更精准的搜索结果。谷歌搜索引擎推出之后，由于其简洁、高效的搜索体验，迅速吸引了大量用户。

也许是因为两位创始人是技术出身，他们非常重视在技术和基础设施方面的投入，如部署分布式计算架构，通过拼写检查和联想来加速输入等，同时不断吸收用户反馈，改进用户体验，从而获得了更多的用户和“忠实粉丝”。口碑效应为其带来了更多的用户。经过多年打拼，现在谷歌已经成为全球搜索领域绝对的霸主[一]，甚至在英语中已成为一个动词，进入人们的日常生活。

在谷歌搜索业务稳步发展的同时，其巨大的影响力也使广告商趋之若鹜。据介绍，2000 年，Visa 曾提出支付 300 万美元在谷歌主页上展示其广告，但被拉里·佩奇拒绝了（主要是担心影响用户体验），尽管谷歌当时还处于亏损的困境。谷歌坚持以用户体验为出发点，拒绝了繁杂的页面[二]，至今其搜索网站首页仍非常干净简洁；同时，谷歌也摒弃了用户体验不佳的横幅广告和弹出式广告模式，坚持以搜索为主，只是在搜索结果页面右侧明确列出文字广告。这并未影响搜索用户的体验，谷歌将广告与搜索关键词

㊀ 据 Statista 的数据，自 2010 年以来谷歌的桌面搜索引擎全球市场占有率一直保持在 90% 上下，参见 https://www.statista.com/statistics/216573/worldwide-market-share-of-search-engines/。

㊁ 通常来说，首页面是放广告的最好位置，因而页面内容越多，可以放广告的位置就越多，许多搜索引擎公司禁不住诱惑，把网站首页搞得越来越复杂，对用户构成了干扰。因为用户访问搜索引擎，主要目的是搜索到自己想要的信息，而不是看一大堆可能与自己无关的内容。

相匹配反而便利了部分用户，增加了广告的点击量。

此后，谷歌推出了 AdWords 关键词竞价系统。关键词售卖价格取决于竞价和点击次数。精心设计的模式使得谷歌逐渐成为最大的互联网广告平台之一，启动了“赚钱机器”。

同时，谷歌推出了广告联盟 Adsense。对于有一定流量的站主来说，这是一种快速简便的网上赚钱方法。站主只需简单地申请和设置，就可以让其网站成为谷歌的内容发布商，在自己的网站上通过自定义搜索或展示与网站内容相关的谷歌关键词广告，从而将网站流量转化为收入。这一模式旋即受到了很多站主的欢迎，让他们尝到了甜头，并以更大的力度，把更好的位置留给了谷歌广告。同时，更多站主的支持也让谷歌成为更大的赢家。

因此，对于谷歌而言，多年以来，广告收入是其主要收入来源。根据 Statista 的数据，2018 年谷歌全球收入达到了 1363.6 亿美元。[㊀]其中，来自谷歌站点的广告收入约占 85.4%；通过谷歌联盟伙伴网络实现的广告收入约占 14.7%；授权及其他收入只占公司总收入的 14.6%。[㊁]

除了上述业务之外，谷歌能获得持续快速的发展，还离不开其独特的经营理念、文化以及由此衍生出来的强大活力。谷歌

㊀ 资料来源：https://www.statista.com/statistics/266249/advertising-revenue-of-google/。

㊁ 资料来源：https://www.statista.com/statistics/266471/distribution-of-googles-revenues-by-source/。

CEO 埃里克·施密特（Eric Schmidt）在《重新定义公司》一书中，详细介绍了谷歌的与众不同之处，包括（但不限于）：

- 只招募有极强内驱力的“学习型动物”和“创意精英”。
- 实行扁平化管理，尽可能地减少层级。
- 没有传统的绩效考核，而是实行灵活的“OKR+复盘”管理体系；每周，从 CEO 到各部门领导均会在全公司员工都可参加的会议上公布自己的“目标与关键成果”（objectives & key results，OKR）进展，对成绩与不足进行复盘反思，并发布更新的 OKR。各层级员工都可以参考设定自己的 OKR；更独特的是，员工的薪资并不与 OKR 的完成状况挂钩；其考核也不依赖其直线上级领导，而是由一个个委员会来讨论确定。
- 极优厚的福利和宽松的工作环境，鼓励创新。例如，每个员工都可以把 20% 的时间用于自己感兴趣的项目。

在这些因素的共同作用下，谷歌的员工焕发了源源不断的创新热情和工作活力，很多广为传颂的精品，如 Gmail 等，都是员工利用“业余时间”完成的。在谷歌内部，也流传着很多员工敬业、创新、做出优秀成绩或改善用户体验的故事。

此外，谷歌“富可敌国”，凭借庞大的财力，不断地通过兼并收购来拓展业务，如将领先的视频分享网站 YouTube、在线广告服务供应商 DoubleClick 等收入麾下。近年来，凭借数十起收购交易，谷歌有效完善了自己的商业帝国。

当然，谷歌的发展道路上也并非只有鲜花与阳光，没有烦恼或挑战。比如，谷歌在各国不时会遭遇到“反垄断”的动议；谷歌地图的街景服务产生了公民隐私保护的争议；YouTube 视频网站也经常官司缠身……但是，至少到现在，谷歌仍显示出强劲的增长势头，其在人工智能、自动驾驶技术等新业务的拓展方面，继续居于全球领先地位。

练习 8-1　请思考：谷歌从一家很小的初创公司成长为全球互联网领域的头号企业，背后的驱动因素或机制有哪些？它们之间有无相互作用或影响？你可以使用本书所讲的系统思考方法与工具，描述谷歌公司的“成长引擎®”。

扫描二维码，关注“CKO 学习型组织网”，回复“谷歌”，查看参考答案。

事实上，不仅是谷歌，任何一项不断增长的业务，背后都有一个或几个“成长引擎®”，它把若干经营要素连接在一起，构成一个环环相扣的系统，并使该系统得到自我增强。也就是说，随

着时间的推移，系统每运转一圈，每个要素就得到一次增强，并引发下一次更大幅度的增强。如此循环往复，使得业务不断增长。这是你事业的核心。如果想把业务做大，你必须找到推动业务发展的“增强回路”，并不断给这个增强回路“加油”。

对于一个小企业来说，如果能通过系统思考，找到对于公司的成长至关重要的良性循环，并设法让这个循环转动起来，公司就有机会快速成长。不论你身处什么行业，你都可以找到这样的回路，并体味系统思考为经营带来的妙不可言的神奇效果。

当然，我们事后分析或者绘制因果回路图似乎很简单、直观，但在真实的商业环境中，换作你所在的企业，你能从纷繁复杂的企业运作实务中抽离出来吗？你具备这样的洞察力吗？

对此，我相信大多数企业家的回答都不那么肯定。的确，企业经营与管理涉及的要素非常繁杂，人、财、物、信息、产、供、销、服务……哪怕是再小的企业，也是“麻雀虽小，五脏俱全”。企业家被大量细节或具体的事务性工作所包围，要想设计并维持企业的“成长引擎®”，他们需要具备系统思考的智慧，以及主动取舍的勇气。

事实上，近年来，伴随着中国的改革开放和经济的快速发展，机会层出不穷，很多企业的成长根本不是主动设计与管理的结果，只是运气好，把握住了机会，被机会推着走而已。就像俗话所说：风来了，猪都有可能被吹上天。人们往往有一个机会，就上一个项目，或者成立一家公司、新开一个摊子，完全不看这些项目之间是否存在关联。由此，大量多元化企业集团出现，管理复杂度剧增，超出管理者的能力限度。一旦出现某些意外，很可能牵一发而动全身，导致全局性的崩溃，演绎出了一大堆“高台跳水”或者像“烟花”一般的企业，灿烂一刻却转瞬即逝。

企业家能否主动地设计并管理自己的成长，才是区分“百年老店”和“烟花型企业”的根本。在我看来，不经设计的成长是鲁莽的，也往往风险重重。

那么，什么是“成长引擎®”？怎么设计并管理企业的成长？

什么是“成长引擎®”

成长，是大自然的基本现象，也是企业管理的核心主题之一。

企业的成长并不是一项简单的任务。由于企业内外部环境复杂、多变，仅靠一些“小聪明”，可以实现暂时的成长，却很难长期持续。

要想实现长期可持续的成长，必须经过系统的设计，激活推动企业持续成长的动力，并有效地对企业的成长机制加以管理。这是企业家和各级管理者的核心职责，也是只有少数人才懂的秘密。

事实上，无论对于个人，还是对于一个团队或一项业务，找到并维持驱动其“成长引擎®”，都是一种系统思考的智慧。

那么，什么是“成长引擎®”呢？

《精益创业》一书的作者埃里克·莱斯（Eric Ries）指出，成长引擎是新创企业用以实现可持续增长的机制。这里使用了“可持续”这个词，指的是要剔除那些能够造成企业成长但无长期影响的行动，比如政府补贴、为迅速增长而开展的广告宣传或公共活动，这些都可能带来成长却无法长期维持。

德勤公司的一份报告指出，成长引擎是一种系统化、可重复的组织能力，以实现并保持组织获得利润、显著增长。[一]

在我看来，“成长引擎®”是由一系列相互影响的要素构成的反馈回路（闭合环路），是推动企业持续成长的机制。反馈回路有一个基本特性，就是经过一段时间，它们会因为相互影响而产生某种动态变化。

根据系统思考的原理，“成长引擎®”主要是一些增强回路，如第6章所述，它们是一些可自我增强的回路，可以引发增长。在企业战略规划中，如果能够找到驱动企业成长的增强回路，就像开车时踩下油门一样，只要发动引擎，汽车就会越跑越快。

案例8-3 杨行长升职记

杨彤（化名）曾是上海某银行某区支行长，该区在上海排名靠后，他们的业务也位于倒数第二三名，压力很大。杨行长上任后，大力强化了培训，通过激发员工的工作热情，使大家的业绩提升、

㊀ 资料来源：http://deloitteblog.co.za/wp-content/uploads/2012/06/Building-a-Growth-Engine-Four-steps-to-close-the-quantum-growth-gap.pdf。

收入增加，导致大家干劲进一步加大。同时，由于员工的业务技能得到改善，坏账率也较低。这样，该支行业绩连年攀升，三年后居然在上海地区名列前茅。杨行长也得到提拔，升任分行领导。

练习 8-2　请用因果回路图描述杨行长如何驱动支行业务的发展。具体事件背后的“成长引擎®”是什么？

当然，尽管“成长引擎®”主要是增强回路，但一些调节回路也可以带来成长，同样可以成为企业的“成长引擎®”。

企业持续成长的动力来自何处

要想设计并维持企业的“成长引擎®”，首先要回答的问题就是：企业成长的动力来自哪里？

这个问题看似简单，实则不好回答，因为推动企业成长的动力可能有很多。

有的是一次性的。比如，某家公司凭借运气，拿到一个大合同，让企业在短短几年内扩张了好几倍。但是，好运气并不总是光顾同一个地方。这家公司以后再也没有类似的大项目，勉强维持了几年，终究无力支撑，大幅裁员，又回到几年前的规模。

有的不可持续。比如，很多依赖不可再生资源（如煤矿、油田、铁矿等）的企业，耗尽这些资源之后，企业也就无法存活了。只有极少数这种企业实现了转型，获得了延续。

有的勉强维持。比如，一家企业的创始人一开始有一个宏大的想法，一番筹备之后，招兵买马，开始创业，但他后来发现，经营企业困难重重，“理想很丰满，现实很骨感”，现实情况离自己的目标相去甚远，要么调低了自己的目标，“小富即安”，要么干脆放弃了。当前，一些企业家发现，做实业不如炒房子、炒股票赚钱更快，一些人就贪图赚“快钱”，放弃了持续经营企业。

经营企业真正需要的不是一次性的成长，而是可持续的成长。企业要可持续成长必须排除一次性因素，排除本质受限的因素。一般来说，以不可再生的资源为核心的商业模式是不可持续的；可持续发展需要依赖可再生资源，而且利用资源的速度不能超过资源再生的速度。

那么，企业持续成长的动力到底来自哪里呢？

管理学家彼得·德鲁克指出：企业的目的，唯一正确而有效的定义，就是“创造顾客”。只有在企业整合了各方面的资源，采取相应的行动，满足了顾客未被有效满足的需求时，顾客才愿意付钱购买企业的产品或服务，经济资源才能转变为财富。因此，顾客是企业的基石，是企业生存与发展的命脉。企业可持续成长的动力也应该或者只能来自有支付意愿和支付能力的用户数量和消费水平的提升。

具体来说，可能的途径有很多，大致可归结为如下三类。

保留住现有客户

除非你是从零开始，还没有任何客户，否则为了维持成长，你需要让现有客户满意，维持他们的支付意愿，保留住现有客户。根据经验，保留住现有客户比拓展新客户的成本更低，而且他们是真实存在的，并且付出了真金白银，所以让他们满意并持续购买，应该是企业安身立命最基本的一块基石。

要保留住现有客户，关键是想清楚客户为什么愿意持续使用你的产品或服务。这可能是因为你的产品或服务能够满足其需求；你的产品或服务体验符合客户心理预期或目标；暂时还没有强有力的替代性产品，或者即使出现了强有力的替代性产品，转换成本高或难度也大于其对用户的吸引力。总之，企业要找到自己的现有客户，巩固或持续提升自己对客户的价值。

对此，有很多可以参考的策略，包括以下几种。

- 把你的产品或服务做好，满足客户的需求。
- 持续地经营并维持客户体验，使其满意，至少不使其体验变得太糟。
- 充分发挥你客户的价值，促使其重复购买，或更多地购买。
- 搭建生态，构筑转换壁垒。

拓展新客户

莱斯认为，要想维持持续的增长，客户数量就不能不增长。因为如果没有客户数量的增长，即使你把现有客户的全部价值都充分挖掘出来了，他们愿意持续购买或花费其最大潜力购买你的产品或服务，但你的增长终究存在局限（成长上限）。[㊀]为此，你要以可持续的模式去开发新客户，让他们了解并愿意付费购买你的产品或服务，以使客户数量不断增加。

所谓“以可持续的模式”，指的是企业拓展客户的行为需要是可持续的，不能是一次性或有条件的。同时，企业为这些行为所付出的成本或费用需要小于新客户产生的价值，否则企业的发展就难以持续。

同样，企业可以采取的策略有很多，包括以下几种。

- 利用“口碑效应”，让你现有的满意的客户将你推荐给新客户。
- 利用产品使用带来的衍生效应，为客户提供新的产品或服务。
- 公司主动地进行营销投入，让更多客户了解你的产品或服务；更进一步地，通过营销活动，激发客户需求，并让客户认同你的产品与服务，最终促成交易。
- 开发新产品或服务，并进行创新或组织转型，进入新的市场。

㊀ 资料来源：埃里克·莱斯．精益创业［M］．吴彤，译．北京：中信出版社，2012.

按照市场与产品或服务的性质，上述策略可归结为四类（见表 8-1）。

表 8-1　拓展新客户的四种策略

	现有市场	新市场
现有产品或服务	以现有产品或服务，保留住现有客户，促使其更多地购买；或在现有市场内开发更多的新客户	将现有产品或服务投放到新的市场
新产品或服务	为现有客户提供新的产品或服务	进行突破式创新或转型，以新产品或服务进入新的市场

值得注意的是，如果你立足于一个很小的细分市场，可持续挖掘的空间有限，要想实现持续的成长，就必须警惕细分市场的饱和或退化风险，最根本的途径就是提前布局，通过投资或业务拓展等方式，推出有更广阔市场规模的新产品，或者推动组织转型，进入新的更大的市场。但是，投资或并购都是有风险的，你所投资或拓展建立的新业务，也要能够建立起成长引擎，实现自我成长，不能一味地靠外部“输血”。

即使你在一个看起来足够大的市场中有了一定的立足之地，在深耕细作、确保建立竞争优势的同时，也要留意潜在的风险。

提高每位客户的平均购买数量或金额

由于“收入 = 客户数量 × 平均客单价”，因此除了客户数量的增长外，另外一个实现增长的策略就是提高客户的平均购买数量或金额。

客户数量与平均客单价会相互影响。按照一般商品的规律，在一定条件下，单价越低，潜在的购买人数就越多；单价越高，潜在的购买人数就越少。因此，你要平衡二者的组合，要么在维持一定平均客单价甚至让它在一定幅度内下降（幅度小于客户数量的增速，确保（$1-x\%$）×（$1+y\%$）>1）的情况下，扩大客户数量；要么在客户数量不变或者轻微下降的同时，提高平均客单价，提高每一位客户对你增长的贡献。当然，这并不是放之四海而皆准的准则。有时候，单价降低，客户数量反而不会增加。

提高平均客单价的策略也有很多，但其根本仍取决于用户：他们是否愿意经常使用？是否愿意重复购买？是否愿意支付更高的价格？是否愿意购买其他高价值的商品或服务？这些都需要企业付出资源和努力来经营。

九种常见的企业“成长引擎®”

企业是复杂的、独一无二的，内在变量很多且相互影响，并且随着时间而动态变化，其“成长引擎®”也是多种多样、复杂多变的。因此，在管理咨询实践中，我主张通过赋能，让企业高管团队掌握系统思考的方法与工具，并在合格的引导师的带领下，通过企业高层管理团队的集体研讨，找出企业独特的“成长引擎®”以及潜在的“成长上限”（具体做法参见下一节）。在我看来，无论对于战略规划，还是对于日常的经营与管理，这都是非常有价值的。

当然，在纷繁复杂的事物背后，往往隐藏着一般规律。根据我的研究，在企业中，常见或通用的“成长引擎®”包括如下九种。

营销拉动

如上所述，企业的可持续成长必定来自客户的增多。为此，企业可以通过可持续的主动营销投入来启动“成长引擎®”。

在一些面向普通消费者的行业中，我们很容易发现一个由营销引发成长的模式：在产品投放市场之初，通过密集的营销活动（比如广告投放、促销等），快速形成品牌知名度和市场切入，从而带来销售量的增长，为企业带来了更多的收入和利润，使企业可以进一步加大营销投入，如广告投放、招募和培训促销人员等，再次引发收入增长……这就是一个简单的“成长引擎®”（见图 8-4）。

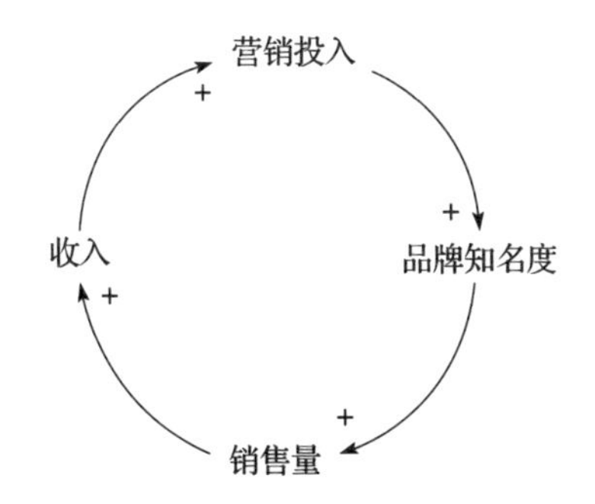

图 8-4　一个简单的“成长引擎®”：由营销引发的成长

需要注意的是，营销投入会增加企业的成本与费用，从而降低利润。要让这种策略可持续，需要确保：获取一位新客户的成本比他带来的收入低。这样的话，超出的部分就是利润，企业可以用它来获取更多的客户。如果营销投入效果不佳，由此导致的用户增加的效益低于相应的成本与费用，最终将“入不敷出”，企业很难长期坚持。因此，由企业主动进行的营销投入需要注意平衡其投入与产出。当然，影响营销效果的因素很多，也要系统地对它们进行分析与把控。

口碑效应

当一款好产品积累了一定数量的用户之后，很快销售量就会增加，甚至无须企业主动进行大规模的营销推广，因为现有的满意用户会主动向他人推荐，“口口相传”，一传十，十传百……这就是“口碑效应”，为企业带来了更大的销售量，进一步更大、更广地传播口碑……这是一个最简单的“成长引擎®”（见图 8-5）。

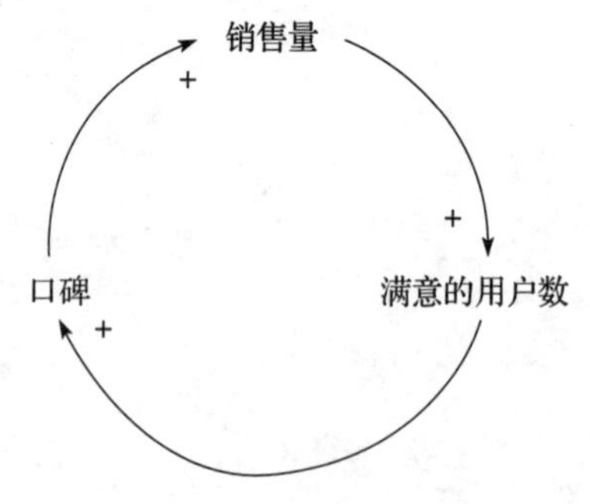

图 8-5　一个简单的“成长引擎®”：由口碑引发的成长

事实上，口碑是非常强劲的成长动力，因为它具有如下特性：①可信度高，与商业广告相比，熟人推荐更为可信；②影响力大，尤其是社交网络：自媒体与社群让人际影响突破了时空局限，无论是影响范围，还是传播速度，都得到了空前的拓展，重要性与日俱增；③成本更低，在绝大多数情况下，客户推荐都是免费的，无须企业支付费用或成本极低。

口碑效应其实是一把“双刃剑”。如果客户满意，他们会进行积极的推荐；如果不满意，他们也会到处散播对你的抱怨，说你的坏话。

同时，口碑效应的启动有赖于客户的主观感受，客户是否感到满意，是否向他人推荐，取决于他们自己。因此，对于“口碑”，企业只能施加影响，不可直接控制。前几年，在一些互联网公司中流行的“粉丝经营”，从本质上讲，就是致力于让客户满意，把客户发展成为“粉丝”，并让客户推荐其产品或服务，从而引发“口碑效应”。

病毒式营销

对于某些产品或服务来说，经过策划和运作，可以利用公众媒体或人际社交网络，让营销信息像病毒一样快速传播和扩散，在很短时间内覆盖大量受众。这是一种常见的网络营销方法，也是口碑营销的一种特殊形式，被称为“病毒式营销”(viral marketing)。

案例 8-4　Hotmail 免费邮箱如何引爆市场

1996 年，沙比尔·巴蒂亚（Sabeer Bhatia）和杰克·史密斯（Jack Smith）发布了一项新的电子邮箱服务，让客户无须安装客户端，只通过网络浏览器就可以收发邮件。

一开始，业务增长很缓慢，Hotmail 团队只获得少量种子期投资，无力开展大规模的营销活动。他们对产品进行了一个小小的调整，在向每个用户发出的每封邮件后面，都加上一个横幅广告（banner），写上“你好，亲爱的！免费注册 Hotmail 邮箱”。之后，一切都发生了变化。几周内，这一调整引发了大量用户注册。6 个月后，他们就获得了超过 100 万个新用户。该产品推出 18 个月后，注册用户高达 1200 万。

练习 8-3　请思考：是什么驱动了 Hotmail 邮箱的快速成长？使用因果回路图描述这一现象背后的系统结构。

扫描二维码，关注“CKO 学习型组织网”，回复“Hotmail”，查看参考答案。

病毒式营销引发的成长是显而易见的，越多人参与传播，扩散或到达的人就越多，从而引发更大的传播。其速度取决于“病毒

系数”，也就是说每个注册用户将带来多少个新用户。这个系数越高，产品的传播就越快。病毒系数低于 0.1，增长就是不可持续的。设想一下：每 100 个用户，会带来 10 个新用户。这 10 个新用户只能再带来 1 个新用户，循环到此就截止了。相反，如果病毒系数大于 1.0，就会呈现指数级增长。所以，依靠病毒式成长引擎的公司，要想持续成长，必须关注病毒系数，想方设法提高病毒系数。

许多病毒式产品往往是免费的，并不直接向用户收费，而是依靠广告或增值服务（freemium）等商业模式间接获取收入。

网络效应

在经济与商业领域，有一个广为人知的网络效应（network effect），它也被称为“网络外部性”或“需求侧规模经济”，指的是一种商品或一项服务的用户越多，该种商品或服务对使用它们的其他用户的价值越大。

电话、邮件、社交媒体软件等都有类似特性。拿电话来说，如果全天下只有你一个人在使用，它一点儿价值也没有；随着电话的用户越来越多，你的亲戚朋友、业务伙伴等都成了电话的用户，那么电话对你的价值就会越来越大。也就是说，某种商品或服务的价值取决于它的用户数量。随着某一商品或服务的用户数量越来越多，它对用户的价值就越来越大，新用户也越来越多，总用户数量也就越来越多。按照这一趋势发展下去，结果将是“赢家通吃”

（the winner takes all），换句话说就是“只有第一，没有第二”。

从以上分析可知，网络效应的本质是一个增强回路，对于处于“第一位”的玩家而言，一旦开启增长，随着时间的流逝，就会呈现越来越好的“良性循环”，只要它不犯严重的错误，或者竞争对手没有强有力的颠覆性技术，它就会稳坐“头把交椅”；对于“第二名”来说，日子就没有那么好过了，如果自己没有特别的功能吸引或留住用户，现有用户就有可能被“第一名”吸引过去，而且用户数量越少，该产品或服务对用户的价值就越低，从而更难以吸引用户，甚至陷入一个越来越差的“恶性循环”之中。

网络效应是威力特别强大的系统内生力量。只要不出现大的失误，赢家就会占有强大的先发优势，让后来者很难超越。举例来说，现在 Facebook 是美国社交媒体领域的领先者，成年人使用率就达 69%，除了视频分享平台 YouTube 使用率能与其并驾齐驱之外，其他社交平台使用率都远远落在后边。同样，在国内，微信一家独大，阿里先后推出的往来和钉钉以及其他社交媒体软件都难以撼动其统治地位。因此，你要么启动并维持有利于自己的增强回路，要么避开你竞争对手挥舞的这一“利器”。

案例 8-5 LinkedIn：一个互联网公司的成长故事

2003 年 5 月 5 日，专业人员社交网站 LinkedIn 正式上线，第一周之后，注册用户接近12 500人。据公司网站披露，一开始用户增长很慢，有时候几天只有二十几人注册。然而，四个月之后，注册用户已经达到5万人，它还获得红杉资本470万美元的风险投资。一年之后，注册用户达到50万人。三年之后，公司开始盈利。2011年，公司IPO，估值近180亿美元，注册用户超过2.25亿人，覆盖200多个国家和地区。[㊀]2016年6月，微软公司以260亿美元并购了LinkedIn。图8-6与图8-7分别展示LinkedIn 2009～2016年用户数增长情况与2009～2019年收入增长情况。

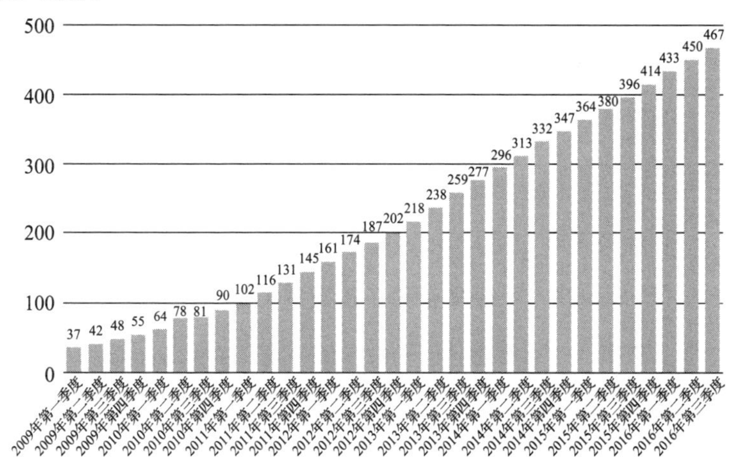

图8-6　2009～2016年LinkedIn用户数增长

资料来源：https://www.statista.com/statistics/274050/quarterly-numbers-of-linkedin-members/。

㊀ 资料来源：https://growthhackers.com/growth-studies/linkedin。

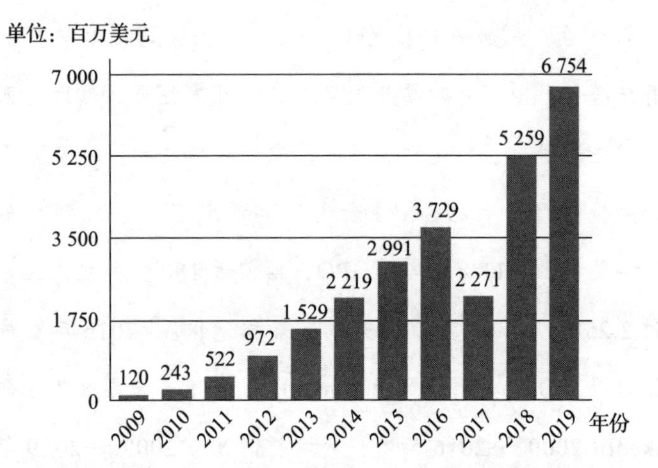

图 8-7 2009 ～ 2019 年 LinkedIn 收入增长

注：因 2016 年涉及并购，财务核算周期变更，2016 ～ 2017 年的数据可能不准确，仅供参考。

那么，它是怎么做到的呢？

综合各方面的资料，我们可以发现，驱动 LinkedIn 成长的动力来自多个方面，包括但不限于以下几个方面。

1. 病毒营销

“联系人导入”的概念现在已经很常见了，但在 2004 年，这是非常新颖的创新性做法。LinkedIn 开发了 Outlook 联系人上传插件，可以让用户很方便地向其电子邮件 Outlook 上的联系人群发消息，邀请对方注册。据估计，一个人可能引起 5 ～ 10 个人注册，由此产生了大量的新用户。据统计，多达 7% 的用户上传了他们的通讯录，发送的邀请数量增加了超过 30%。

2. 用户口碑

LinkedIn最早的理念是人际交流的六度理论，而且定位于专业人士，使其可以展示个人的真实资料、专业实力，并维护基于互联网的社交网络。这些让每个用户找到了展示个人专业形象与品牌的机会，也使他们有动力去传播LinkedIn。事实上，人们常用"LinkedIn效应"来表达这样一个理念：建立良好的在线社交网络，对于我们在职业生涯中取得成功至关重要。LinkedIn也成为人们寻找工作、员工或合作伙伴的重要渠道。

3. 网络效应

由于LinkedIn定位于专业人才社交，而社交的天然属性就是"网络效应"，也就是说，参与的用户越多，网络的价值越大。这也是病毒营销能够施展的基础。

同时，由于LinkedIn的用户更多是专业人才，它也成为专业出版平台，每一位用户会自发地创作或发布一些内容（UGC），而这些内容又对其他用户产生了吸引力。可以说，用户越多，内容就越多，对用户的吸引力越大，用户就越多。

2011年，LinkedIn推出了"LinkedIn今日"模式，不让用户陷入UGC的洪水或垃圾信息之中。同时，该服务还允许用户订阅、分享和评论。2012年10月，LinkedIn推出了"思想领袖"（Influencer）计划，选择一些名人、思想领袖，直接在LinkedIn上与关注用户分享内容，如杰克·韦尔奇、比尔·盖茨等。更重要的是，这一计划不仅对LinkedIn有利，对于这些名人本身也是有好处的，这可以扩大他们的影响，并为其带来巨大的流量和相应的收入。因此，他们愿意花时间为网站创建内容。这形成了相互促进的良性循环。

4. 抓住刚需：求职与招聘

LinkedIn有一个非常自然的功能，那就是求职与招聘。因为每个人都有职业发展的需求，LinkedIn网络上聚焦了各行各业的专业人才，其真实资料与展示的实力，对于有招聘需求的单位来说有巨大的价值；同样，这对于LinkedIn用户也有现实意义，他们可以参与各种社群，了解行业动态以及职业发展机会，由此形成了良性发展的循环。

5. 注重用户体验

面对移动互联网的普及，LinkedIn以优秀的产品设计，为用户提供了无缝的移动体验，让用户可以通过智能手机，随时随地、全天候地进行有意义的联系。

6. 基本免费与高级收费相结合的模式

LinkedIn不完全依赖广告收入，注册用户可以免费使用网站最基本的功能，如创建个人资料，通过站内短信与联系人联系，LinkedIn也推出了高级收费功能“LinkedIn Premium”，可以为企业、招聘人员、求职者和销售人员提供增强功能和高级功能，如通过站内信（InMail）功能进行消息传递与网络之外的人员联系，访问用户的完整个人资料，获得简历的优先推荐、专门的工作流和搜索功能等。最基本的“LinkedIn Premium”方案按月收费，为LinkedIn的发展提供了坚实的财务基础。

7. 收购

2012年2月，LinkedIn收购了Gmail插件Rapportive，它可以让用户从Gmail直接链接他们的LinkedIn联系人；同年5月，LinkedIn以1.11亿美元收购了SlideShare，这是一个共享专业内容（如演示文稿和商业文档）的平台；2013年3月，LinkedIn以9.0亿美元收购了流行的新闻阅读器Pulse。这些都拓展了LinkedIn的疆域，增强了用户的黏性，使LinkedIn不仅仅是一个找工作或招聘的网站。事实上，除了上述三次收购，自2010年开始，LinkedIn还进行了十余次收购，包括开展工作匹配业务的Bright.com、提供网络应用服务的Bizo、在线教育服务商Lynda.com等，收购成为公司快速发展的重要手段。

练习 8-4　请思考：是什么驱动了 LinkedIn 的快速成长？使用因果回路图描述这一现象背后的系统结构。

研发驱动

另外一种常见的“成长引擎®”是研发驱动的成长：企业加

大研发投入力度，设计出更高质量、功能更受欢迎的产品，从而带来更多的销售量，为企业产生更多的收入和利润，从而使得企业进一步加大研发投入，进一步提高产品竞争力……如图 8-8 所示。

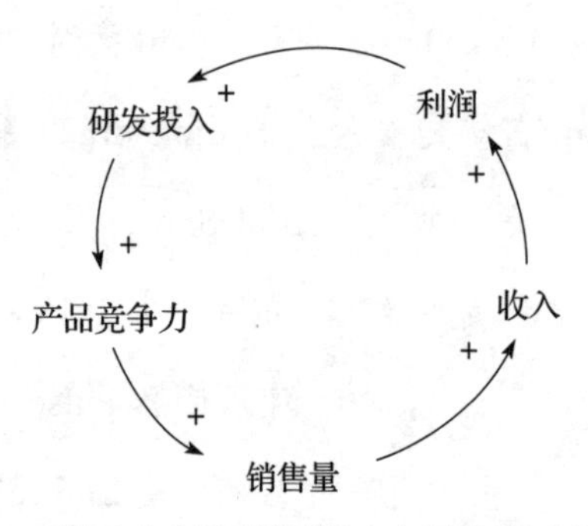

图 8-8 通用“成长引擎®”：由研发驱动的成长

比如，苹果 iPhone 手机设计新颖，深受一些消费者的喜欢，并因为他们的使用与推荐引起了更多人的注意和购买，形成了一些忠实的“粉丝”。同时，苹果也在研发领域投入了巨资，不断推出新产品。

人才驱动

“活儿是人干出来的”，因此提高员工能力是促进业务绩效提升的基本途径之一。为此，一些企业非常重视培训，利用各种时间和机会对员工进行培训，逐渐提高了员工的能力，使销售量增加，带来了良好的收入和利润。这使企业可以进一步加大培训投入，让企业走向良性循环的成长之路（见图 8-9）。这也是一种常见的“成长引擎®”。

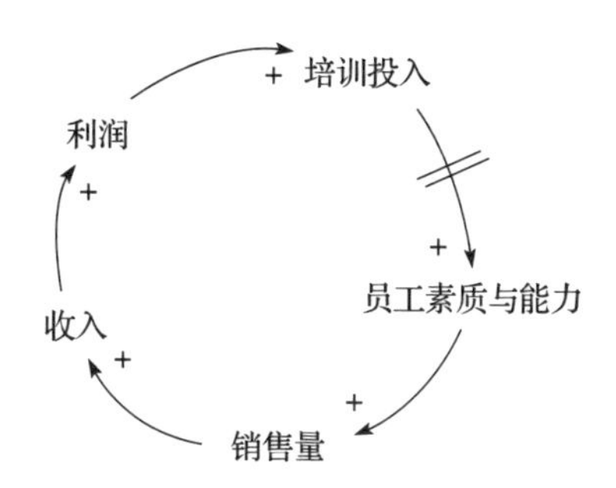

图 8-9　通用“成长引擎®”：由培训驱动的成长

近年来，一些优秀的公司，如谷歌、奈飞、亚马逊等，之所以能够快速成长，部分原因在于它们大力招聘优秀的员工，在公司内部建立平等、民主、宽松的环境，让这些优秀的人才自由组合、自主管理，促进知识与创意的高效流动。从某种程度上看，这也是“人才驱动”这一“成长引擎®”的具体体现。

信息支撑

现代企业运作已经离不开信息技术（information technology, IT）。事实上，善用 IT 也可以成为组织的“成长引擎®”。

案例 8-6　尿布与啤酒的故事：沃尔玛靠 IT 制胜

连年在美国《财富》杂志世界 500 强企业排行榜中高居榜首的沃尔玛之所以能够取胜，在很大程度上源于其采取的“天天平价”等经营策略，但为了实施这些策略，沃尔玛运用先进的信息技术手段，培育起优异的运营能力和组织学习能力。这对于沃尔玛取得如此骄人战绩同样功不可没。

比如，该公司依靠先进的电子通信和控制技术，建立了覆盖全球的货物调运管理系统，保证了货物从供应商那里连续不断地运到分配中心，经过分选包装后，再根据各零售店的需要，快速送达各分店。这种货物调运管理系统降低了商品的管理成本和存储成本，使公司可以履行对顾客承诺的每日最低价并获得利润。公司的信息系统通过卫星通信，每天向4000家供货商转发每个销售点的情况，使供应商明了市场动向，准备好公司需要的商品，而绝大多数商品在每周内可以得到两次补充。以这样高效的运作能力为支撑，沃尔玛就可以保证顾客在他们希望的时间和地点获得物美价廉的商品，在低价销售的同时赢得可观的利润。

与此同时，沃尔玛非常善于分析"数据中蕴含的财富"，并把这些分析结果运用到企业经营中，展现出高度的"商业智能"。在这方面，"尿布与啤酒"这一小故事非常具有代表性。

有一天，沃尔玛一家分店的某个数据分析员意外地发现：每逢周五，尿布和啤酒的销量便增加不少。虽然这两种商品似乎"风马牛不相及"，但这名细心的分析员并未对这个发现一笑了之，而是在周五进行现场观察。他终于发现了一个秘密：原来，这些购买尿布的青年，假日会狂欢玩乐，没时间买孩子用的东西，于是每到周五下班前后，他们就会一次买齐孩子周末和下一周使用的尿布以及聚会时豪饮的啤酒。因此，沃尔玛及时调整了商店里的货品摆放位置，把啤酒搭着尿布卖，结果销售量增加了十几倍。

从这则小故事可以看出，在企业经营中蕴含着很多“诀窍”，如果企业能够将这些散落在日常经营运作交易所产生的原始数据中的信息提取出来，并善加利用，这些“数据”就能变成现实的“财富”。要达到这种境界，则要求企业中的每个员工都打开“接受信息的天线”，随时保持开放、敏锐的心态，观察内外部各种变化，并及时归纳、分析，将这种有意义的信息、知识运用到企业经营运作之中。这不仅是“组织学习力”在商业经营中的真实体现，也可能是沃尔玛连续多年“称雄”的真正秘诀之所在。

从案例 8-6 可知，沃尔玛的成长实际上与信息化建设、IT 能力提升紧密相关，如图 8-10 所示。

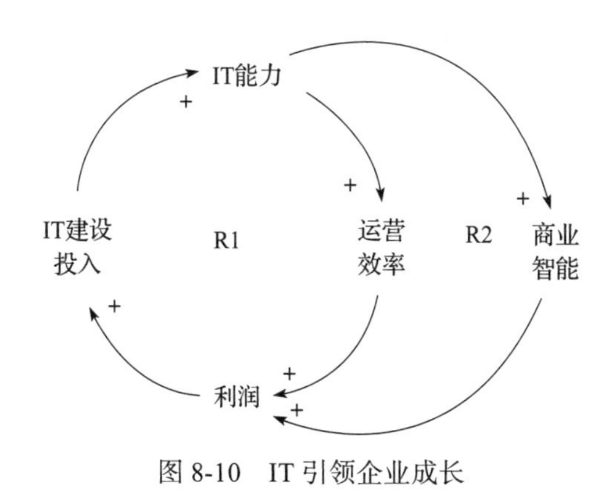

图 8-10　IT 引领企业成长

在图 8-10 中，R1 表示的增强回路，反映的是通过提升 IT 能力改善运营效率、降低运营成本，使沃尔玛在保持低价的同时赢得利润；R2 表示的增强回路，反映的是 IT 能力提升商业智能水平、创新业务模式、增加营业收入、推动企业成长的内在机理。

知识引擎

很多人都有过这样的经验，我们知道的越多，知识面越广，便能够接触、了解更大范围的知识，从而获得更多的知识。同样，一个组织在某一个方面积累的知识或经验越多，它就能够学习得更快，从而表现得更好，获得更大的优势。这也构成了一种通用的“成长引擎®”（见图 8-11）。

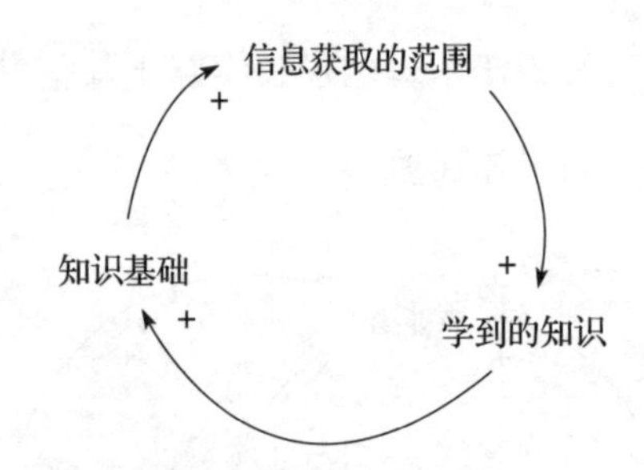

图 8-11 通用“成长引擎®”：通过积累和利用知识成长

比如，日本索尼公司在家电微型化方面拥有深厚的经验，它以此为基础，开发出了 Walkman、超薄笔记本和电子玩具等流行产品，并从中获得更多的知识和技能，从而巩固了自己独特的竞争优势。

愿景引领

舍伍德指出，业务战略的根本驱动因素在于组织的“雄心、远见和想象力”。圣吉也将“愿景”列为创建学习型组织的“五项修炼”之一，并认为它为学习提供了焦点与能量，激发了“创造性学习”的动力。正如圣吉所讲：如果没有共同愿景，将无法想象 AT&T、福特、苹果等是怎么建立起傲人成就的。共同愿景凝聚了众人的能量，在组织之中建立了“一体感”。因此，愿景是激发企业成长的根本创造力，也是自我成长的原动力之一。

从作用机理上讲，愿景与现状之间的差距会激发变革的热情，推动改变的努力，从而产生改变现状的力量，缩小二者之间的差距（见图 8-12 中的 B）。

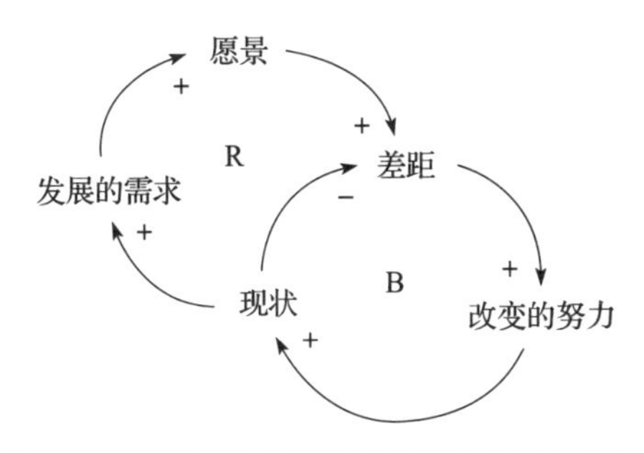

图 8-12　通用“成长引擎®”：愿景引领成长

同时，现状的改变会进一步引发人们发展的需求，使得愿景越来越清晰，再次引发改变现状的“创造性张力”。显然，这是一个不断超越的增强回路（见图 8-12 中的 R），推动企业不断发展。比如，柳传志先生曾讲过：企业家精神的一种特质就是“奔日子”，也就是不断调高自己的目标，更加努力地去冲击、实现新的目标。如果个人的愿景很清晰、目标高远，他就有很强的学习与发展的动力，从而比他人付出更多的努力，有更好的绩效表现，这会进一步增强进步的信心，激发更高的愿景。

萨利姆·伊斯梅尔等在《指数型组织》一书中指出，实现了指数级增长的公司都有一个共同特点，那就是有一个“宏大的变革目标”（massive transformative purpose，MTP）。MTP 能够鼓舞人心，产生一种“拉动力”，激励人们创造出专属的社群，最终创造出自身的组织、生态系统乃至文化。因此，MTP 自身就是一种竞争优势。我也将其看作通用“成长引擎®”之一。

需要说明的是，上述通用“成长引擎®”只是供企业管理者参考的一般框架，不能简单套用或枚举。在真实的商业经营与管理中，必须系统地阐述企业的真实“成长引擎®”，而其往往是潜在的，需要借助系统思考的方法和工具使其明晰化、显性化，以便形成独特的竞争优势。

如何设计企业的“成长引擎®”

可持续的成长不是由一系列“小聪明”推动的，而是经过系统设计的整体结果，包括涉及的核心要素、它们之间的相互关联和动态。

事实上，发现你的“成长引擎®”并不容易。一是因为它需要你具备系统思考的智慧，进行主动设计，并非自然发生或存在的；二是因为它隐藏在大量事务性工作的背后，细节性复杂让很多人只关注表面上形形色色的工作，而无法“化繁为简”，把握关键，并洞悉它们的相互影响；三是因为它可能面临很多障碍因素，运作起来也并非那么明显；四是因为它需要你的推动，在你设计的“成长引擎®”中有很多要素，每一个都需要克服很多障碍，达成其预期目标，才能驱动整个“成长引擎®”(比如，如果你的产品很差，就不会有好的口碑，“成长引擎®”就无法朝着你期望的方向发展，甚至有可能形成恶性循环。把产品做好，使之超出客户的期望，并不是一件容易的事)。

对此，我们需要运用系统思考的智慧来找出企业的“成长引擎®”。如前所述，系统思考是有效应对复杂性、系统性问题，解决问题，制定睿智决策的科学方法，有助于形成睿智的、经得起时间考验的决策，避免拙劣的决策，比如那些看起来补上了当前的漏洞却留下了长期隐患的决策。

我们先来看下面这个案例。

案例 8-7　是什么让国家欣欣向荣[1]

想象一下你现在身处 18 世纪 50 年代，你恰巧是欧洲一个小

[1] 本案例节选自丹尼斯·舍伍德. 系统思考［M］. 邱昭良，等译. 北京：机械工业出版社，2004. 略有修改。

国的君主。作为一位刚步入中年的世袭君主，你年富力强，已有三位健康的继承人，根本不用顾虑继位的问题。所以，你将目光放在了长期发展上，希望有一番作为。

现在的时机也非常好：你的国家土地肥沃，城市熙熙攘攘，国民安居乐业。你想采取一些政策来促进国家的经济繁荣。作为至高无上的君主，你拥有为所欲为的权力。当然，你希望采取睿智的行动。

现在，大臣们为你提供了以下四种选择。

第一，找借口发动一场和邻国的战争。

第二，邀请声名鹊起的新潮经济学家亚当·斯密离开他居住的寒冷的格拉斯哥到你温暖的首都定居，并在你的王国里尝试他的新理论。

第三，推行喝早茶和下午茶的潮流。

第四，引入一种全新的政策——儿童福利津贴，这在某种意义上是一种“反向税”，即让国家对生育孩子的家庭进行补贴。

你会选择哪个方案？

在进行了很长时间的思考，并咨询了多位顾问之后，你选择了第四个方案，即“反向税”，并持续实施了20年。

结果却令人大失所望：虽然出生率上升了，但是城市人口并没有增长；虽然经济增长了一点，但是并没有像当时期望的那么多！让人意想不到的是，死亡率在迅速上升。事实上，在这20年中，城市经历了几次可怕疾病的侵袭；整个经济中唯一的亮点就是葬礼业务。

唯一的例外是一个和印度、中国有海上贸易的海港城市。这个城市人口不断增长，并超过了首都，发展成了这个国家最大的城市，它的贸易税支撑着整个国家的财政，使“反向税”计划得以勉强维持。

于是，你来到这个繁荣的海港城市视察，试图理解为什么只有它那么繁荣。在招待会上，市长为你呈上了一杯浅棕色的液体——一杯茶，并说：这是从印度、中国进口的“神奇树叶”。20年前，“饮茶”成了这个城市上层人士的时尚风潮，现在大家都已经养成了“饮茶”的习惯。而它就是让这个城市欣欣向荣的“秘密武器”！

听完这番话，你非常惊讶。为什么一般人看来理性的决策（“反向税”）无法产生预期的效果，看似不相干的“饮茶”却产生了神奇的功效呢？

练习8-5 请思考：为什么“饮茶”会导致城市的繁荣发展？为什么“儿童福利津贴”这一政策不能达到预期效果？

扫描二维码，关注“CKO学习型组织网”，回复“饮茶”，查看参考答案。

管理学研究表明，面向社会这类极其复杂的动态系统，一个看似微不足道的决定可能导致后果天壤之别。这就是著名的“蝴蝶效应”。与此类似，“千里之堤，溃于蚁穴”“失之毫厘，谬以千里”“防微杜渐”等醒世警句都蕴涵着这个看似简单实则深刻的道理。这些都在提醒我们，真正睿智的领导必须具备系统思考的能力，才能洞悉复杂系统的运作，做出经得起时间考验的英明决策。

那么，如何发现并设计“成长引擎®”呢？

根据我的咨询服务经验，发现并设计企业“成长引擎®”可分为如下六个步骤。

列出关键利益相关者

企业运作是一个系统，需要各方面资源，驱动企业成长的力量也来自关键利益相关者的互动与反馈。比如，企业要想获得收入，就需要找准目标客户，通过适合的渠道，让客户知晓其产品与服务，采取某些措施促成购买。在这个过程中，涉及的利益相关者包括目标客户、特定的渠道伙伴、直接或潜在的竞争对手等。因此，设计“企业成长引擎®”的首要步骤是列出企业运作涉及的核心利益相关者。

首先需要明确在利益相关者中谁是核心目标客户。对于大多数企业来讲，客户可能有好几类，或者并未明确划分。要想保持竞争力，企业需要将用户细分，识别出最有价值的核心客户。企业对客户的洞察越到位，赢得客户、实现成长的概率越大。

当然，除了客户，企业要想顺利经营，也离不开其他利益相关者。比如，对于谷歌公司的搜索引擎业务而言，利益相关者包括可免费使用其搜索引擎的网民、广告主、内容发布方、程序开发者等。

如上所述，在这一阶段，既要全面思考，不遗漏重要的利益相关者，又要把握关键，不陷入细枝末节或混乱。

定义企业对核心利益相关者的价值

站在企业的角度，分别思考并列出自己对于各个核心利益相关者的价值，找出将企业与其竞争对手真正区分开来的竞争优势，也就是理解组织获得成功的基础，而这往往基于做比别人更好的事情（差异化）或者将相同的事情做得更好，即结构成本较低（成本领先）。

比如，你代表一家招聘网站，核心利益相关者包括雇主和求职者。那么，你对于雇主的核心价值是什么？可能是你有海量的应聘者（候选人），或者你可以给他们提供测评、精准匹配、智能推荐、在线面试等附加功能，以减少简历搜索时间。你对于求职者的核心价值是什么？可能是你有大量、多样化的职位需求信息，或者你可以给他们提供便利的简历编辑与发布、在线面试等功能，或者测评、任职资格认证、职业规划、智能推荐等增值服务，方便其求职、面试，更快地找到自己心仪的工作。

如果你代表一家超市，核心利益相关者就包括顾客、供应商、员工等。那么，你对于顾客的核心价值是什么？可能是货品丰富、质量可靠、价格低、购买方便、服务热情。你对于供应商的核心价值是什么？可能是销量大、货款结算及时等。你对于员工的价值是什么？可能是福利与工作环境好、工作有乐趣等。

在本阶段，要识别出真正的独特要素，即公司独有的且足以使公司与竞争对手产生明显差异的要素；无论是现有的，还是新加入的竞争对手都不可能或很难模仿的要素。在此基础上，还要识别企业为了实现这些竞争优势而进行的一系列活动及其潜在的影响。

本阶段需要管理团队具备换位思考和深入洞察的能力，从纷繁复杂的表象中识别出真正、独特的价值。如果有不同意见，就把它们全都记录下来；如果有相互冲突的观点，也应如实标记出来，并通过后续的深入研讨，促使人们达成共识。

发现价值之间的连接

各利益相关者的价值诉求之间，往往存在直接或间接的关联。比如，对于招聘网站来说，雇主希望能有大量候选者（与求职者有关），以便他们更方便地找到自己需要的人才（与网站提供的功能有关）；求职者希望有大量的好雇主（与招聘方有关），以便他们更快速地找到适合自己的好工作（与网站提供的服务有关）。二者之间是直接相联的。

对于超市来说，顾客希望货品丰富（这与超市的定位和供应商有关）、服务热情（与员工有关）；供应商希望销量大（与顾客有关）、货款结算及时（与超市的经营有关）；员工希望工作环境好（与超市的经营有关）。三者之间存在着直接或间接的相互关联。

如果能找到一种或若干种措施，使各核心利益相关者的价值都得到满足而且相互促进，那么你的“成长引擎®”就呼之欲出了。

这一步是非常微妙的，可能的观点非常多，甚至找不到头绪。为了突破僵局，管理团队需要更深入地反思其思维定式、基本信念以及假设，探寻潜在的系统结构，而非停留在表面化的事件层面。如上所述，这是系统思考精髓之一“深入思考”的实际应用和体现。本书第 5 章介绍的“思考的罗盘®”对于整合各方面的观点会有所帮助。

集体研讨，提炼、简化，用因果回路图把“成长引擎®”草图绘制出来

在确定各利益相关者价值之间的连接之后，你需要识别出推动组织当前与未来成功的驱动力，综合所有促成组织成功的主要

因素，并使用因果回路图勾勒出若干个“增强回路”，在这些相互连接的回路中，企业的竞争优势生成了组织能力（资源和知识），组织能力又被用于强化竞争优势，而这又生成了更多的资源，如此循环往复。这样的循环就是企业持续成功与成长的源泉。

在这个过程中，你需要依靠团队，进行深入的讨论，听取各方面的意见，审慎地分析，客观而精准地把握关键，识别出真正的竞争优势与组织核心能力，匹配相关的策略，实现这些价值之间的相互促进，并完成闭环的反馈。这是一个持续深化的对话过程，并非一蹴而就。

在这一阶段，本书第 6 章所述的“因果回路图”是基本的沟通工具，可以让大家共同思考。

需要注意的是，在本阶段的团队会议中，绘制出来的因果回路图可能非常潦草、混乱，需要后续加工、整理。按照惯例，与独特能力相关的要素以方框的形式在图表中标注出来。

预想可能遇到的“成长上限”

如第 7 章所述，“成长上限”是一种系统基模，因为没有任何一个增强回路可以永无止境地运作下去，它总会遇到各种各样的限制因素或障碍。因此，当你把“成长引擎®”草图梳理出来以后，先不要急着确认它们就是你的“命根子”。你和管理团队成员要基于这些增强回路，去预想可能遇到的“成长上限”，包括公司内外部可能出现的制约因素（比如管理能力、财务负担等）、政策的变化、潜在的“副作用”等状况。

当然，这不是让你“裹足不前”，而是要你想到各种可能性，排除那些明显有无法克服的“副作用”或者潜在巨大风险的选项，选择那些风险较小或可控的方案，并做好心理准备，提前采取一些预防措施，并设定好预警信号。正如《礼记·中庸》所言：“凡事豫则立，不豫则废。言前定则不跲，事前定则不困，行前定则不疚，道前定则不穷。”没有事先的筹划和准备，就不能获得胜利。

在某些情况下，你还必须有勇气去承担一些风险，毕竟，在动态复杂性的世界里，没有什么“万全之策”，谁也没有办法确保“万无一失”。

检验、优化并确认“成长引擎®”，调整企业战略与商业模式

为了确认企业的“成长引擎®”，管理团队通常需要召开数次会议进行反复商议。在初步整理的基础上，人们通常需要再次召开会议，就目前得到的结果进行仔细的思考，就一些关键问题进行讨论并达成共识。之后，可能要按照管理团队的要求，进行数次迭代、修订。

在此之后，管理团队必须对所得成果进行测试，从可模仿性、可迁移性、脆弱性三个方面对“成长引擎®”的独特性、强健程度

与柔性进行分析。

- “独特性”或“可模仿性”指的是其他组织（尤其是竞争对手或潜在进入者、上下游合作伙伴）是否可以相对简单、容易地复制、借鉴你的模式，启动类似的“成长引擎®”。如果你的“成长引擎®”中有垄断性资源、自己独特的隐性知识（“诀窍”）或他人短期内不易掌握的核心技能，他人就比较难以模仿。
- “稳健程度”或“脆弱性”指的是你的“成长引擎®”是否容易被其他组织攻击或侵蚀而丧失。那些构成你核心能力的关键要素，如果维系在某一个人身上，它们就可能存在一定的脆弱性；或者你的独特资源、技能、“诀窍”等依赖于某些不可控的条件，一旦这些条件改变了，你所谓的“核心竞争力”就不攻自破了。
- “柔性”或“可迁移性”指的是你的“成长引擎®”是否可以帮助你进入新的市场。如果你的“成长引擎®”中包含的独特技能或构成要素只适合某一个领域，它们的“可迁移性”就比较差。

之所以要从这三个方面进行测试，是因为按照战略管理学家加里·哈默（Gary Hamel）和普拉哈拉德（C. K. Prahalad）关于“核心竞争力”（core competence）的定义，核心竞争力是组织多种知识、技能或技术整合在一起而形成的一种独特能力，它应当对最终产品为客户带来的可感知价值有重大贡献，能够为公司进入多个市场提供支持，同时是竞争对手难以模仿的。

在大多数情况下，至此阶段，你需要对得出的“成长引擎®”进行简化和优化，尽可能削减要素数量，提炼要点。通常的简化方法包括：合并相关联的要素，或使用更高一个层级的概念来囊括若干个概念，即从更高的层次统揽局势。

如有必要，要把所得成果反馈给管理团队，用于管理团队下一次战略会议的讨论，并予以最终确认。此外，可将得出的“成长引擎®”与SWOT分析中识别出的机会和威胁结合起来考虑，并将其与企业战略规划、商业模式设计、目标与关键成果制定以及年度计划、预算等结合起来，促进战略的落地。

案例 8-8　一家建筑公司的“成长引擎®”

对大多数客户而言，建筑项目基本上都属于重大投资，而且建筑物将会使用很长时间。所以，在这个行业中，客户决策大多比较谨慎，尽力规避风险。由于在售前无法对最终建成的建筑物质量进行检验，因此客户在决策时，非常看重建筑公司的声誉，而声誉是由其之前的有代表性的工程的质量所决定的。建筑公司必须通过“既有业绩记录”来证明其实力。因此，市场上运营状况良好的公司将因“富者愈富”的效应而获得持续发展：良好的既有业绩记录为其赢得高品质的声誉，因而获得更多新订单，若工程高质量地建成，则会再次助其改善“既有业绩记录”。

虽然这对新的行业进入者构成了巨大障碍，但是公司不能仅依靠过去创建起来的“金字招牌”来获得持续的成功。公司还会面临很多挑战，有的来自同行业中的其他公司和新的潜在进入者，有的来自客户日益苛刻的工程条件和更为多样化的需求，有的则来自自身，如因工人的疏忽或技能不足而酿成的工程质量问题，有可能使公司的“金字招牌”毁于一旦。

那么，如果你经营着一家建筑公司，你应如何构建自身的“成长引擎®”呢？

练习 8-6　请与你的团队共同研讨，结合建筑行业的实际状况，使用因果回路图，绘制出一家建筑公司的“成长引擎®”。

扫描二维码，关注“CKO学习型组织网”，回复“建筑公司”，查看参考答案。

第 9 章 睿智解决复杂问题

无论是企业，还是政府与社会团体，在日常工作中都会不可避免地面临很多决策。根据学者戴夫·斯诺登（Dave Snowden）的看法，除了在简单与繁杂情境中，事物内在的因果关系显而易见，人们可以确定正确答案之外，生活中还存在大量复杂与混乱、无序的情境，其中没有显而易见的因果关系，而是掺杂着动态、多变、不确定性、不可预测性等多种复杂的系统特性。

比如，把一枚硬币掷向空中，结果会怎么样?

很显然，这是一个简单情境，结果相对明确：硬币会掉落到地面上，转几下，然后静止不动，不是正面朝上就是反面朝上。

但是，假设你是某公司的地区营销经理，你决定将自己负责的一款产品降价 20%，将会产生什么结果呢?

这是一个动态性复杂情境，而且存在多个利益相关者（包括你、公司内其他部门、其他竞争对手、消费者等），他们之间会发生多种不可预测的相互影响，因而其可能性非常多。

- 该产品的销售量可能增加，也可能减少，或者根本没有变化。
- 你可能超额完成本季度的销售业绩定额，成为销售明星，获得嘉奖和提升，也可能在后面几个季度四处“求爷爷，告奶奶”，艰难度日，或者被同事排挤、上级批评而不得不辞职。
- 公司可能因此获得发展，也可能在一两年之内倒闭。

……

似乎正应了那句老话：凡事皆有可能，世事难料。

但是，果真如此吗？

难道在复杂的系统性问题面前，我们只能束手无措或听天由命吗？能否像那英那首歌中吟唱的那样，“借我借我一双慧眼吧，让我把这纷扰看得清清楚楚、明明白白、真真切切”？

系统思考可以让管理者拥有这样一双“慧眼”。

用系统思考解决复杂问题

我给很多企业进行过系统思考的培训，其间发现许多学员曾经学习过传统的问题分析与解决技术，大家在了解了我讲的环形思考、因果回路图技术之后，感觉它们与自己以往掌握的技术有很大差别，但是搞不清二者的区别，也很困惑在以后遇到问题时，应该用哪一种方法。

对此，我认为很正常。你学习、掌握了一种新的技术后，必须搞清楚这种技术的优劣势、适用条件。如果只是学习了一种技术，却不能正确地应用它，那么这种技术就没有转化为你的能力。

那么，如何认识系统思考与一般的问题分析与解决技术的关系呢？在实际工作中，如何应用二者？

不要混淆“系统思考”和“问题分析与解决技术”

首先要澄清的是，“系统思考”和“问题分析与解决技术”二者是不可直接相比的。就像你把“植物”和“动物”中的“牛”对比一样。“动物”和“植物”都是一类事物的统称，二者是并列的、可比的，但拿“动物”中的“牛”直接和“植物”相比，就不合适了。

同理，如第2章所述，“系统思考”是基于“整体论”发展起来的一整套思考技术，它和传统的、占社会主流的、基于“还原论”的思维模式（我们暂且将其称为“传统思维”）是相对而言的，二者可以并列、相比，二者也都可以用于问题分析与解决（以及其他方面）。如果非要做比较，我们可以更精准地比较“基于系统思考的问题分析与解决”（systems thinking-based problem solving，SBP）和传统的、占据主流的“问题分析与解决技术”（problem solving techniques，PST）。

基于系统思考的问题分析与解决和传统的问题分析与解决技术大为不同

如上所述，系统思考是基于“整体论”的一种思维方式，它将世界视为一个相互连接的整体，以更适合系统的方式去思考，目的是增强对系统行为及其内在反馈结构的理解，从而做出更为系统友好的决策与行动。因此，SBP 注重的是整合（synthesis），而不只是分析（analysis）。所谓整合，指的是关注整个系统，了解某一问题在整个系统中是如何存在和变化的。举例来说，SBP 需要拔高站位、拉高视野，从半空中俯瞰整个画面。而传统思维模式基于“还原论”，认为世界是可以无限细分的。因此，PST 将一个问题孤立开，逐层分解，找到根因，将其解决掉。二者在底层逻辑上存在根本性的区别。打个比方形象地说，一个是要“离地三尺”，一个拿的是“显微镜”。

客观地讲，SBP 和 PST 各有优劣势（见表 9-1）。

表 9-1 基于系统思考的问题分析与解决和传统的问题分析与解决技术的优劣势

	SBP	PST
优势	更为系统友好，考虑问题更为全面、动态和深入	简单、易用
劣势	和一般人或主流的思维方式不同，有时难以掌握，初学者对新的工具与方法的使用不熟练	过于简化，无法理解或把握系统的动态性及其内在的相互关联

就诸如麦肯锡法则、金字塔原理或“七步成诗法”等PST而言，优点是简单、易用，因为它们基于自工业革命以来居于社会主流地位的“还原论”，经过多年实践，已经有了简单、明确的步骤及工具、技巧。例如，首先定义一个问题，然后将其逐层分解，并通过逻辑分析，找出根因，然后制订行动计划。相对而言，这些技术容易理解和掌握。但是，PST的缺点是，对于一些复杂问题而言，这种技术过于简化，无法理解或把握系统的动态性及其内在的相互关联。

从起源上看，SBP源自20世纪中期以后兴起的“复杂性科学”，它的底层理论依赖的是“整体论”，虽然和中国古代思维（有学者将其称为“圜道观”）有些接近，但并不完全相同，也和近代西方占主流的“还原论”有很大差异。因此，SBP的劣势是一般人有时难以掌握，初学者对新的工具与方法的使用不熟练。这种方法的优点是更为系统友好，考虑问题更为全面、动态和深入。

首先，SBP视野更广，它不是紧盯着一个具体的问题，对其进行精细的定义、深入的分解，而是关注与一个问题相关的领域（问题域或问题空间），了解影响问题的各个部分及其相互影响，通过因果动态分析，评估整个系统。

其次，SBP注重动态性。它不是将一个整体拆分成一个个部件，然后逐层细分，观察这些部件的活动或行为，而是采用因果回路图、存量—流量图或系统动力学仿真模拟等方式，注重系统的行为动态以及此消彼长。

最后，SBP 也主张要深入思考，找到根因，只不过，在 SBP 看来，根因不是某一个局部的“点”，而是驱动系统行为变化的内在关键要素及其关联关系，尤其是在若干相互缠绕的反馈回路中那些影响力度更大的“主导回路”，然后从这些与主导回路相关的区域寻找各种可能的干预措施，并预想、评估其潜在影响。

综上所述，应该说，SBP 和 PST 各有优势和劣势，二者也有各自的适用条件（参见本章下一节“系统思考适合解决什么样的问题”）。简单来讲，对于动态复杂性问题，SBP 更为有效；对于机械系统，或者一些简单的或专业的问题，PST 仍然是有效的，甚至是更加高效的。所以，学习者和使用者不要执着于某一种方法，而是应该根据需要，恰当地选择适合的方法。就像好的工匠应该具备一系列成体系的工具箱，并且知道在特定情况下，为了达到特定目的，应该使用哪种或哪几种工具才会更有效一样。

解决复杂问题：劳动力的首要技能

虽然 SBP 和 PST 各有其优势、劣势及适用条件，但不得不指出的是：今天，管理者面临的绝大多数问题都是动态的复杂性问题。正如戴明博士所说：在商业世界中，94% 的问题都是系统驱动

（systems driven）的，只有 6% 是人员驱动（people driven）的。[一]

因此，管理者只使用 PST，已经被证明存在一些缺陷，甚至是危险的。就像圣吉所说：有时候，对策比问题更糟。今天，你为了解决一个问题而采取的对策，很可能造成明天或其他地方出现一些更为糟糕的问题，或者并没有真正解决问题，反而产生了一系列连锁反应，或带来了一系列"副作用"。麻省理工学院领导力中心的凯特·伊萨克博士认为，对于复杂的问题，最大的错误是"从小处入手"，结果导致"欲速则不达"。[二]

近年来，面对机器人、人工智能等技术的迅猛发展，我们将迎来一波大规模的职业变动与技能挑战。例如，2018 年，经济合作与发展组织（OECD）发表了一份研究报告，认为：接近一半的工作很可能受到自动化的显著影响，AI 和机器人不能做的任务正在快速减少。相应地，他们认为，在未来，劳动者有三大类技能是至关重要的：认知能力、社交能力、数字化技术能力。[三]与此类似，世界经济论坛 2015 年预测，到 2020 年，全球劳动者最重要的 10 项技能中，排在前三位的是：解决复杂问题、批判性思考、创造力，均与认知能力有关。[四]

[一] 资料来源：W Edwards Deming（2000）. Out of Crisis. Cambridge, MA: MIT Press.

[二] 资料来源：https://www.forbes.com/sites/brookmanville/2016/05/15/six-leadership-practices-for-wicked-problem-solving/#31a8258e506b。

[三] 资料来源：https://www.ecd-ililbrary.org/docerver/2e2f4eea-en.pdf?expires=1585020206&id=id&accname=guest&checksum=84CF7A4CE40BAA99E75514B70B2F42C1。

[四] 资料来源：https://www.weforum.org/agenda/2016/03/what-skills-does-the-future-workforce-need/。

所以，在我看来，掌握系统思考技能，并学会将其应用于解决复杂问题，将成为人们未来的核心竞争优势。

系统思考适合解决什么样的问题

在我们生活的大千世界中，问题层出不穷且纷繁复杂，但是不同问题的复杂度迥异。有些是非常简单的问题，比如运用数学原理来解决一些基本的距离问题；有些涉及一些自然科学知识和操作技能，如修理一辆损坏的自行车；有些问题则非常复杂，要考虑很多因素，并需要依据经验做出一系列微妙的推理和判断，没有“标准”程序与答案。

那么，系统思考适合解决什么样的问题呢？或者说，在什么情况下应用系统思考这一类方法与工具？

事实上，这也是很多同学在学习系统思考时会产生的一个困惑。

在我看来，这是一个很好的问题。因为管理者的能力体现在根据不同的情况来选择相应的工具或方法上。比如，杀鸡就不要用牛刀，反过来，宰牛也不适合用杀鸡的刀。但在实际工作中，很多人根本不区分情境，只用自己会用的一种方法与工具，结果导致西方谚语所说的“如果你只有一把锤子，看什么都像钉子”，这自然是滑稽可笑的。

的确，对于复杂问题，如果我们使用简单的方法论，就会捉襟见肘、力不从心；相反，对于简单问题，使用复杂的方法论或工具也是大材小用，甚至小题大做。因此，你需要根据具体的状况或问题，选择相应的方法与工具。

三类复杂性问题

首先，应根据问题的复杂性，选择不同的方法与工具。

所罗门·格兰贝尔曼（Sholom Glouberman）提到，我们在世界上会遇到三类不同问题：简单的（simple）、繁杂的（complicated）和复杂的（complex）[㊀]。简单问题，就是步骤明确，一旦掌握就可以解决的问题，如按照菜谱去炒一个菜；繁杂问题，就是包含很多专业任务或一系列难题，但是可以把它们分解为一系列小的问题，逐个攻克和解决的问题，如登月工程，这种问题需要多个研究队伍、多个专业的研究专家参与；复杂问题，其中存在大量的不确定性和动态变化，就像养育一个小孩或者经营一家企业，必须时刻准备应对各种无法预测的状况。相应地，系统思考更加适合解决复杂的问题。

更进一步，美国麻省理工学院的奥托·夏莫（Otto Scharmer）教授将复杂性问题分为三类：社会性复杂（social complexity）、动态性复杂（dynamic complexity）、涌现性复杂（emerging complexity）（见图 9-1）。

㊀ 资料来源：Glouberman, S., and Zimmerman B., Complicated and Complex Systems: What Would Successful Reform of Medicare Look Like? Commission on the Future of Health Care in Canada, Retrieved from: http://publications.gc.ca/site/eng/235920/publication.html.

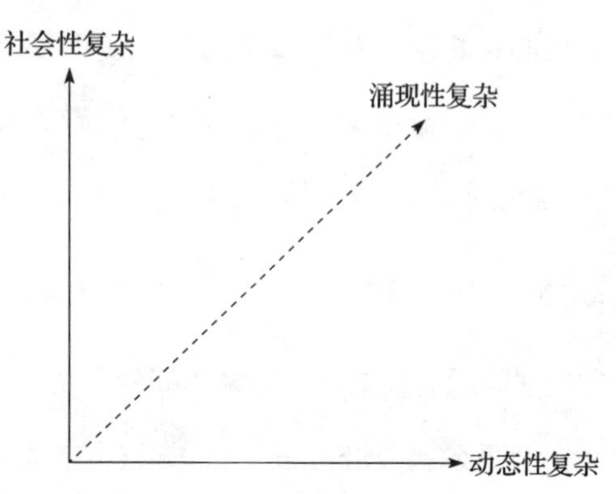

图 9-1 三类复杂性问题

资料来源：奥托·夏莫. U 型理论［M］. 邱昭良，王庆娟，译. 北京：中国人民大学出版社，2011.

1. 社会性复杂

某些问题从技术角度看，可能并不复杂，比如我们要在 A 点到 B 点之间修一条路，勘察与设计、施工等都不成问题，但是这一问题涉及多个利益相关者（如社区居民、政府、开发单位等），他们之间的关系众多而微妙，利益诉求、观点等也可能存在很大差异，存在直接或间接、显性或隐性的冲突，导致难以找出一个各方都能接受的、合理的解决方案。

2. 动态性复杂

有些问题涉及的主体虽然不多，但影响该问题的因素以及受该问题影响的因素众多，且彼此之间存在着错综复杂的相互作用或因果关系，甚至因与果的相互影响并非表现在同一时间或空间中，导致问题会随着时间的推移产生不同的动态变化。

3. 涌现性复杂

奥托认为，有些问题涉及的利益相关者模糊不清或尚未确定，也很难梳理出导致该问题产生的因果关系，以及该问题的可能后果，甚至问题本身及其背后的机理都还不确定或不清晰，也难以被量化，未来存在巨大的不确定性。

事实上，在企业管理领域，很多问题既是社会性复杂问题，也是动态性复杂问题。随着环境的复杂多变，一些涌现性复杂问题也将越来越多地浮出水面。

在我看来，系统思考要解决的问题，包括以上三个方面。三类复杂性问题需要采用不同解决方案，如表 9-2 所示。

表 9-2　三类复杂性问题及其解决方案

	社会性复杂	动态性复杂	涌现性复杂
特点	利益相关者众多，关系微妙且差异巨大，或有直接或潜在的冲突	因与果之间在时间、空间上存在微妙而众多的相互影响，系统行为存在动态变化	既有很多利益相关者，也有因果之间的相互作用与动态变化，且存在巨大的不确定性
核心技能	看到全局，同理心与换位思考，高质量的对话	对因果关系及系统动态变化的理解与分析，把握关键与根本	需要同时具备两方面的技能，也需要面向未来
使用的方法	对话	系统动力学	U 型理论
目的	在兼顾各方利益的情况下，找到系统整体利益最佳的解决方案	找到“根本解”和“杠杆解”	面向即将涌现的未来学习

对于社会性复杂问题，主要采用大规模群体对话技术，通过促进不同利益参与者之间的有效对话，让大家看到全局，增进彼

此之间的换位思考和相互理解，促成有利于系统整体利益的解决方案的达成。

对于动态性复杂问题，则需要利用诸如系统动力学等系统思考技术与方法，搞清楚影响系统行为动态变化的驱动力及其相互关联，从而找到关键的“杠杆解”或“根本解”，争取以较小的代价实现系统整体功能的改善。

对于涌现性复杂问题，既需要同时具备以上两方面的技能，也要着眼于未来，在持续展开的社会现实中保持动态演进。

Cynefin 框架

另外一位复杂性研究者戴夫·斯诺登提出了一个框架“Cynefin”（发音为 ku-nev-in，威尔士语中类似“栖息地”的一个词），让我们可以更好地理解不同情境的复杂度以及适合的对策。[㊀]

简单来说，斯诺登认为，局势或问题可分为五类：简单（simple）、繁杂（complicated）、复杂（complex）、混沌（chaotic）、无序（disorder）（见图 9-2）。

1. 简单

问题很容易理解，因果关系也相对清晰、明确，因此只要确定了问题及根因，相应的解决方案就很明显，可以梳理出最佳实

㊀ 资料来源：https://hbr.org/2007/11/a-leaders-framework-for-decision-making。

践（best practice）。

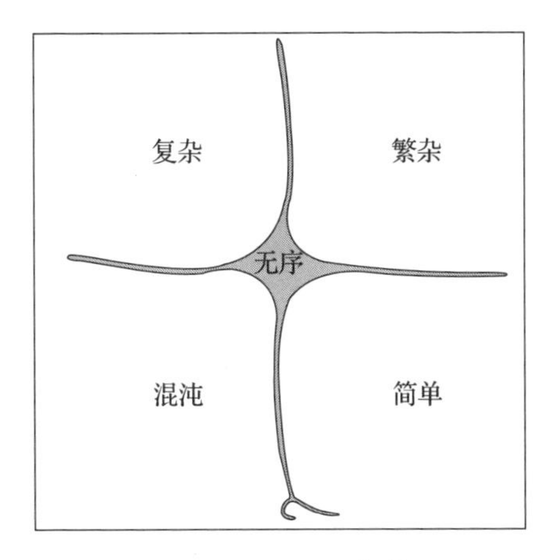

图 9-2　Cynefin 架构

对于简单问题，一般的应对方式是：感知—分类—应对。首先是获取信息，其次是对其进行归类，接下来调用相应类别的经验规则进行处理。

比如，你们家洗衣机“罢工”了，面板上亮着一些红灯，还显示了一个代码。你找到说明书，查找到这个代码意味着有异物堵塞了排水管道，说明书还提示了修复的办法和操作步骤。你“按图索骥”，在洗衣机底部的一根管子里掏出一双丝袜，于是问题解决了。

2. 繁杂

相对于简单问题，有些问题可能包括很多原因，而且其因果关系并不那么直观或明显，但是一些有经验的专家经过分析、诊断，还是可以识别出故障所在及其根本原因并进行修复。对于这类问题，不太容易梳理出最佳实践，只能大致总结出一些相对的“良好实践”(good practice)。

对于繁杂问题，一般的应对策略是：感知—分析—应对。也就是说，它需要更为专业的分析、调试和人为的经验。

比如，你在发动汽车的引擎之后，发现发动机有异响。鉴于汽车是个很复杂的机器，超出了你的处理能力，你只好给4S店打电话，让他们把车拉到店里。专业的技师一开始也不好判断问题出在哪儿，于是他打开机器盖子、发动引擎，听听这儿、看看那儿，并且一步步拆下了一些零件，借助一些设备和工具，终于找到了故障所在。在替换了一个破损的零件之后，问题被解决了。

3. 复杂

有些问题的影响因素很多，因果关系非常杂乱、不确定，经常处于动态变化之中，甚至是不可预测或复现的。整体表现出的行为特质并不能靠其构成部分的特质推测出来。这一特征经常被称为涌现。

对于复杂问题，没有现成的经验，也几乎不可能识别出相对固定的逻辑或反馈路径，因而也往往没有标准答案或唯一正确的解决方案。

繁杂问题和复杂问题的区别，就像汽车和你所在的团队。尽管汽车有很多零部件，问题的诊断与解决也需要专业的经验，但是不同的人仍然可以找到相对确定的故障点，把这些零件拆下来，更换了一个损坏的零件之后，仍然可以把它们装回去。但是，你所在的团队并不是一部机器。在其中一位成员离职之后，其他成员会受到哪些影响？他们会做何反应？如果你重新招聘了一名新成员，整个团队会有哪些变化？对于这些问题，其实没有确定的答案。由于每个人的价值观、行为准则、性格、情绪状态等都存在差异，因此人们的行为有时难以被预测，群体的行为就更是复杂多变。

对于复杂问题，不能采用应对简单或繁杂问题行之有效的还原论思维模式，而应该以系统思考模式，先进行侦测，试图感知系统内在的因果结构和反馈回路，找到一些可行的介入或干预措施，采取行动之后，再进行侦测，持续地探索，使一些创造性的对策涌现出来。

4. 混沌

有些问题的参与者及其因果关系可能非常复杂、多变，甚至是未知的，即便想通过侦测感知其因果反馈也可能是徒劳或无效的（因为每次的反馈可能都有很大的差别，完全找不到趋势或模式），就像在洪荒时代蒙昧未开，类似的局势就是“混沌”。

对于混沌的局势，难以进行侦测、界定问题的根因，原有的经验与规则也难以奏效，为此，可以先采取你认为合适的应对行动，尝试建立秩序或在接触中感知系统的内在结构，逐渐将其转化为复杂局势，找到适当的对策。

5. 无序

除了上述四类局势外，斯诺登认为，还有一些局势难以划归到某个场景之中，大家意见不一、观点杂乱无章。他将其称为“无序”。

对此，要么远离或避开，要么待情况稳定或明朗之后，将其分解或界定到上述四种情况之一，再进行处理。

在我看来，Cynefin 框架的价值在于给我们提供了一个分类指南，让我们可以把所面临的局势或问题根据复杂度和不确定性（或可分析性）程度两个维度，进行归类，从而相应地选择适合的工具或方法、策略。

参考这一框架，我认为，对于“简单”问题，要去学习和应用人类或行业总结归纳的最佳实践；对于“繁杂”问题，要向专家请教或学习，或者使用诸如问题分析与解决等技术，使用专业知识来应对，逐渐积累经验，形成良好实践；对前两种情况而言，占主流的还原论思维模式是奏效的。但是，对于“复杂”的局势，系统思考则是比较适合的方法论，通过“抽丝剥茧”，可以发现系统内在相互交织的因果结构，并且可以更好地理解系统的动态变化；对于“混沌”的局势，可以按照本能或直觉采取行动，之后再反思、分析，增进对这种局势的认识，采取相应的后续行动。

解决问题的三重境界

战国时期，名医扁鹊闻名天下。传说魏文王曾求教于名医扁鹊：“你家兄弟三人，都精于医术，到底哪一位最好呢？”

扁鹊答：“长兄最善，中兄次之，我最差。”

文王再问：“那为什么你最出名呢？”

扁鹊答：“长兄善治未病之病，于病情发作之前就铲除病根，一般人感觉不到，所以他的名气无法传出去，只有我们家人推崇备至；中兄善治欲病之病，于病情初起时，虽药到病除一般人却以为他只能治轻微的小病，所以他的名气只及本乡里；我仅善治已病之病，于病情严重之时，一般人都看到我下针放血、用药敷药甚至动手术，都以为我医术高明，因此名气传遍全国。”[一]

从这则故事可以看出，解决问题有三个境界。最高境界是善于调理、养生，发挥系统自身的适应力，使其顺畅、和谐地运作，根本不生病。就像《荀子·劝学》所讲：神莫大于化道，福莫长

[一] 资料来源：根据《鹖冠子·卷下·世贤第十六》改编。

于无祸。也就是说，将“道”融化于自己的言行之中，是最高明的；没灾没祸，是最持久的幸福。达到这样的状态，就是孔子所讲的“从心所欲而不逾矩”。这是最高层次的系统思考的智慧。精通系统之道，顺势而为，游刃有余。

次一级的智慧是，提前预见并采取措施，将问题消除于萌芽状态之中，不使其发作。为此，你也需要具备系统思考的智慧，及时发现（甚至是预见）事件可能的变化趋势，梳理清楚关键要点，找到“根本解”和关键的“杠杆点”，并综合施策。

最后，当问题已经发生时，你需要快速做出睿智的决策，并分清轻重缓急，既要解决紧急的问题，又要不破坏系统自身的适应力。

比如，对于传染性疾病，如果能够提前采取措施，杜绝接触或消除可能的传染源，并且在平时加强预防，提高群众的免疫力，保护好易感人群，就不会发病；一旦产生了感染，及早发现、尽快控制、隔离传染源，并阻断传播途径，防止大规模的指数级传播，就成为关键；等到疾病蔓延开来，就得采取另外一些措施，既要快速诊断、救治，又要以更强的力度来隔离传染源、阻断传播途径，同时兼顾人们的日常生活、工作与防疫。

对于复杂问题来说，要做到以上哪一点都不容易，都涉及全面思考（纵览全局、统筹协调）、深入思考以及动态思考（洞悉系统内在的结构，了解系统行为的动态以及二者之间的关联）。

案例 9-1　项目延期

作为项目经理，小王正面临一个棘手的问题：项目进展落后于计划进度。由于一时难以争取到新的资源，为追回失去的时间，唯一能做的似乎就是要求项目组成员加班加点。

考虑到形势严峻，大家都同意了。

第一周，大家每天工作 12 小时以上，项目进度确实有所加快。然而，两三周之后，小王发现已经完成的工作中出现了许多错误。经调查，这是由于项目组成员疲劳导致的疏忽所致。由于这些错误必须被更正，因此大家不得不花费时间去修正错误、挽回损失，这导致项目组总体产出被削弱了，项目延期仍然让小王头疼不已。

练习 9-1　如果你是小王，面对这样的问题，你该怎么办？

扫描二维码，关注“CKO 学习型组织网”，回复“项目延期”，查看参考答案。

利用系统思考解决问题的一般过程

要想利用系统思考的原理、方法与工具来解决复杂问题，就要遵循特定的步骤。根据我的经验，概括而言，利用系统思考解决问题的一般过程如下（见图 9-3）。

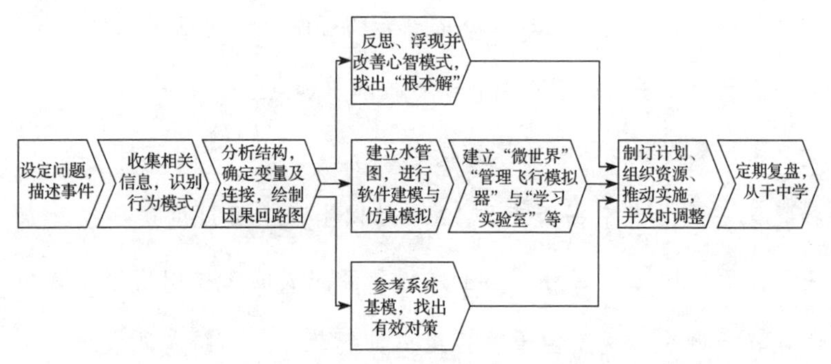

图 9-3　利用系统思考解决问题的一般过程示意图

在上述过程中，前三步是相同的，主要使用的是系统思考的方法与工具（如行为模式图、“思考的罗盘®”、因果回路图）；后面依具体情形可以发展出三条不同的应用路径。

第一条路径是直接利用因果回路图，进行团队反思，促进心智模式改善，解决问题。

第二条路径是将因果回路图转换为“水管图”（或存量一流量图），并借助系统动力学软件进行建模与仿真模拟、建立“微世界”（microworld）、“管理飞行模拟器”（management flight simulator）与“学习实验室”等，利用计算机技术辅助决策和团队学习，实现预见性学习。

第三条路径是参考使用“系统基模”，寻找“高杠杆解”。

在选定解决方案之后，要制订计划、组织资源、推动方案的实施，同时在执行过程中及时调整，并定期复盘。

为使读者对利用系统思考来解决问题的过程有一个总体了解，我对上述过程简述如下。

设定问题，描述事件

要想利用系统思考来解决问题，首先要定义你想分析的问题。如果问题选定不当或对欲分析的事物不清楚，无论工具多有效，分析的结果都会大受影响。

系统思考专家迈克尔·古德曼和克·卡拉什认为，界定的问题最好能符合下列五个条件。㊀

第一，这个问题对你和你的组织应该是重要的。最好不要拿你漠不关心的问题进行练习，而是选择你真正关心和想要了解的问题。

第二，选择长期性的问题或反复出现的现象。不要选择一次性或偶然出现的事件，最好关注那些已经存在一段时间或者一再发生的问题。

第三，选择范围适当的问题。如果范围过大，你就有可能陷入过于复杂而难以驾驭的境地，或面临过于抽象而难以理解的危险。当然，如果范围过小，就可能失去系统应有的全面性和整体感。

第四，选择一个你熟悉或可以深入了解的问题。如果想要分

㊀ 资料来源：彼得·圣吉等．第五项修炼·实践篇：创建学习型组织的战略和方法［M］．张兴，等译．北京：东方出版社，2002.

析到位，你最好拥有与问题相关的知识或经验，能了解并描述其来龙去脉，并对其关键要素及其相互关系有深刻的见解。

第五，对问题的描述尽量准确。要避免因为政治因素或观察者的利益关系而对问题产生偏见，或对某个特定方案怀有偏好，要保持客观，坚持事实和证据，不要直接从问题跳到结论。

依我的经验看，选择的研究对象最好是企业或团队面临的较为普遍的现象，或重要的、有价值的问题，也可以是长期存在、反复发生的问题。这些问题要涉及多个利益相关者，它们之间存在相互的关联，并且有一定复杂变化的动态，相对复杂，存在一定的不确定性。

在这个地方，传统的问题分析与解决技术强调对问题的精准定义，由于底层逻辑不同，SBP 并不强调这一点，你只要识别出符合上面一些特征、自己感兴趣的“问题症状”就可以了，因为实际上，对于复杂问题来讲，“因”或“果”都是环环相扣的，你只要抓住任何一个“线头儿”，不管这个问题的定义是不是特别精准，都能够应用“环形思考法®”或“因果回路图”技术，把它背后的相关因素找出来。所以，在这里不必刻意去界定问题。当然，如果能够精准地把握住关键点，思考和研讨的效率就会更高。

此外，在这里要注意的是，应广泛地搜集与你关心的“问题症状”相关的各种故事、事件、活动及表现，可以利用“思考的罗盘®”（参见第 5 章），列出与这些问题有关联的各个利益相关者，并通过让利益相关者轮流“讲故事”的方式，来描述这些现象，重点关注可以被观察或记录的各种事件。

收集相关信息，识别行为模式

正如约翰·斯特曼教授所说：有效的建模取决于强大的数据资源和对问题的充分了解。从根本上讲，系统思考只是一个辅助人们了解并分析复杂系统、找到“杠杆解”的工具，没有充分的信息或对事物的深入了解，使用的工具再有力也无法得到“入木三分”的洞察力。因此，要想有效解决问题，就离不开对相关信息的收集和分析。对于一个问题，掌握的相关信息越全面、充分，就越有可能认识得更清楚。就像《孙子兵法》所说：故明君贤将，所以动而胜人，成功出于众者，先知也。先知者，不可取于鬼神，不可象于事，不可验于度，必取于人，知敌之情者也。也就是说，要想取胜，必须在行动前全面、深入、动态地认识这一问题。

但是，在实践中，许多人容易跳过这一步，在找出问题之后，直接开始分析原因，结果往往就是“欲速则不达”。大家对此要保持警惕，抵制住“就事论事”地分析“症状”的原因、采取快速见效的“症状解”的诱惑，一定要拔高站位，拉长关注的时间范围，并入木三分，这可能会慢一点儿，但面对复杂的局势，“宁停三分，不抢一秒”，有时候也是一种智慧。

具体而言，收集并分析信息包括下列三个层次。

- 有效观察和收集事件层面的表层信息。对于复杂系统而言，事件本身可能就是纷繁复杂的。为了准确理解并把握系统结构，就要进行有效观察，广泛收集事件层面的信息（数据或资料）。
- 把握事件中蕴含的关键要素，利用行为模式图等工具，分析事物发展变化的动态信息。
- 收集潜在的影响信息，比如政策、隐含的假设、规则等。

在这一步，最好的做法是把所有利益相关者召集到一起，共建一个“信息池”，也就是说，大家都将与此问题相关的信息、事实与数据贡献出来。在此阶段，不展开分析、讨论，每个人也不谈自己的观点，尽可能让每个人都听到所有信息，并将这些信息都记录下来。

这一步可以参考的工具包括“冰山模型”和“行为模式图”（参见第 3 章）。

分析结构，确定变量及连接，绘制因果回路图

在确认了问题并收集了各方面的信息之后，我们就可以对问题的成因进行分析，和 PST 不同，SBP 主张从系统的行为模式出发，进一步深入分析系统内在的结构，找出关键的影响因素（“变量”）与“变量”之间的相互关联关系（“连接”），并以“因果回路图”的方法来揭示系统的结构。

在定义变量与连接的过程中，可以使用“头脑风暴”“焦点小组”“德尔菲法”等团队研讨方法，进行根因分析（root cause analysis），找出问题的真正原因，而不是一些表面的症状。

如第6章所述，对于初学者而言，常见的误区之一是无法准确把握关键变量和连接，导致因果回路图过于复杂或错乱、层次混杂，反而使关键要素淹没于杂乱无章的信息之中。对此，我建议大家注意设定合适的边界并把握关键，优化、简化因果回路图，以便把握重点（具体的原则和注意事项参见第6章）。

同样，这一步也要确保分析的全面性，看到全局。为此，可使用“思考的罗盘®”（参见第5章）作为分析的底层框架。

上述三个步骤，其实就是综合应用本书提到的“思考的魔方®”框架，从三个维度进行思维的转变：首先，深入思考，透过现象看本质；其次，看到全局而不是局部；最后，动态地思考，看到关键变量彼此之间的相互关联和发展变化的趋势和模式。

反思、浮现并改善心智模式，找出“根本解”

基于经过优化的因果回路图，团队可以充分讨论，以协助团队成员改善心智模式，并找到应对复杂问题的创造性解决方案。圣吉指出，对心智模式缺乏了解，使许多培养系统思考的努力受挫。如果没有心智模式这项修炼，系统思考的力量将大为削弱。因此，如果只是利用系统思考的方法与工具描述系统的结构而无法浮现并改善心智模式，系统思考的效用就会锐减。

根据我的经验与心得，利用因果回路图浮现心智模式的方法如下。

第一，审视因果回路图中关键变量之间的相互关系，在每一个连接背后都隐含着人们特定的看法、逻辑、规则或假设。比如，一般地，人们常认为“产品价格”与“销售量”之间存在反向连接，但严格来说，这一关系的成立，需要具备若干前提条件，如对于某些奢侈品，产品价格的降低甚至可能导致销量的减少。因此，逐项反思变量的设定以及连接的属性，就可以检视出自己隐藏于内心深处的心智模式。

第二，特别留意他人的不同看法。每个人都有特定的知识、见解与偏好等，因此他们对于变量的设定以及连接的属性都可能有不同看法。留意这些不同看法，对于意识到自己内心深处隐藏的固有心智模式是非常重要的。对此，一个很重要的建议是：对于他人的不同看法，不要立即做判断（圣吉称之为“搁置判断”），更不要以“但是……”“你的看法我考虑到了……”等借口来辩解、搪塞，而应以开放的心态和探询的精神，反思自己的心智模式，并检视、改善。

第三，留意那些令你“纠结”或困惑的两难状况。如第 1 章所述，在社会系统中，每个实体都有自己的目标与价值观、偏好，但每个人都面临“有限理性”，因而可能造成许多“事与愿违”的状况，要么“好心办坏事”，要么“每个人看起来都是 OK 的，系统整体呈现出来的结果却是谁也不愿意看到的”。

经过深入的反思，大家增进了相互理解，明确了系统的目的，之后，可以集思广益，寻找各种可能的对策，并对其进行评估、推演，考虑它们可能产生的不同潜在影响或“副作用”。最终经过权衡，选择适宜的解决方案。

在我看来，明智的管理者不会简单地回避问题、推脱责任，或者做出简单“修补”式的决策——回避问题，只会导致问题不断发展并恶化；推脱责任，虽然能够让自己的部门或自己在任期之内免于尴尬，却可能给整个组织和继任者造成更为严重的后果，留下一个“烂摊子”；简单“修补”式的应对，虽然能在短期内解决局部的某些问题或缓解了症状，但问题并没有得到根本性的彻底解决，或早或迟会在其他地方反弹，或者像圣吉所说的那样，“渐糟之前先渐好”。

相反，睿智的管理者必须理解实际商业问题中复杂的相互连接，并考虑自己的举动将会产生怎样的系列反应；他们应该能够预见问题，或者在问题发生时能够全面而深入地理解问题。如果能够做到这一点，他们在制定决策的时候，就能处于更有利的地位，其决策也就更能经受得住时间的考验，避免很多“副作用”或“后遗症”——这样的决策才是真正睿智的决策。

同时，应尽可能选择那些能从根本上解决问题的“根本解”，或者有的时候，存在只需要在某处施加一些小的力量，就可以取得全局性、持续性、根本性改善的“杠杆解”（具体操作方法，可参见下一节）。

当然，在考虑解决方案时，虽然应该主要考虑自己可控的因素，但也不能只局限于本位，而是要站在整体的角度上思考，统筹协调。有时候，“杠杆解”未必在你自己可控的范围内。

建立水管图，进行软件建模与仿真模拟

如果具备条件，为了更加科学、精准地了解系统中各变量及回路的相互影响，可以参考因果回路图，使用水管图（或称为存量—流量图）与系统动力学建模软件，进行定量仿真模拟，对各种决策参数进行模拟，并通过敏感性分析来使“杠杆解”变得清晰，也就是调整模型中的某些特定变量，从而确定其对系统中其他要素的影响。分析各个变量影响力的差异，可以找出“杠杆解”的踪影。

系统动力学使用专用的计算机模拟技术，可以揭示出关键变量之间的变化影响，让人们更好地理解系统的动态性。

参考系统基模，找出有效对策

除了靠经验和量化分析外，另外一种策略是，参考系统基模来寻找“杠杆解”。虽然系统基模的使用在系统思考领域引起了很大的争议，但与较为复杂、专业的系统动力学建模与仿真以及“微世界”“管理飞行模拟器”与“学习实验室”相比，它简单易

用，在快速诊断问题、寻找“高杠杆解”对策等方面，有显著的启示作用。因此，在某些情况下，在绘制完因果回路图之后，使用系统基模是一种简便、快捷、有效的选择（参见第7章）。

建立“微世界”“管理飞行模拟器”与“学习实验室”等

在完成了系统动力学仿真模型之后，如果有条件，可以进一步开发“微世界”或“管理飞行模拟器”和“学习实验室”，进行预见性学习。

“微世界”这一概念最早发端于教育学领域，由教育学家和人工智能学者佩珀特于20世纪70年代后期提出，用以描述以计算机为基础的实验学习环境。后来，这一概念被引申到管理领域，泛指借助各种仿真手段（通常是应用计算机技术来实现，但并非必然如此），人们通过模拟真实世界中的特定环境，进行各种实验，测试不同的方案，从而对“微世界”所描述的真实世界有更好的理解。由于这一概念类似于航空业培训飞机驾驶员所使用的模拟器，因此管理领域的“微世界”也常被称为“管理飞行模拟器”。

在系统思考领域，“微世界”与“管理飞行模拟器”基于系统动力学理论，通过案例和电脑仿真建模技术，模拟真实世界中的企业经营，把时间和空间压缩到一个实验状况中，使管理者与管理团队能够在虚拟的微缩世界中进行实验，测试不同的方案，以便从实验中学习一些重要的原理，并且借以改善心智模式、激发创新。

更进一步地，可以设计与实施“学习实验室”来进行团队学习。

在创建学习型组织的众多方法与工具中，“团队学习实验室”是一种综合性的集成平台，它将系统思考、团队学习、改善心智模式有机整合起来，核心就是系统思考技术。借助系统动力学软件建模与仿真技术，管理者可以对复杂系统的运行状况进行模拟、试验，在最终做出决定之前用它来测试当前行动、决策或者是政策的后果，从而实现“预见性学习”(见图 9-4)。

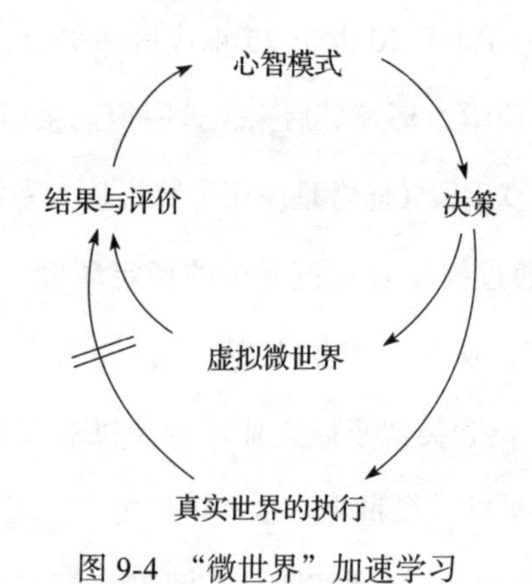

图 9-4 “微世界”加速学习

制订计划、组织资源、推动实施，并及时调整

如果能做好上述几步，就基本上达到了《孙子兵法》所讲的“未战而先胜”的境界，这是真正的“善用兵者”，就像孙子所说：

“是故胜兵先胜而后求战，败兵先战而后求胜。”还没开始行动，就“胜券在握”了，因为我们已经洞悉了系统的结构，预见到了各种可能性，并且考虑了全局中的方方面面。剩下的，就是将解决方案分解为行动计划，分阶段、分步骤地推进实施，并协调相关资源，协同作战、执行到位。

定期复盘，从干中学

如同系统思考用闭环的模式和方法来分析因果的系统结构，我们也应该把闭环思维引入自己的工作与生活。因此，在推动解决方案一段时间之后，要及时进行复盘，总结出经验教训，以更好地指导下一次行动。这样就形成了一个闭环。

不管问题被解决了，还是没有被有效地解决，都应该进行复盘。如果解决了，我们就要通过复盘，弄明白到底什么地方是真正起作用的关键环节，做到“知其然，知其所以然”。如果问题没有得到很好的解决，我们就更有必要进行深入的复盘，对比当初的分析、解决方案等预期目标与实际结果，找出是什么原因导致了结果不太理想，从中学到经验与教训，指导我们后续的行动改进。做到这一点，就是加尔文所称的“有意义的失败”。

事实上，复盘也是应用系统思考的“演练场”，是提升我们系统思考能力不可或缺的核心环节。就像华为创始人任正非所说：将军不是教出来的，而是打出来的。要想真正提升自己系统思考

的能力，必须拿实际问题去“打”，并且打完一仗之后，及时进行复盘。[㊀]

如何找到“根本解”和“杠杆解”

我见过成百上千的系统思考学习者，大家在学习了系统思考的方法与工具之后，都迫切地想知道：对于我所面临的那些复杂问题来讲，我应该怎样找到解决问题的“根本解”和“杠杆解”？

的确，在实际操作中，如何找到“根本解”和“杠杆解”也是应用系统思考解决复杂问题的难点。就我本人的体会来看，要回答这个问题是非常困难的，在很多情况下，对于复杂的系统性问题，不存在“一击制敌”的“法门”。即便有这样的关键点，如何找到它？这也是不容易的，因为如果很容易找到，系统中的实体肯定早就发现了，你也就不会面临这些难题了。

有没有“一击制敌”的“法门”

社会系统本身非常复杂，影响因素众多，因果结构错综复杂，彼此之间存在着复杂而微妙的相互连接；系统本身还会受到内外部各种力量的相互制衡，发生主导权的转换，呈现出多种多样的

㊀ 关于复盘的详细操作，请参阅邱昭良．复盘+：把经验转化为能力［M］．3版．北京：机械工业出版社，2018.

动态。

同时，你只要对系统做出一些实质性的干预，系统就会产生相应的反馈，里面的因素就已经发生了某些改变（有些改变甚至可能是永久性的、不可逆的），除非你采取的干预措施对系统来说完全无效，被“系统”忽略。

一个“坏消息”，但可能是冰冷的事实，就是：对于复杂问题来说，往往没有简单的解。这就需要我们辨证施治，综合采取措施、多管齐下、协调推进，并在实施过程中灵活调整。

在我看来，对于复杂问题，人们常常希望有一个简单的解，这本质上可能就是我们根深蒂固的“还原论”思维模式在作怪。

我并不否定系统中存在“根本解”和“杠杆解”。所谓“根本解”，就是一些能从根本上、较为彻底地消除或缓解问题根本成因或主导驱动力量的措施，它是相对于“症状解”而言的，后者是一些针对问题的症状，未能从根本上消除问题成因或主导驱动力的措施。二者的主要区别就在于能否理解系统行为的根本成因或内在主导驱动力。

同时，在一个系统之内，有些组成部分会比其他部分更重要（至少在某个时间段或时间点上如此），因为它们对其他部分的影响力更强，或者影响面较广。因此，按照这一原理，只要找到系统的关键所在和正确的施力点，对系统的改变就可能变得相当容易。

借鉴物理学上的“杠杆效应”，人们把类似的“根本解”称为“杠杆解”，也就是在系统中的某处施加一个小的力量，就能导致系统行为发生显著的变化，通俗地说就是能起到“四两拨千斤”或“打蛇打七寸”的效果。

长期以来，人们一直醉心于寻找“杠杆解”，因为杠杆点就是权柄，是解决问题的“命门”。一些有经验的系统思考者一眼就能够找到问题的关键所在，采取有效的措施，就像“庖丁”，或者是武林高手一样，一下子就点中了穴位，高明的理疗师在你身上的关键部位扎下一些细细的银针，就能够把你的经脉调理畅通。这是领导智慧的集中体现。

当然，对于复杂系统来讲，要想找到杠杆点，非常微妙，没有固定的法则，也没有现成的公式能够帮你推算出来哪些是关键的对策。

即便很多人凭借经验或直觉，判断出来到哪里去寻找“杠杆点”，但正如福瑞斯特所说：他们多半是往错误的方向去推动系统的变化。因为对于复杂系统来讲，它的特性之一就是违反直觉，这也是与主流的思维模式有差异的。

那么，我们到底怎样才能找到“一击制敌”的杠杆点呢？

如何寻找“杠杆解”？丹娜的清单

对于如何找到系统中的“杠杆解”，最权威的论述当然是德内

拉·梅多斯（常被称为“丹娜”）在《系统之美》一书中提出的12个备选清单。这是我们可以参考的一些备选项。[㊀]

正如梅多斯所说：对于复杂系统，进行一般化的归纳是十分危险的。所以，她特意说明，这个清单都“不是成品，不是定论，仍然是一些半成品”，虽然这些选项都是作者几十年来在对很多不同类型的系统进行严谨分析的基础之上提炼出来的，并非空穴来风，但它们仍然可能是不完整的，也不是大家寻找“杠杆解”的“处方”。相反，她的目的是抛砖引玉，给大家提供一些参考或者是指引。在我看来，这并非自谦，而是作者严谨或郑重的提示。

对于这一清单，作者采用了倒序的排列方法，也就是按12、11…3、2、1的顺序，数字越大的选项影响力度越小，数字越小的选项影响力度越大。

下面，我们简要地介绍一下这12个备选项。

12. 数字（包括各种常数和参数）

就像我们在第6章中提到的浴缸的例子（见图6-2）一样，在不改变系统物理结构的情况下，调整水龙头直径、下水道的粗细、浴缸的容积等参数，就会改变系统的行为。比如，你可以把水龙头的进水管做得很粗，这样的话，只要开一会儿，浴缸就能灌满水了；如果下水道水管很细或者被堵塞了，水位下降就需要很长时间。

㊀ 资料来源：德内拉·梅多斯. 系统之美：决策者的系统思考［M］. 邱昭良，译. 杭州：浙江人民出版社，2012.

再比如，你把企业的研发经费投入占营业收入的比重从 3% 提高到了 5%，或者把给销售团队的奖励金额从 100 万元提高到 200 万元，这些都是通过调整参数来改变系统行为的实例。

需要注意的是，通过数字（尤其是流量的大小）来调节系统，是效力最低的一种方式，因为它无法改变系统的基本结构，只是调整了一些细枝末节。所以，它们对系统行为变化的影响是有限的。但是，大部分人都会把主要精力集中到参数上。

梅多斯建议大家，只有当我们实在找不到其他 11 个选项的时候，才能把参数当作一个杠杆点。这并不是说参数不重要，在短期内，对某个流量来讲，调整参数的确可能使系统行为产生很明显的变化，但是相对于其他的因素而言，数字的影响力是最小的。

11. 缓冲器

所谓"缓冲器"，其实就是一些比较大而稳定的存量，一些流量流入或者流出的波动，对它的影响变化幅度并不是太大。就像一个储量很大的湖泊，即便短期内流入了一定量的水，因为有这个湖泊作为缓冲，水位也不会有明显的上升。相反，如果另外一条河的流量一直都比较稳定，没有这么大的湖泊作为缓冲器，上游一下暴雨，它就会泛滥成灾。

对于系统来讲，缓冲器具有保持稳定的力量。通过提高缓冲器的容量，我们可以让系统稳定下来。比如，在企业管理中，库存、现金储备等可能就是一些缓冲器。如果我们能保有一定量的原材料库存，即便上游的供应发生了一些波动，企业仍然可以相对稳定地生产。当然，库存过大，也会占用企业的资金，降低资金的流动率，让企业对变化的反应速度变慢或者不那么敏感。

有的时候，你可以考虑改变一下缓冲器的大小，把它作为调节系统行为变化的一个备选项。但是，一些缓存器有物理的实体，不太容易改变，比如你需要搭建仓库，或者修建水坝等。

10. 存量—流量结构

存量—流量结构主要指的是一些实体系统和它们的交叉节点。按照系统的一个基本特性“结构影响行为”，如果你能够改变系统的结构（包括一些物理结构），就能改变系统的行为。

拿我们身边常见的交通拥堵做一个实例来分析一下。其实，像北京这样的大都市发生交通拥堵的原因是多方面的，其中一个不容忽视的基础性原因就是城市的布局和道路系统的规划不佳。城市的资源都集中在中心区域，导致房价飞涨，大量人口不得不住在更偏远的地区，这样就产生了大量通勤的需求，而在一定条件之下，道路的承载能力是有限的，自然就容易产生拥堵。如果我们有条件去重建这个城市的布局和道路系统，那么它对系统的影响就是至关重要的。

要注意的是，实体系统的重建通常是最慢的，也是最昂贵的，甚至在有些情况之下，几乎是无法开展的。所以，除非你能够一开始就设计好实体系统的布局和结构，否则，它们很少是杠杆点，因为改变它们的难度很大，见效也慢。

9. 时间延迟

如第6章所述，时间延迟对于反馈回路的行为模式会产生显著的影响。调整或改变时间延迟，也是一个杠杆点的备选项。

需要注意的是，事实上，有些时间延迟是不太容易改变的，因为事物本身有其内在的发展规律，该花多长时间就得花多长时间。就像庄稼可能需要一季时间才能收获，你的产品供应能力也不是在一夜之间就能够提高的。

此外，实践经验表明，因为时间延迟对于系统行为的影响，的确可能不是我们仅仅靠头脑或直觉就能够判断出来的，所以大家要想改变时间延迟，需要特别警惕。如果有条件，最好能够进行系统动力学仿真模拟。

8. 调节回路

如前所述，在系统中，调节回路是普遍存在的，它的特性就是让系统的行为趋向于一个目标值或维持在某个稳定的状态。在某种程度上可以讲，正是调节回路的存在，使得系统具有自我纠错和稳定的适应力。

比如，对于国家经济系统来讲，市场这只“看不见的手”，就是通过一系列的调节回路来起作用的，如价格机制；对于企业管理来讲，管理人员也会通过预算、计划、核算、财务分析这样一些机制，来实现对企业经营活动的调节。

从本质上看，任何一个调节回路都需要具备三个要素：预期目标、一套检测装置以及一系列反应或校正机制。因此，我们可以通过调整这些要素，来干预调节回路，从而影响系统的行为。比如，你可以反思：系统的目标是否合理？监测机制是否敏感、有效？反应或作用机制是否有效？

7. 增强回路

大家已经知道，增强回路是自我强化的，也就是说，当系统中出现了增长、加速爆发或崩溃这样一些症状时，它背后的主导力量就是增强回路。所以，调节增强回路的增长速度也会对系统的行为产生直接的显著影响。

比如，梅多斯等人通过“世界模型”的模拟证实，通过调节人口与经济增长这样一些增强回路的运作速度所产生的影响，比通过税收、转移支付等调节回路对系统行为施加的影响，力度更大。在生活中，也有一个非常简单的例子，就是在避免与前车追尾时，降低车速比打方向盘、急刹车更有效。

我们在第7章中也提及，“增强回路”是“系统基模”的基本构成元素，很多基模中都包含增强回路，像“富者愈富”“恶性竞争”“成长上限”“饮鸩止渴”等，很多干预措施或对策也是针对增强回路的。

6. 信息流

因为系统的核心构成要素之一就是相互连接，具体表现为信息流、反馈和回路，所以信息流是系统结构中的核心要素。

经验表明，信息流的缺失是系统功能不良最常见的原因之一。同时，为克服有限理性，我们也需要改善系统内部的信息流动。所以，我们可以看出，增加或者是调整系统内部的信息流动，改变信息流的结构，可能是一个强有力的干预措施，而且通常会比重建实体的物理基础设施更为容易且成本较低。

5. 系统规则：激励、惩罚和限制条件

按照系统的基本原理，规则就是一些激励、惩罚政策和限制条件，实际上也是一些重要的系统结构性要素，它对于人们的行为有显著的影响。

你可以想象一下，我们生活、工作中的一些规则，如果发生了一些变化，会产生什么样的影响？结果肯定会有很大的不同。

所以，改变系统的规则（包括公司出台的一些惩罚和奖励政策、领导的偏好、考核指标，还有一些非正式的社会约定或“潜规则”），对于改变系统的行为而言，是一个具有非常强的杠杆效应的备选项。

4. 自组织：系统结构增加、变化或进化的力量

我们在第1章中讲到，系统的特性之一就是自组织，也就是系统具有使其自身结构越发复杂化的能力。自组织是生物系统进化的基本机制，也是系统适应力的重要来源，是保持多元化、创造力和活力的重要条件。就像梅多斯所说，任何系统如果变得单一，就会僵化，难以自我进化。如果消除了多样性，无论对于生物系统，还是对社会、文化或者市场而言，都将是一场灾难。所以，系统的一个重要杠杆点，就是鼓励多样性和实验。

现代管理学关于企业创新的研究表明，企业最有创造力的状态是“混沌的边缘”，也就是说，既要具备必要的多样性、适度的混乱、无序，不是完全整齐划一，又要有相应的秩序、一些基本规则，不是完全失控、“一盘散沙”。保持二者的平衡，才有可能具备创新的活力。[㊀]但是，从实践上看，许多管理者追求的是有序（秩序和效率）；从人性上看，他们也喜欢听与自己一致的意见，不喜欢失控感、混乱和不确定性，不愿意让参与者有相应的自主权并实验，本能地排斥和自己不同的意见。这样就会限制系统的自组织活力。

3. 目标：系统的功能或目的

如第1章所述，功能或目标是系统的三个基本构成要素之一。如果改变系统的功能或目标，系统的行为自然会产生根本性的改

㊀ 资料来源：Dee Hock（2000）. The Art of Chaordic Leadership, Leader to Leader Journal.

变。所以，目标是影响系统行为的重要杠杆点备选项。

坦率地讲，就像识别系统的功能和目标并不容易一样，我们在使用目标作为杠杆点的选项时也不容易。

具体来说，我认为，在设定或调控系统目标方面，有如下三个方面的困难。

第一，有些系统（尤其是一些比较复杂的系统）的整体目标并没有被清晰地表述出来，而且也不是它的每一个局部目标的总和。梅多斯也指出，即便是系统里面的人，也经常认识不到他们所处的系统的整体目标。

第二，系统的每个局部都有自己的目标，它们有时候和系统的整体目标并不一致。

第三，即便是身居高位的企业领导者，也往往没有能力高屋建瓴、提纲挈领地设定一个高瞻远瞩的整体目标，并且让组织成员达成共识。很多领导者其实只有自己的短期目标，甚至是没有目标，只有一些具体的工作。

在这个方面，我认为，各级领导者都应该认真对待，明确思考系统长期、全局、整体的目标，并且让整个组织内部各个实体的目标协调一致。这不仅是干预系统的重要杠杆点选项，而且是领导力的具体体现。

2. 社会范式：决定系统之所以成为系统的心智模式

如第 2 章所述，系统思考的本质是思维范式的转变。它和占据社会主流的、传统的“还原论”的思维模式是完全不同的。因此，要想真正做到系统思考，我们就必须改变那些社会普遍认可的观念、基本规则以及对世界现实本质的普遍看法。如果你能够在范式层面上采取一些推动或者是干预措施，就会产生根本性的变化。

从我个人的学习体会来看，实现范式的转换是非常困难的，不会一蹴而就。

1. 超越范式

在 12 个杠杆点清单中，排在首位的是“超越范式”。因为我们任何人每时每刻都会受到范式的控制，每个人的信息、思维都是有局限的。然而，这个世界太大、太复杂，远远超出了一个人理解和认知的范围。即便是那些能够持续不断地去调整自己价值观的人，也无法对这个世界拥有完整的认识。

要想真正活在系统中，每个人必须有开放的心态，不执着于任何一个信念，没有任何私心杂念、想要控制或主导的意图，彻底地放下，让自己摆脱任何范式的控制，保持灵活性，打破一切规则和束缚，更好地去观察系统的运作，聆听系统的智慧，与系统共舞、和谐共处。这不仅是一种“空”或者“无”的状态，而且是一种“无为而治”的境界，是“从心所欲而不逾矩”的自由世界。

当然，我认为，要想达到这样的一个境界，需要有极高的修为。

“杠杆解”的检验标准

虽然上述“丹娜的清单”给我们寻找“杠杆解”带来了“福音”，但不得不指出的是，这12个备选项事实上非常宽泛，几乎“无所不包”。因此，你所能做的不是逐一尝试，也不是随机选取一个，而是以此清单为指引，试想、探索各种可能性，从中找到一些“操作上可行（actionable)、投入产出比合理、利益相关者认可、副作用较少、带有反馈机制”的解决方案。

1. 操作上可行

寻找“高杠杆解”的一个基本方法就是寻找系统中的“主回路”以及连接最多的核心结点，我将其称为“神经密集区域”。通过采取一些措施或行动，试着影响系统中一个或一些变量，使其发生变化，继而通过系统内在的因果反馈结构产生的相互作用，传导、影响系统关键变量的动态变化，使其符合预期。

一般来说，可行的“杠杆解”可能需要符合以下条件。

- 它们解决了产生问题的根本因素，而不只是消除或缓解了症状。
- 往往涉及关键存量、重要连接关系、影响较大的输入源、输出流，以及外部因素。

- 介入措施能够较为直接地作用于“主导回路”，包括新增一些干预措施，阻断一些连接，减弱一些条件的影响力度，或者减少一些要素的影响。
- 符合系统的功能或目标。
- 通常能够增强系统整体的福利。

2. 投入产出比合理

对于每一个可行的备选方案，都可以评估一下它的投入产出比，也就是说，投入是多大，可能的产出是多大。投入不仅要考虑资金方面的投入，还要包括人力、物力、时间、空间等方面的投入，以及是否需要某些前提条件，综合评估实施的难度与成本。

类似地，产出也要考虑到直接与间接的结果、短期与长期的影响等，从多个角度预想各种可能的结果。

3. 利益相关者认可

如前所述，对于复杂问题来说，往往没有简单的解。因此，你在设计和选择解决方案时，既要抓住关键，也应考虑到施加影响和受到影响的方方面面，并且不要只在自己“影响范围”内找对策，要跳出条条框框，考虑与外部利益相关者的协商、互动，如有可能，在外部采取一些措施也许能起到“事半功倍”的效果。有时候，关键的“杠杆解”存在于外部。为此，很多解决方案都需要打“组合拳”，不是只有一两项片面或局部的措施。

同时，在实施选定的解决方案时，也离不开利益相关者的齐心协力、协调配合。如果有关方面对方案不了解、不认同，那么再好的方案也可能流于形式，或者遭遇“上有政策，下有对策”的困境。

因此，好的“杠杆解”需要各参与方的认可与投入。即使各参与方有不同的利益诉求，经过充分而有效的讨论，大家都看到系统整体、动态及其结构，也应该有助于大家达成共识，意识到只有同舟共济，才能实现共同发展。尤其是在有些人或部门需要做出一定的“牺牲”的情况下，只有他们真心认同，才能落实到位。

4. 副作用较少

对于复杂的社会系统，任何一项干预措施都有可能“牵一发而动全身”，有积极的一面，可能也有“不良”的副作用。几乎不存在那种没有任何副作用的“完美”解决方案。因此，要考虑解决方案对各个方面的影响，或者其他方面的合理预期反应。

就像小约瑟夫·巴达拉克在《灰度决策》[1]一书中指出的那样：在处理那些重要、复杂又充满不确定性、难以解决的棘手难题时，应全面而深刻地思考你的选择对所有人可能带来的所有结果，然

[1] 本书中文版已由机械工业出版社出版。

后选择能够创造最好的“净结果”的方案。所谓“净结果”，就是权衡所有影响之后，有利的和不利的抵消之后的结果。

需要强调的是，对于社会系统，不能只考虑“现在、本地、表面”，因为圣吉曾经说过：“原因不一定在时间或空间上与结果（症状）接近。”就像下棋一样，必须多想几步，进行动态的博弈。

在综合评估之后，有可能没有“理想”的方案，也就是说，各个方案都有这样或那样的副作用或局限性。在这种情况下，一方面要牢记自己的根本目的，事先明确决策的标准，另一方面不必奢求“完美”，选择那些副作用较少，各方“满意”或“可以接受”的方案即可。

5. 带有反馈机制

梅多斯指出，对于动态的、自我调节的反馈系统，你不能用静止的、刚性的政策来进行管治，相应地，应该设置一些监控机制，收集有效的反馈信息，并且根据这些反馈信息来动态地调整政策。

就我的经验来看，对于复杂的难题，你一定要做好“打持久战”的心理准备，不要指望“一蹴而就”，也不要奢望找到“特效药”（更没有包治百病的“万能药”），认为只要出台这个政策，所有问题就一下子都解决了；同时，也不能僵化、机械、一成不变，而是要根据系统实际状况的变化，及时、灵活地进行调整。

第 10 章

系统思考应用指南

“好了，我差不多看完这本书了，我马上就可以系统思考啦!”

如果你这么想，那么你不仅天真，而且仍然在按照线性模式思考。

我相信你肯定知道，读完一本书和掌握一项技能之间存在很远的距离。

同时，读到这里，你可能已经发现了：系统思考作为一种与“还原论”相对的思维方法，应用范围非常广泛。系统思考不是那种充满学究气的象牙塔中的活动，它极其实用，可以应用到企业和组织生活中的每个方面。正如约翰·斯特曼教授所言，从公司战略到糖尿病的发展动态，从美苏之间“冷战”时期的军备竞赛到艾滋病病毒与人类免疫系统之间的斗争，系统思考被广泛应用。更进一步地，系统思考可以应用于任何时间和空间范围内的动态系统。

那么，在实际工作中，有哪些地方可以应用系统思考？到底如何才能养成系统思考的技能？

系统思考应用的四个层次

《礼记·大学》中记载："古之欲明明德于天下者，先治其国；欲治其国者，先齐其家；欲齐其家者，先修其身；欲修其身者，先正其心；欲正其心者，先诚其意；欲诚其意者，先致其知，致知在格物。物格而后知至，知至而后意诚，意诚而后心正，心正而后身修，身修而后家齐，家齐而后国治，国治而后天下平。"

这段话阐述了君子之于天下的集合层次有四个：个人（格物致知、意诚、心正、身修）、家庭（或团队）、国家（组织）、天下。通常人们将其称为：修身、齐家、治国、平天下。

相应地，我认为，系统思考作为一项基本思维技能，可用于个人生活与工作、团队协作与创新、组织发展与管理以及社会事务管理与公共政策、宏观管理与生态等各个层面。

我们可以从个人、团队、组织和社会四个层面，在日常生活与个人发展、团队与项目管理、企业经营与管理以及社会事务与生态等方面，应用系统思考，以实现有效地与系统共舞。

修身

从现有的成功应用案例可知，对于个人生活与工作，系统思考可应用于包括但不限于以下诸多方面。

- 个人研究——有大量学术研究成果应用了系统思考（系统动力学）方法。
- 个人学习——从本质上讲，个人学习与成长、发展是一个系统，可以应用系统思考的方法来思考和设计，让我们学会如何学习。
- 自我发展——在设立人生目标、进行个人竞争力分析、开展职业生涯规划等时，也可以应用系统思考方法。
- 解决个人问题——系统思考是一种有效的分析和解决复杂性问题的方法，广泛应用于个人的日常工作与生活，如工作与家庭的平衡、子女教育、夫妻相处等。
- 个人健康——我们每个人的身体是一个非常精密的有机系统，养生需要系统思考，解决问题（如戒除烟瘾、酒瘾，减肥，纾解压力等）也需要系统思考的智慧。

齐家

人是社会性动物。与他人相处、带领一个团队、管理一个项目，本身也是一个动态系统，其中有很多实体及其之间的相互作用，因而也可以应用系统思考，包括但不限于以下几个方面。

- 在职场中与他人相处。
- 高效沟通。
- 组建团队。
- 驱动团队学习与发展。
- 处理家庭矛盾。
- 解决项目延期问题。

治国

毋庸置疑，系统思考在组织发展与企业管理领域有相当广泛的应用，包括但不限于以下几种情形。

- 战略规划——不仅有对系统思考在战略管理中应用的专门研究，而且很多战略规划方法中也蕴涵着系统思考的思想、观念和/或工具，无论是《孙子兵法》《荀子议兵》《荀子富国》，还是迈克尔·波特的《竞争优势》或情景规划，均如此。
- 睿智决策——职业经理人每天都要做大量决策。如果他们缺乏系统思考的智慧，那么很多决策会非常平庸甚至糟糕，不仅于事无补，甚至导致问题恶化，而且他们自己也有可能深受其害。
- 组织设计与流程再造——从本质上讲，系统思考和组织设计与流程再造有天然的密切联系。

- 制定政策——系统思考广泛应用于解决问题和制定政策。
- 供应链与物流——系统动力学中有大量关于供应链与物流的研究和应用案例。

平天下

自20世纪50年代，系统思考就开始应用于社会与公共事务管理以及生态、环境等领域。福瑞斯特教授的专著《城市动力学》《世界动力学》成为系统思考在这一领域应用的理论基础。

系统思考在社会与公共事务以及生态、环境中的应用案例包括但不限于以下几种情形。

- 对社会性问题的研究，比如人口、公共政策、矿难、中西部差距等。
- 对国际问题的研究，比如美苏军备竞赛、反恐战争等。
- 对生态系统的研究——地球是一个极其复杂的系统，已有很多对地球及地球上存在的各种生态系统的研究成果，比如全球变暖、生态危机等。
- 对能源和其他自然资源，比如石油、水、矿产等的研究。
- 可持续发展——近年来，可持续发展成为系统思考的一个研究与应用热点。

综上所述，我建议大家留意身边的每一个事例，看看能否用系统思考的方法与工具对其进行分析。这样不仅有助于加强练习，掌握本书所介绍的系统思考方法与工具，而且有助于训练你的思维敏锐度。

系统思考的原则："六要六不要"

动态系统是非常微妙的，我们只有扩大时空范围、深入思考，才有可能辨识其整体运作的微妙特性。对此，梅多斯整理了与系统共舞的 15 大生存法则[㊀]；圣吉整理了 11 项法则[㊁]。其中有些看似悖论或违反人们的直觉，它们却蕴含着系统思考的智慧。

基于梅多斯、圣吉等人阐述的系统的微妙法则，我整理出下列 6 项系统思考基本原则。

要有时间观念，明确来龙去脉，不要割裂历史与环境

在系统中，各组成部分之间存在相互连接及动态影响。对于动态性复杂系统，"因"与"果"在时间和空间上并不是紧密相连的。这里所讲的"因"指的是与症状最直接相关的影响因素或驱动力，"果"指的是问题的明显症状。因此，如果人们缺乏系统思考智慧，为了解决一个问题而采取的措施往往会产生副作用，从

㊀ 资料来源：德内拉·梅多斯．系统之美：决策者的系统思考［M］．邱昭良，译．杭州：浙江人民出版社，2012.

㊁ 资料来源：彼得·圣吉，等．第五项修炼：学习型组织的艺术与实践［M］．张成林，译．北京：中信出版社，2009.

而使得在另外一个时间或另外一个地点产生另外一个问题，正如圣吉所讲：今日的问题来自昨天的解。因此，系统思考的基本原则之一是：要有时间观念，考虑到事件的前因后果、来龙去脉，不能只顾眼前或静止地看问题。

同时，梅多斯建议，在你想以任何方式去干预系统之前，先要观察它是如何运作的，从一些核心变量的历史数据与事实开始，跟上系统的节拍，了解系统行为的影响因素及其关联关系。

要有整体观念，不要局限于本位或片面

如圣吉所讲，大多数人往往假设因果在时间和空间上是很接近的，因此人们也倾向于在问题发生临近的时间和空间范围内寻找原因，并施加干预措施。如同古老的“盲人摸象”这一寓言故事所讲的那样，组织中常见的“本位主义”和根深蒂固的“局限思考”，其实是“反系统思考”的。因此，系统思考必须具有整体观念，超越本位利益或局部观点。

尤其需要强调的是，对于问题，人们倾向于“归罪于外”，即一旦出现问题，人们往往认为是由“别人”造成的。比如，对于销售任务没有完成，销售部会认为原因是产品不好、生产部门支持不到位或竞争激烈，而不是自己没有尽力；生产部门则抱怨销售部门缺乏规划、协调不当或计划性差，等等。但是，我们都知道，系统的特性是相互连接、“没有绝对的内外”“不可分割的整体性”，系统思

考有时需要“把镜子转向自己”或将造成问题的“外部”因素转化为系统“内部”的状况来处理。为此，梅多斯建议，要扩大关切的范围，并善于换位思考，相信、尊重并分享信息。只有不扭曲、延迟或隐瞒信息，确保信息及时、准确、完整，系统才能运作得更好。

要看到因果之间的互动，不要直线片段式思考

在日常生活中，人们往往固执或机械地使用自己最了解的简易方式来解决问题，比如“头痛，就吃止痛片”“产品不好卖，就降价”，但正如约翰·斯特曼教授所言，人们的思维模式在处理动态系统方面存在天然的缺陷，因此这种显而易见的解往往不会奏效。在这方面，系统思考的一个基本原则是：当面对一个系统性问题时，你绝对不可能毕其功于一役。对于系统性问题，不能指望单一措施或速效方案，而是要看到关键因素及其之间的互动，把握关键。

对此，梅多斯指出，在设计系统时，要在决策及其结果之间建立反馈回路，让决策者直接、快速、强制性地看到其行动的后果，从而强化系统的“内在职责”。事实上，考虑的时间跨度越大，决策质量就会越高。

要深入分析系统结构，寻找“根本解”和“杠杆解”，不要“头痛医头，脚痛医脚”

在一个系统之内，有些组成部分会比其他部分更为重要，因

为它们对其他部分的控制能力更高，具有杠杆效应，可以起到“四两拨千斤”的效果：只要在正确的地方发生一个小小的改变，就可以引起持续而重大的改善。

当然，由于系统内部影响因素众多，而且其相互连接错综复杂或隐而不现，除非人们可以深入、透彻地了解系统潜在的结构，否则要找出“杠杆解”并不容易（参见第9章）。圣吉认为，学习系统思考可以帮助人们提高找到“杠杆解”的概率，做到“鱼与熊掌兼得”。

要理解并善用“补偿性反馈”机制，不要忽略“副作用”

由于系统内部各组成部分之间的相互影响，其内部具有特定的行为模式，因此如果人们缺乏系统思考智慧，一些对策不仅达不到改善的效果，反而会造成极其危险的“后遗症”，推动这些对策的努力可能会不知不觉地发生适得其反的“反效果”。在原理上讲，系统的这种作用机制被称为“补偿性反馈”（compensating feedback），指的是外在的干预引起了系统的反应，但这种反应反过来抵消了干预所产生的作用，恰如圣吉所讲：愈用力推，系统反弹力量愈大；有时候，对策可能比问题更糟。中国成语“揠苗助长”讲的也是这个道理，即违反系统的内在规律，追求过快成长的干预措施，不仅不能奏效，反而会造成更为严重的“副作用”。

系统思考的一项基本法则是：必须理解并善用“补偿性反馈”机制，要随时考虑到并做好面对“副作用”的心理准备。同时，对于动态、自我调节的反馈系统，不能用静止的、刚性的政策来管制。在制定和实施政策时，必须考虑反馈机制。在梅多斯看来，最好的政策不仅要包含反馈回路，也要包含一种机制，对其中各种反馈回路适时地进行调整，使政策具有更大的灵活性。

要注意并把握“时间延迟”，不要浅尝辄止或半途而废

《纽约客》(*The New Yorker*)杂志曾刊登过一幅漫画：一个人坐在椅子上，推倒了一侧的一个大骨牌。他得意地说：“问题解决了，我终于可以松一口气了。”然而，他没有看见那块骨牌正在倒向另外一块相邻的骨牌，而后将再倒向另外一块……就这样一个接着一个，最后骨牌将在绕了一圈之后，从另一侧击中他。这幅漫画很简单，但寓意非常深刻，也是生活中很多典型事件的真实写照。用系统思考的语言来讲，那些不符合系统思考特性的干预措施，可能在短期之内实现了一些改善，但由于其引发了系统中的“补偿性反馈”或产生了一些“副作用”，经过一段时间的延迟，将导致问题更加恶化，即渐糟之前先渐好。为此，系统思考的一项基本法则是：千万不要忽视时间延迟，要理解并把握时间延迟对系统行为的影响。

如上所述，反馈回路中的时间延迟对系统行为有显著影响，梅多斯将其称为系统中的“杠杆点”之一。如果你想改造系统结构，改变时间延迟也是可行的选择之一。

如何养成系统思考的技能

需要指出的是，目前，对于大多数人而言，“系统思考”仍然是一个陌生的词；真正具有系统思考智慧的人更是凤毛麟角。比如，据说彼得·圣吉的《第五项修炼》一书卖了数百万册，但根据我的粗略统计，真正读完、读懂该书的人并不多，能够在实际工作中加以应用的则更少。

那么，到底应该如何学习并掌握系统思考的技能呢？

对于系统思考的学习，戴安娜·史密斯（Diana Smith）曾提出过一个三阶段的学习模式。

（1）第一阶段，学习新的认知和语言，让人们掌握新的知识、观念和系统思考的“新语言”。

（2）第二阶段，实验新的行动法则，指的是人们随着第一阶段对新的认知和语言的掌握，一些旧有的假设动摇了，人们可以实验一些新的行动法则，从中观察其产生的结果。

（3）第三阶段，融会贯通新的价值观、假设和行为法则。此时，人们能够将新的行动法则及其背后的价值观、假设融会贯通。㊀

由此可见，系统思考作为一种思维技能，仅仅是“知道”一些概念或原理肯定是不够的，必须要能够“做到”，用更加系统友

㊀ 资料来源：彼得·圣吉．第五项修炼：学习型组织的艺术与实务［M］．郭进隆，译．上海：上海三联书店，1994：312-313.

好的方式去思考、解决问题、做出决策；同时，仅仅靠理性的力量做到也是不够的，因为如果那样的话，在情况紧急或任务繁重的情况下，稍一松懈，又可能回到原有的思维模式之中。为此，必须从“做到”变成一种“习惯”，使之成为一种下意识的动作和“肌肉记忆”。

要想学会并掌握系统思考并非易事，需要长期的刻意练习，圣吉甚至将其称为“修炼”(discipline)。他认为，系统思考修炼可分为三个层次（见图 10-1）：实践（practices)、原则（principles）和精髓（essences)。

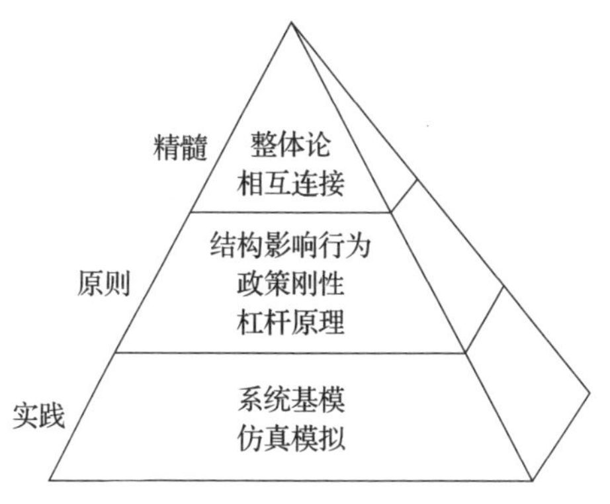

图 10-1　系统思考修炼“金字塔”

精通系统思考的四阶段模型

基于个人实践与教学经验，我认为，要想学会并应用系统思考，需要经历四个阶段（见图 10-2）。

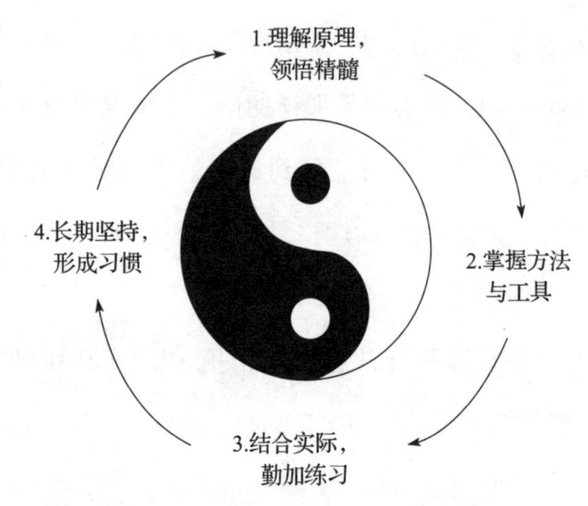

图 10-2 系统思考的四阶段学习模型

1. 理解原理，领悟精髓

原理指的是系统运作的基本规则；精髓指的是“修炼”纯熟的人体验到的境界，虽然这些体验“只可意会，难以言传”，但它们对于深入了解系统思考的意义与目的是绝对必要的。对于系统思考，圣吉认为精髓包括两方面：整体论和相互连接，让人们的视野从看部分改变为看整体，感受到世界事物的相互依存和彼此关联；基本原理则包括三项：“结构影响行为”“政策刚性”和“杠杆原理”。

在本书中，我将系统思考的精髓描述为思考的角度、深度、广度三维转变，并称之为“思考的魔方®”（参见第 2 章）；关于系统思考的基本原理，我也从实用的角度进行了简明扼要的介绍（参见第 1 章）。

无论对初学者还是熟练的系统思考者而言，理解和掌握系统思考的精髓与原理都很重要。对初学者而言，这些原理有助于他们了解修炼背后的理论基础；对于熟练的系统思考者而言，这些原理有助于修炼精益求精，并向其他人解释这些修炼。

只是看了一两本书、几篇文章，或者模模糊糊地"知道"了一些原理或规则，显然是不够的。要想"与系统共舞"，必须真正理解并认同系统的原理、规律或规则，不能只是"听到""看到"或"知其然"，还必须深刻地理解其前因后果、来龙去脉，"知其所以然"。这不仅需要把相关图书读懂、读透，还必须在大量实践（尤其是直接经验）的基础上获得感性认识，并进一步发展到理性认识（在实践中发现真理）。

除了阅读本书外，要想深入理解系统的原理与精髓，你还可以继续阅读系统思考相关的图书，包括《系统思考》《系统之美》《第五项修炼》等。

真正的"知"其实离不开"行"，只有行动并在行动之后反思，才能真正理解系统的原理与精髓。

2. 掌握方法与工具

人是善于制造和使用工具的动物。借助工具与方法，确实可以达到"事半功倍"的效果，正如荀子所说："君子性非异也，善假于物也。"孔子在《论语》中也曾说过："工欲善其事，必先利其器。”这些至理名言都提示我们，如果我们想把某件事情做好，就要找到正确的方法。学习与应用系统思考也是如此。

要想由知到行，掌握必要的方法与工具是不可或缺的。正如圣吉所说：“人们在没有理论、方法和工具的情况下，无法获得深入学习所需要的新技巧和新能力。”因此，通过学习、掌握相应的理论、方法与工具，并不断练习，才能发展出新的认知和技能。如果没有相应的方法和工具，系统思考将仅仅停留于认知或理念的层面上，无法“落地”；如果不借助统一的“语言”、方法和工具，系统思考将只是每个人“自说自话”或“自我标榜”的一个词、标签而已。

事实上，系统思考经过60余年的发展，既具备完整的知识架构，也已发展出一整套实用的方法与工具。基于实用原则，本书主要采纳系统动力学方法，介绍了“因果回路图”（参见第6章）、“系统基模”（参见第7章）等实用方法，以及“冰山模型”（参见第3章）和我发明的“环形思考法®”（参见第4章）、“思考的罗盘®”（参见第5章）等“支架式辅助工具”。

对于这些方法与工具，要通过逐步的练习，从掌握到熟练、精通。如果只是“知道了”或“看懂了”，一遇到实际问题，可能还是会按照自己原来熟悉的方式去执行。这样，系统思考仍然不是你的能力。

当然，在练习过程中，如果能够及时得到恰当的指导和反馈，就可以事半功倍。

3. 结合实际，勤加练习

睿智，有时候是天赋。正如孔子所说：“生而知之者，上也；学而知之者，次也；困而学之，又其次也；困而不学，民斯为下矣。”（《论语·季氏》）很多优秀的企业家、政治家虽然没有学习并使用系统思考的基本技术与工具，他们的商业或政治直觉却暗合系统思考的智慧。尽管如此，真正拥有睿智的天赋的毕竟只是少数人（甚至孔子本人都说“我非生而知之者”《论语·述而》），绝大多数人都需要而且完全可以通过学习与实际应用系统思考的方法与技术、工具，并反复练习，逐渐培养、提升自己的睿智水平。

毫无疑问，这一过程也不是一蹴而就的，正如北宋文学家欧阳修写的富含哲理的小品文《卖油翁》所展示的那样，老翁之所以能养成纯熟的技艺，秘诀就是“无他，惟手熟尔”（没什么，只不过是手熟罢了）。因此，技能的养成需要长期的练习，并结合实际，活学活用。

就像荀子所说：“夫道者，体常而尽变，一隅不足以举之”，概念或理论是简化、抽象、有限的，而现实是复杂、具体、多变的，因此如果不能结合实际，根据具体情况灵活变通，就是“本本主义”获得不了好的效果，也无从发现、验证和发展新的认识。因此，无论是修习“内功”，还是熟练应用“招式”，都需要反复练习，基于大量真实世界中的案例，发展“真知”，掌握“得法”，才能逐渐“善用”。

这是一个从理论到实践、由知到行的循环、迭代过程。也就是说：懂得如何使用对客观世界的认识去实践、改造客观世界，并根据实践结果来验证和发展自己的认识。实际上，真正的知识（理论）绝不是空洞的，它一定包含对如何应用这些理论以指导行动的理解。因此，学习系统思考不能只是看书和思考，也不只是练习方法与工具本身，而是要结合实际，综合运用系统思考的原理、方法与工具，真正应用它们去解决复杂问题（参见第9章）、设计并维持成长引擎®（参见第8章），并且在每一次实际应用之后进行复盘，领悟如何在实际中应用系统思考的诀窍。

4. 长期坚持，形成习惯

从本质上看，系统思考与人们习惯的、主流的思维模式是相悖的，因此学习和应用系统思考并不容易真正被人们所理解和接受。

例如，尽管人们从心里或在口头上都拥护或主张系统思考，但在实际行动中践行的是“非系统思考”。更进一步讲，很多人即使在理念与原理层面上理解了系统思考，但实际掌握相关方法与工具并最终将其变成一种思维技能确非易事。尤其是系统思考作为一种思维技能，看不见、摸不着，而且受到根深蒂固的心智模式的影响，难度更大。但是，通晓“真知”、明了“得法”、精通“善用”，都离不开大量实践经验的积累，而只有依靠“笃行”，才能逐渐培养起有效的思考和行动能力，提升应用技能。

事实上，系统思考不只是一种思维技能，也是一种智慧。通过长期练习，领悟应用的“诀窍”，并内化于心、形成习惯和下意识，才能发挥系统思考的更大威力。这与个人的禀赋、勤奋、用心等紧密相关。

实际上，“悟道”也是“真知”。经过以上四个阶段，完成了一个由知到行的循环，我们的思维才完成了一次“升华”。

系统思考实践者的五个阶段

系统思考作为一项思维技能和“修炼”，也是有不同境界或“段位”划分的。

基于哲学家休伯特（Hubert）和艾伯特·德莱弗斯（Albert Dreyfus）的主张，丹尼尔·金提出了系统思考实践者的五个阶段（见表 10-1），可作为读者持续学习与应用系统思考、提升系统思考技能的参考路标。[一]

表 10-1　学习与应用系统思考的阶段与特征

阶段	能力描述	特征
初学者	• 对系统思考专业领域有初步认识，尚不了解专业学科知识全貌 • 在指导下，可以根据规范生疏地使用相关技术 • 依靠对概念和思想的纯理性的认识，无法清晰地看清问题，更无法对问题进行深入分析	• 只能看懂简单的系统图表 • 理解增强回路和调节回路的特性 • 可以识别简单的“系统基模”，提出新的见解

[一] 资料来源：彼得·圣吉等．变革之舞［M］．王秋海，等译．北京：东方出版社，2001：142-145.

（续）

阶段	能力描述	特征
合格的学习者	• 对系统思考专业领域有了更多认识，并清楚了自己在整个学科知识上的欠缺 • 在一些真实场景下可以进行初步令人接受的操作 • 对于研究过的案例或相似情况，可以按照规定的步骤执行	• 能构建因果回路图 • 能识别自己工作中的模式 • 试验更为复杂的系统图和电脑建模
成长中的系统思考者	• 对系统思考专业领域的系列知识有了全面的理性接触 • 不再简单地按照规则和程序行事，能够根据环境变化对技术方法做相应调整 • 实践知识依然缺乏，未完全掌握"诀窍"	• 在特定环境中，已经将系统模型内化 • 能帮助团队和他人使用基本的系统技术，有效地处理关键的复杂问题 • 扎实地掌握电脑建模技术
熟练的系统思考者	• 在各种环境中，通过持续不断的实践，获得直接经验，不断提高应用技能 • 对问题有了全面把握，可以运用专业工具和方法，熟练地处理各种情况（仍处于有意识阶段）	• 在系统思考对企业问题的应用上形成了自己独有的判断 • 是一些有经验、有能力的咨询顾问，能处理各种情况
系统思考专家	• 能够打破常规，超越目标 • 经验与技能内化，甚至无意识化	• 不仅内化了系统模型，而且内化了电脑建模理论 • 通过与其他专家的相互交流持续精进 • 对于系统内在规律和各种变化的属性均一目了然

资料来源：邱昭良根据 Daniel Kim（1999）整理、修正。

由此可见，读完本书或参加一两次培训绝不意味着你已经掌握或"学完"系统思考了。事实上，认真阅读完本书，并能够理解书中所讲的案例，或者参加完 2 ～ 3 天的系统思考入门培训，只能算是系统思考的初学者。

如果想进一步提高实践的技能，主要的努力方向如下。

第一，进一步阅读相关图书，或参考其他学习资源（参见附录A），学习更多系统思考的专业知识。

第二，参加“系统思考应用实务”培训（参见附录B），学会使用系统思考常用方法与工具，并加深对系统思考原理与精髓的理解。

第三，在实践中，结合自己遇到的实际问题，应用系统思考基本工具与方法（如“思考的罗盘®”、因果回路图和系统基模等），分析解决实际问题。

第四，尝试使用电脑软件建模与仿真工具，更为精准地理解系统的动态。

第五，定期反思、复盘自己的学习实践心得，并与其他系统思考实践者交流。

结束语

我自1995年开始接触系统思考，当时在读硕士，读到了彼得·圣吉的《第五项修炼：学习型组织的艺术与实务》一书，从那里知道了“系统思考”的概念，并开始了对组织学习（学习型组织）的研究与实践、应用与推广历程。

在这个过程中，我越来越深刻地体会到系统思考的强大功效。尤其是自2001年开始，我攻读管理学博士，对系统思考的理论体系、方法工具及其实际应用进行了广泛而深入的钻研；随着对系统思考的深入了解，我也越发深入地领悟了其精髓与应用的诀窍，并在个人研究与咨询服务中越来越多地应用它，受益匪浅。

2003年，我开始设计、开发系统思考应用实务培训，并在其后陆续为国内外数百家企事业单位进行过系统思考的培训，因为“教学相长”，我接触了数以千计的学员，给他们带来了帮助，也从他们身上学到了很多……在这个过程中，我发现很多初学者对于系统思考摸不着“门道”，并在实际学习过程中存在诸多问题与困惑，他们也很难获得直接而有效的指导：市面上缺少面向企业管理者和非专业读者的系统思考实用指南类图书，而且缺乏专门的系统思考应用实务训练，甚至连专门的实践社群（community of practice）都没有。

为此，我做了如下几件事：第一，翻译出版了《系统思考》《系统之美》，并为系统思考实践者撰写了一本系统思考应用实务指南——《系统思考实践篇》，该书整理、分享了我自己的学习心得与应用经验，为系统思考学习者提供参考指南。该书于2009年12月由中国人民大学出版社出版，作为为数不多的中国本土系统思考著作，得到了很多学习者、实践者和研究者的好评；经过数年的筹备和打磨，2018年，《如何系统思考》出版。

第二，在CKO学习型组织网论坛上开辟了系统思考专区（后转至我的自媒体“CKO学习型组织网”微信公众号，ID：ChinaCKO），并资助建立了三个系统思考QQ交流群，供对系统思考感兴趣的朋友相互帮助、切磋交流，以求共同进步。

第三，持续进行系统思考的学习、研究，并积极开展相关的培训与咨询服务，积累更多的实际应用案例与一手经验，同时，经过自己的实践和思考、创造，研发出了一些原创的方法与工具。本书的此次修订也是这一努力的具体体现。

本书的撰写历时数年，得到了很多老师和朋友的鼓励和支持，包括南昌大学贾仁安教授、中央财经大学贾晶教授、青岛大学钟永光教授、中关村学院郑重光老师、复旦大学的李玲玲博士、李旭博士，还有长期以来支持我的老朋友刘兆岩先生、陈颖坚先生、孙卓新先生、宋铠教授、孟庆俊先生、康易成女士、李兰女士、金吾伦教授等。

感谢我的恩师成思危教授、李维安教授、陈炳富教授，以及南开大学商学院张玉利教授、白长虹教授、王迎军教授，他们对于我的教育和扶持让我终生难忘。感谢彼得·圣吉和丹尼斯·舍伍德教授，能与他们探讨系统思考相关问题，得到他们的指导，是我莫大的荣幸。

感谢彼得·圣吉博士、组织学习专家夏洛特·M. 罗伯茨博士、知识管理专家马克·麦克尔罗伊博士、新东方教育科技集团创始人俞敏洪先生、拉卡拉创始人孙陶然先生、台湾中央大学宋铠教授、中国东信集团总裁鲁东亮博士、中国企业家调查系统秘书长李兰女士、南昌大学贾仁安教授、南开大学商学院张玉利教授、正中投资集团董事长邓学勤先生、莱绅通灵珠宝股份有限公司董事长沈东军先生、南德（TÜV SÜD）北亚区高级人力资源副总裁王卫杰先生、北京大学汇丰商学院管理实践教授陈玮先生、中国建材股份有限公司副总裁张金栋先生、洪泰基金创始人盛希泰先生、连界资本董事长王玥先生、新加坡福流领导力研究与实践创始人甘波博士为本书撰写了热情洋溢的推荐序或推荐语，令我既汗颜又倍感鼓舞，唯有不断努力，方能不负各位的厚爱！同时，感谢孟庆俊先生、倪韵岚女士协助联络各位推荐人，并协助翻译、审阅部分推荐语或推荐序。特别感谢机械工业出版社十余年来的大力支持，我们自2002年即开始合作，从《学习型组织新思维》《学习型组织新实践》《创建学习型组织5要素》《学习型组织行动纲领》到《系统思考》《复盘+：把经验转化为能力》《知识炼金术》，编辑们的专业能力、敬业精神、对学习与发展的情怀以及行业洞察力令人钦佩。

作为一个出版了18部著译作的专业人士，我深知写作与出版的甘苦，尽管自己付出了相当的心力，但我深信，受自身能力和时间所限，书中肯定存在错误或疏漏，对此我愿意承担所有责任，并期待大家的反馈与指正。

最后，感谢我的父母、妻子和女儿，她们给了我世界上最真挚而热烈的支持和关爱，让我时时沐浴着幸福和温暖。

面对纷繁复杂且迅速变化的世界，我们每个人对这个世界的认识都是片面的。而系统思考是使人睿智的大智慧，也是我们每个人需要持续修炼的技能。希望我们每个人都能借此不断地提升自己的思维技能，获得更好的发展，活出一个更好的自己，创造一个更美好的世界。

邱昭良

2020年2月8日于北京中关村

附录 A

系统思考学习资源

中文社群

1.“CKO 学习型组织网”微信公众号

扫描二维码，关注“CKO 学习型组织网”，回复“系统思考”，获取相应学习资料。

这是邱昭良博士的自媒体，专注于“思考 · 学习 · 技术”，主要刊发邱博士在系统思考、组织学习以及最新的学习技术方面的原创文章及动态，也包括本书的配套练习的参考答案。

你在学习系统思考的过程中，若有任何问题，可通过本公众号与邱博士互动。

2. 中国学习型组织网

http://www.cko.cn

中国学习型组织网是一个开放的、基于互联网的、非营利性实践社群，始创于1998年，宗旨是致力于推动学习型组织在中国的研究与实践，愿景是成为组织学习与知识管理研究与实践领域最知名、最有活力的专业社群。旗下的中国学习型组织网设有文库、专栏等栏目，有大量系统思考方面的学习资料。

3. 系统动力学专业学习QQ群

系统动力学高级群，群号：25906530。

系统动力学经济管理分群（高级群），群号：35803941。

系统动力学社会环境分群（高级群），群号：35803728。

为了给有志于学习系统思考的朋友提供及时交流、学习的空间，邱博士资助创立了三个系统动力学专业学习QQ群。目前，这三个群均为高级群，群内有500多名系统思考学习者、研究者、应用者、爱好者，其中有很多硕士、博士和系统思考高手。有兴趣的读者可免费申请加入。

英文网站

1. 系统动力学协会

http://www.systemdynamics.org

系统动力学协会（The System Dynamics Society）是系统思考领域国际权威的非营利性社群组织，致力于促进系统动力学和系统思考的研究与应用。本网站提供了大量免费的学习资料、系统动力学产品及出版物信息、每年一度的系统动力学会议的信息以及《系统动力学评论》杂志的相关信息。

2. MIT 系统动力学小组

http://mitsloan.mit.edu/faculty-and-research/academic-groups/system-dynamics/

在系统动力学研究与教育领域，美国麻省理工学院（MIT）不仅是发源地，而且始终是领导者。MIT 系统动力学小组（The MIT System Dynamics Group）由福瑞斯特教授成立于 20 世纪 60 年代早期，现仍为 MIT 斯隆管理学院的一个学术团体。该网站有一个栏目 *Learning Edge*，收录了大量教学案例和 MIT 教职员和学生开发的“管理飞行模拟器”，可供学习参考。

3. MIT 系统思考教育项目：系统动力学学习路线图

http://www.clexchange.org/curriculum/roadmaps/

尽管在系统动力学领域有很多图书和论文，但对于初学者而言，确定从哪里开始学起往往比较困难。麻省理工学院系统动力学教育项目（SDEP）整理出了“系统动力学学习路线图”（road maps），为初学者自学系统动力学提供了指南。通过一系列循序渐进的建模练习和精选的文献资料，学习者可以逐步掌握系统动力学的原则和方法。

强烈推荐系统动力学学习、研修者或对系统思考与系统动力学、建模等感兴趣的朋友认真阅读这一系列教程。

除此之外，该网站还有很多系统动力学和系统思考在 K-12 教育领域的学习资源。

4.《系统思考者》

https://thesystemsthinker.com

Pegasus Communications 公司（现已终止运营）曾经是系统思考领域知名的出版商，有大量图书、杂志、影像制品等出版物，其中电子杂志《系统思考者》（*Systems Thinker*）很有影响力。目前，该网站有大量免费的系统思考及系统动力学专业论文及学习指南。

5. 心智模式冥想

http://www.systems-thinking.org/index.htm

心智模式冥想（Mental Model Musings）网站包含大量系统思考的历史、发展、原则、建模与仿真及其在企业与组织领域的应用等方面的信息，尤其是其提供了一个系统导航的工具“theWay”，把常见的一些系统基模关联起来，有一定参考价值。

6. isee Systems 公司

http://www.iseesystems.com/

isee systems 公司的前身是 High Performance Systems，是世界领先的系统思考软件 ithink/Stella 的供应商。这个网站提供了产品介绍、在线商店以及培训与支持等信息，你可以下载或注册软件，其中还有大量的相关文章、教程以及网站链接。

7. Ventana 系统公司

http://www.vensim.com

Ventana 系统公司是系统动力学专业建模与仿真软件 Vensim 的供应商，该软件应用范围广泛，是最常使用的系统动力学建模软件之一。在这个网站中，你不仅可以查看与 Vensim 软件相关的各种信息、一些系统动力学相关的资源，还可以下载或购买最新版的软件。

8. Powersim 软件公司

http://www.powersim.com

Powersim 软件公司是一家领先的商业智能与战略模拟软件供应商，总部设在挪威。Powersim 也是一款功能强大的系统动力学建模软件。

9. 组织学习协会

http://www.solonline.org

组织学习协会（Society for Organizational Learning，SoL）由彼得·圣吉创立，是组织学习研究与实践领域国际领先的非营利性社群。SoL 网站提供了一些会议、培训活动信息、相关出版物和学习资源。

附录 B

精品培训

一、系统思考应用实务

学习、掌握系统思考技能最快速、有效的方式是得到系统思考高手的指导。自 2003 年开始，邱昭良博士为数百家企事业单位各层次人员进行过系统思考应用实务相关培训，实战经验丰富，可以帮助学习者快速入门。该课程经过精心的教学设计，经数年的研究开发和持续改善，并经过数百家客户的验证，满意度达到 95% 以上，是国家版权局登记的版权课程，版权课程登记证书编号：国作登字 -2016-L-00319837。

课程特点

- 互动：本课程以互动游戏、动手练习、团队研讨为主要形式，辅之以讲授、点评、辅导，形式活泼、新颖。
- 实战：课程中采用的案例均系企业管理中的常见问题，通过系统思考分析深入、到位，具有很强的实用性。
- 权威：本次课程主讲教师邱昭良博士，具有深厚的理论功底和超过20年的企业实务管理与培训、咨询服务经验。

学习目标

通过本次课程学习，您将：

- 重塑思维，理解系统思考的基本原理与精髓。
- 循序渐进地练习实用的系统思考方法与工具，培养一种全面、深入、动态的崭新思考技能。
- 使用系统思考方法与工具，发现并设计驱动业务发展的“成长引擎®”。
- 使用系统思考方法与工具，解决工作中的实际复杂问题，找到“根本解”和“杠杆解”。
- 通过大量案例分析与团队研讨，理解如何将系统思考应用于实际工作与生活，促进学以致用。

课程大纲

时间	内容提纲
第一天上午	模块 1　认识系统思考 • 实际案例导入 • 系统思考缺乏症，你有吗？ • 系统的构成及特性 • 系统思考的精髓：思考的魔方® 模块 2　全面思考 • 大局观不仅是一种格局，更是一种能力 • 方法：思考的罗盘® • 团队练习：使用思考的罗盘®，促进换位思考 模块 3　深入思考 • 提高思考的深度 • 方法：冰山模型 • 团队练习：使用冰山模型，洞察现实问题
第一天下午	模块 4　动态思考 • 在非线性的世界里，使用线性思考是行不通的 • 方法：环形思考 • 团队练习：使用环形思考，分析实际问题 模块 5　整合思考——系统思考的新语言 • 系统动力学——系统思考的新语言 • 方法：因果回路图 • 练习：从环形思考图到因果回路图 模块 6　综合演练 • 啤酒游戏（可选） • 集体反思 • 系统思考的微妙法则与组织学习障碍
第二天上午	模块 7　系统思考进阶 • 认识回路特性及时间延迟 • 案例分析及练习 • 综合练习：运用系统循环图分析实际问题 模块 8　系统基模 • 系统基模简介 • 团队游戏 & 反思 • Tips：如何应用系统基模？

（续）

时间	内容提纲
第二天下午	模块 9　系统思考应用实务指南 ● 运用系统思考解决问题的一般步骤与六项原则 ● 系统思考在企业中的应用案例分析 ● 如何找到驱动业务发展的“成长引擎®” ● 团队研讨 ● 九种通用成长引擎® ● 如何睿智地解决问题 ● 综合练习 ● 六种常见的成长上限 模块 10　集体反思 ● 问答与交流 ● 集体反思 ● 下一步行动计划

注：此课纲为通用版课纲，我们可针对培训对象的具体需求，对相关内容和案例、练习等进行定制和调整。

主讲教师简介

邱昭良，管理学博士，高级经济师，中国学习型组织网创始人，北京学而管理咨询有限公司首席顾问，中国学习型组织促进联盟主席、首席专家，国际组织学习协会会员，美国项目管理协会会员，认证项目管理专家（PMP）。

师从全国人大常委会副委员长成思危、南开大学商学院院长李维安教授，是我国最早从事组织学习与知识管理研究与实践的专业人士之一，具有深厚的理论功底和企业运作实务经验，曾任联想控股董事长业务助理、万达学院副院长及三家民企高管。

曾为华为、联想、中石化、中国航天、施耐德、西南水泥、中国工商银行、中国移动、国网电力、北京市工商局等数百家企事业单位提供组织学习、知识管理、组织发展、信息化建设等方面的咨询与培训服务。

著有《如何系统思考》《复盘+：把经验转化为能力》《知识炼金术：知识萃取和运营的艺术与实务》《系统思考实践篇》《学习型组织新实践》《学习型组织新思维》《企业信息化的真谛》《玩转微课：企业微课创新设计与快速开发》，译著包括《系统思考》《系统之美》《创建学习型组织5要素》《学习型组织行动纲领》《情景规划》《欣赏式探询》《U型理论》《新社会化学习》《创新性绩效支持》等，并在国内专业报刊上发表论文100多篇。

二、“设计成长引擎”工作坊

正如《易经·系辞上》所说：“一阴一阳之谓道”。系统思考的核心应用场景之一，就是发现并设计企业或业务的成长引擎。这是企业家、创业者和各级管理者必备的核心技能。哪怕你现在“总共才有十几个人、七八条枪”，但是只要能够找到或设计并维持好“成长引擎”，就能实现快速而持续、稳步的发展，让时间成为你的朋友。

基于对企业经营与战略规划的长期实践、丰富的咨询服务经验，以及熟练的引导技巧，邱昭良博士可以带领企业高管团队成员，共同研讨，利用系统思考的原理与方法，找出你所在企业或业务单元（business unit）的成长引擎。

研讨主题：企业或业务单元的成长引擎。

时间：2 ～ 3 天。

参加人员：企业或业务单元管理团队成员。

研讨提纲：

（1）系统思考精髓和方法导入与演练。

（2）成长引擎的概念与案例分析。

（3）本企业或业务单元成长引擎研讨——第一阶段：初识。

（4）好的成长引擎应符合哪些标准？

（5）本企业或业务单元成长引擎研讨——第二阶段：优化。

（6）九种常见的成长引擎介绍。

（7）本企业或业务单元成长引擎研讨——第三阶段：确认。

（8）问题交流与集体反思。

（9）后续行动计划。

引导人：邱昭良博士。

三、“复杂问题解决与科学决策”工作坊

2016 年 1 月，世界经济论坛发表了一份白皮书，叫作《未来的工作》，核心观点之一是：面临第四次工业革命的浪潮，到 2020

年，人类最需要的十大技能中排在首位的就是解决复杂问题。而系统思考的核心应用场景之一就是解决复杂问题。事实上，在日常的工作、生活中，我们总是要面对各式各样复杂的系统性问题。要想有效地解决复杂问题，不能采用简单的思维，贸然采取行动，而是要有一个整体的行动框架，并采用更加适合系统的思维方法，有条不紊地进行分析、设计，找到“根本解”，并且避免因为盲目行动而产生“副作用”。整体行动框架就像河流的堤岸，为我们的行动指明了方向；系统思维方法，就像河流中的水，为我们的行动提供了能量。

基于长期而丰富的企业经营与管理实务经验、为数百家优秀企业提供培训与咨询服务的广阔视野以及熟练的引导技巧，邱昭良博士可以带领企业或业务单元核心管理团队成员，共同研讨，找出本企业或业务单元面临的真正复杂问题的根本解决方案，制定科学决策。

研讨主题：如何解决企业或业务单元面临的复杂问题。

时间：2～3天。

参加人员：企业或业务单元管理团队成员。

研讨提纲：

（1）实际案例导入及团队研讨。

（2）利用系统思考解决复杂问题的一般过程与行动框架。

（3）识别并界定问题。

（4）本企业或业务单元复杂问题研讨——第一阶段：定义问题。

（5）系统思考及相关工具导入与演练。

（6）本企业或业务单元复杂问题研讨——第二阶段：问题分析、找到根本原因。

（7）创新思维及相关工具导入与演练。

（8）本企业或业务单元成长引擎研讨——第三阶段：提出创造性解决方案。

（9）科学决策的方式及团队研讨。

（10）本企业或业务单元成长引擎研讨——第四阶段：科学决策。

（11）问题交流与集体反思。

（12）后续行动计划。

引导人：邱昭良博士。

若您对邱博士上述精品培训感兴趣，欲了解详情，欢迎垂询。

联系方式：info@cko.com.cn

扫描二维码，关注“CKO 学习型组织网”，回复“系统思考培训”，了解详情。

参考文献

[1] 邱昭良. 系统思考实践篇［M］. 北京：中国人民大学出版社，2009.

[2] 丹尼斯·舍伍德. 系统思考（白金版）［M］. 邱昭良，刘昕，译. 北京：机械工业出版社，2014.

[3] 德内拉·梅多斯. 系统之美：决策者的系统思考［M］. 邱昭良，译. 杭州：浙江人民出版社，2012.

[4] 彼得·圣吉，等. 第五项修炼：学习型组织的艺术与实践［M］. 张成林，译. 北京：中信出版社，2009.

[5] 彼得·圣吉，等. 第五项修炼·实践篇：创建学习型组织的战略和方法［M］. 张兴，等译. 北京：东方出版社，2002.

[6] 约翰·斯特曼. 商务动态分析方法：对复杂世界的系统思考与建模［M］. 朱岩，钟永光，等译. 北京：清华大学出版社，2008.

[7] 凯斯·万·德·黑伊登. 情景规划（原书第2版）［M］. 邱昭良，译. 北京：中国人民大学出版社，2007.